“千万工程”

年

——中国式现代化的乡村实践

浙江省城乡规划设计研究院◎编著

中国建筑工业出版社

图书在版编目（CIP）数据

“千万工程”二十年：中国式现代化的乡村实践 / 浙江省城乡规划设计研究院编著 . — 北京：中国建筑工业出版社，2023.12
ISBN 978-7-112-29524-1

Ⅰ . ①千…　Ⅱ . ①浙…　Ⅲ . ①农村现代化 – 研究 – 中国　Ⅳ . ① F320.3

中国国家版本馆 CIP 数据核字（2023）第 252455 号

责任编辑：杜　洁　张文胜　李玲洁
责任校对：赵　力

“千万工程”二十年
—— 中国式现代化的乡村实践
浙江省城乡规划设计研究院　编著
*
中国建筑工业出版社出版、发行（北京海淀三里河路 9 号）
各地新华书店、建筑书店经销
北京海视强森图文设计有限公司制版
北京中科印刷有限公司印刷
*
开本：787 毫米 × 1092 毫米　1/16　印张：$20^1/_2$　字数：443 千字
2024 年 4 月第一版　2024 年 4 月第一次印刷
定价：**168.00** 元
ISBN 978-7-112-29524-1
（42298）

如有内容及印装质量问题，请与本社读者服务中心联系
电话：（010）58337283　QQ：2885381756
（地址：北京海淀三里河路 9 号中国建筑工业出版社 604 室　邮政编码：100037）

本书编委会

序

2003 年，时任浙江省委书记习近平同志以深厚的为民情怀、深入的调查研究、深邃的战略思考，创造性地实施“千村示范、万村整治”工程（简称“千万工程”），开启了一场由农村人居环境变革催化带动生态变革、产业变革、社会变革的重大转型，掀起了由政府投资带动社会投资和农民投资建设美丽乡村的大潮，从之江大地到中华大地发生了乡村功能重塑、城乡关系重构、发展方式绿色蝶变，实现了乡村衰落到乡村振兴的伟大转折，创出一条“民族要复兴，乡村必振兴”的中华民族伟大复兴的中国梦的圆梦之路。2018 年，联合国授予浙江“千万工程”地球卫士奖，联合国副秘书长兼环境规划署执行主任埃里克·索尔海姆亲自调研了“千万工程”，感慨地说道:“在浙江看到的，就是未来中国的模样，甚至是未来世界的模样。”历时二十年的“千村示范、万村整治”工程以其对浙江“三农”发展乃至中国“三农”发展作出的历史性重大贡献已载入当代中国“三农”发展史册，历史性地成为浙江“三农”最亮丽的名片和品牌。在“千万工程”实施二十周年之际，我们不仅要系统总结这项工程对浙江乃至全国“三农”发展作出的历史性贡献和重大意义，深入总结提炼“千万工程”成功的经验启示，作为“千万工程”始创地的浙江更要思考在高质量发展建设共同富裕示范区的大背景下，“千万工程”如何确定新的建设目标，如何成为乡村高质量振兴、促进农村农民共同富裕的主抓手。

2023 年 12 月，中央农村工作会议在北京召开。习近平总书记对“三农”工作作出重要指示，强调要锚定建设农业强国目标，把推进乡村全面振兴作为新时代新征程“三农”工作的总抓手，学习运用“千万工程”经验，因地制宜、分类施策，循序渐进、久久为功，集中力量抓好办成一批群众可感可及的实事……强化科技和改革双轮驱动，坚持农业农村优先发展，坚持城乡融合发展，有力有效推进乡村全面振兴，以加快农业农村现代化更好地推进中国式现代化建设。2024 年，中央一号文件把“学习运用‘千万工程’经验，有力有效推进乡村全面振兴”作为主题，以此为契机在全国掀起学习运用“千万工程”所蕴含的发展理念、工作方法、推进机制，全面推进乡村振兴，为中国式农业农村现代化探索新路径。由浙江省城乡规划设计研究院编写的《“千万工程”二十年——中国式现代化的乡村实践》一书，以乡村建设规划建设专家的独特视角，对浙江“千万工程”二十年实践进行了全景式的透视总结。全书既有对“千万工程”二十年创新性建设实践分阶段系统的总结，也有对农村人居环境整治和美丽乡村建设经营具体工作内容的生动介绍，更有对乡村整治建设规划设计理念、方法、体制机制创新的独特介绍，还有对统筹城乡规划建设，尤其是小城镇环境综合整治以及宜居宜业和美城乡建设的具体内容的介绍。编写者还特意为读者精选了一批村庄规划设计典型案例、村庄建设发展典型案例、乡村善治典型案例。因此，本书既是全面宣传介绍习近平总书记当年在浙江工作时亲自谋划、亲自决策、亲自推动的浙江“千万工程”创造性实践的经验做法，适合各级各部门干部的学习参考书，也是从事城乡规划建设研究人员的专业工具书。我作为当年浙江“千万工程”直接的参与者、推动者，对本书的出版表示衷心的祝贺，深信本书的出版发行一定会对深化“千万工程”起到多方面的助推作用！

2023 年 12 月

目 录

上篇

理论实践

第一章　系统谋划，“千万工程”擘画乡村建设发展蓝图

从改革开放到21世纪初，浙江经历了二十年高速发展，从资源小省逐步发展成为经济大省，经济社会发展水平位于全国前列。2003年，浙江省率先实施新型城市化战略，城乡发展进入新阶段。从全面建设小康社会的要求来看，浙江省人民生活水平已基本达到小康水平，但粗放式增长带来了环境污染、城乡差距拉大等问题，农村建设也明显滞后。根据省农业和农村工作办公室的摸排，当时全省3.4万个村庄，仅有4000个村庄环境较好。“室内现代化、室外脏乱差”“有新房无新村”“垃圾靠风刮、污水靠蒸发”“起早贪黑赚钞票，垃圾堆里数钞票，躺在医院花钞票”等，是当时乡村的真实写照。农村人居环境脏乱差，农村道路、水电等基础设施落后，农村教育、医疗、卫生、文化等公共服务事业发展滞后，表明当时达到的小康是低水平、不全面、不平衡的小康，与广大人民对美好生活的需求存在巨大的差距。

2002年，浙江省城镇化率达50.5%，人均国内生产总值（GDP）超过2000美元，处于人均GDP 1000美元至3000美元的快速攀升阶段。回顾广大发展中国家和新兴工业化国家的城镇化历程，这个发展阶段极易发生城乡差距、贫富差距扩大的现象，从而掉进有增长无发展的“现代化陷阱”。

工业化、市场化、城镇化快速发展，同时乡村发展落后迟滞、水脏山秃、垃圾成堆，如何缩小城乡差距、推动城乡统筹发展成为当时浙江省委、省政府工作的重点。

没有调查就没有发言权，没有调查就没有决策权。“千村示范、万村整治”工程是深入调研、问题导向、顺势而为、科学决策的战略擘画。为更好地破解这一难题，省领导深入开展调查研究，用了118天，跑遍11个地市、25个县，寻求推动城乡统筹发展的路径。经过调查研究，提出整治1万个村庄的工作方案。明确要以县级为平台、乡镇为主战场、村一级为主阵地，每个县形成10个示范村，100个县就是千村示范，因此工程被命名为“千村示范、万村整治”工程（简称“千万工程”）。

2003年6月5日“世界环境日”，全省“千村示范、万村整治”工程启动会召开，浙江省委、省政府做出了实施“千村示范、万村整治”的重大决策，提出从全省选择1万个左右的行政村进行全面整治，把其中1000个左右的中心村建成全面小康示范村。会议指出，浙江省作为沿海发达省份，有条件、有必要、有责任通过实施“千村示范、万村整治”工程，为全国农村全面建设小康社会探索路子、积累经验、提供示范；同时，也要认识到建设生态省、打造绿色浙江，农村是重点，是难点，也是主战场，要对“千万工程”做出全面部署，

要把“千万工程”作为推动农村全面小康建设的基础工程、统筹城乡发展的龙头工程、优化农村环境的生态工程、造福农民群众的民心工程。

二十年以来，浙江历届省委、省政府一张蓝图绘到底，顺应形势发展和实际需要，持之以恒、锲而不舍地持续深化“千万工程”，经历了“千村示范、万村整治”“千村精品、万村美丽”“千村未来、万村共富”等发展阶段，造福了万千农民群众，造就了浙江万千美丽乡村，促进了美丽生态、美丽经济、美好生活有机融合，探索出了一条以农村人居环境整治小切口推动乡村全面振兴的科学路径，为全国农村人居环境整治树立了标杆，有力推动了乡村振兴和农业农村现代化。2018 年 9 月 26 日，“千万工程”荣获联合国地球卫士奖。

第一节　千村示范 万村整治

2003 年开始至 2010 年，为“千万工程”的第一个阶段，即“千村示范、万村整治”阶段，这个阶段提出用 5 年时间，从全省近 4 万个村庄中选择 1 万个左右的行政村进行全面整治，把其中 1000 个左右的中心村建成全面小康示范村，成为经济繁荣、环境优美、政治民主、社会文明、生活富裕、服务配套的社会主义新农村社区，推动广大乡村从脏乱差迈向整洁有序。列入第一批基本实现农业和农村现代化的县（市、区），每年要对 10% 左右的行政村进行整治，同时建设 3~5 个示范村；列入第二、第三批基本实现农业和农村现代化的县（市、区），每年要对 2%~5% 的行政村进行整治，同时建设 1~2 个示范村。

“千村示范、万村整治”起步阶段，以村庄人居环境整治建设为重点，协同推进“千村示范”（布局优化、道路硬化、村庄绿化、路灯亮化、卫生洁化、河道净化）和“万村整治”（环境整洁、设施配套、布局合理），全面推进村内道路硬化、垃圾收集、卫生改厕、河沟清淤、村庄绿化行动，并不断向通村道路建设、医疗卫生服务进村、农民饮水安全、生活垃圾分类、生活污水治理、农房抗灾避灾、电气化、信息化、村庄绿化美化等拓展，发展以村庄整治建设成果为先导资源的农家乐休闲旅游业。

到2007年，浙江省10303个村得到整治，其中1181个村建成“全面小康建设示范村”，“千万工程”第一个五年任务全面完成。2008 年起在浙江省全省范围推进村庄整治建设，到 2010 年，全省多数村庄开展环境整治，城乡人居环境、基础设施、公共服务、社会事业等方面差距明显缩小，农村人居环境实现质的跃升，农村整体面貌焕然一新。

第二节　千村精品 万村美丽

2011 年至 2020 年，“千万工程”进入“千村精品、万村美丽”阶段。“千万工程”深化提升为“美丽乡村建设”，相继实施美丽乡村建设、深化美丽乡村建设两个五年行动计划。目标要求从“四美”（科学规划布局美、村容整洁环境美、创业增收生活美、乡风文明身心美）到“六美”（空间优化布局美、生态宜居环境美、乡土特色风貌美、业新民富生活美、人文和谐风尚美、改革引领发展美），工作任务从“四行动”（生态人居建设、生态环境提升、生态经济推进、生态文化培育）到“六行动”（美丽乡村提质扩面、人居环境全面提升、特色文化传承保护、创业富民强村、乡风文明培育、农村改革攻坚），推进一处美向一片美、一时美向持久美、外在美向内在美、环境美向发展美、风景美向风尚美、形态美向制度美转型，具体内容不断向中心村培育建设、农房改造建设、生活垃圾分类收集处理、生活污水治理、历史文化村落保护利用、文化礼堂建设、乡村产业融合发展、乡村社区治理等方面拓展，打造了一批宜居宜业宜游的美丽乡村，展示出“绿水青山”向“金山银山”转化的创新通道。

2010 年 12 月，中共浙江省委办公厅、浙江省人民政府办公厅印发《浙江省美丽乡村建设行动计划（2011—2015 年）》，提出“四美三宜两园”的目标要求，美丽乡村建设成为“千万工程”的新目标。“四美”即科学规划布局美、村容整洁环境美、创业增收生活美、乡风文明身心美，“三宜”是宜居、宜业、宜游，“两园”指农民幸福生活的家园、城市居民休闲旅游的乐园。浙江各地不断探索实践美丽乡村示范县和品牌建设，创建了一批如安吉县的“美丽乡村”、桐庐县的“潇洒桐庐”、江山市的“幸福乡村”等美丽乡村示范县。

2016 年 11 月，浙江省委、省政府印发《浙江省深化美丽乡村建设行动计划（2016—2020 年）》，进一步深化美丽乡村建设，着力打造美丽乡村升级版。加快美丽乡村建设的规划设计，制订完善美丽乡村建设标准，强化推进美丽乡村连线成片，以沿景区、沿产业带、沿山水线、沿人文古迹等为区域重点，以绿化彩化、干净整洁、立面改造、品质塑造等为建设重点，深入开展“四边三化”行动和“两路两侧”环境综合整治，把庭院建成精致小品，把村庄建成特色景点，把沿线建成风景长廊。持续推进农村生活污水治理，普及农村生活垃圾分类处理，打造生态田园人居环境，建立健全长效管护机制，推动美丽乡村建设从“一时美”向“持久美”转型。保护历史文化村落，培育特色精品村，突出“一村一品”“一村一景”“一村一韵”等建设主题，选择 1000 个左右的中心村、特色精品村，实施千村浙派民居改造工程，开展“千村故事”编撰工作、“千村档案”建立工作，加快农村文化礼堂建设，传承好传统文化。大力发展新业态，积极培育农村创新创业队伍，注重开展村庄经营，推动美丽乡村建设从“环境美”向“发展美”转型。加强依法治理、村民自治、道德教化，推动美丽乡村建设从“风景美”向“风尚美”转型。深化农村产权制度改革，推进户籍制度改革，构建“三位一体”农村合作经济组织体系，推动美丽乡村建设从“形态美”向“制度美”转型。

到 2020 年，浙江省全面完成乡村人居环境整治任务，村庄的基础设施、生产条件、村容村貌、文化建设、公共服务、社区治理等各方面都发生了巨大变化；实现所有村庄生活垃圾资源化分类收集和无害化集中处理、生活污水集中处理、农房和庭院全面整治，实现村村通公交、村村通宽带、村村有公共服务中心，建成一大批美丽乡村精品村、美丽乡村风景线，以深化“千万工程”为引领的美丽乡村建设取得了显著成效。

第三节　千村未来 万村共富

2021 年，浙江成为全国首个高质量发展建设共同富裕示范区，“千万工程”朝着“千村未来、万村共富”的共富发展方向迭代升级。以未来乡村建设为重点，先行示范、典型引路，因地制宜、分类施策，共建共享、双轮驱动，推动乡村从美丽宜居迈向共富共美，逐步形成“千村向未来、万村奔共富、城乡促融合、全域创和美”的新发展格局。

这个阶段以建设共同富裕示范区和推进数字化改革为指引，先后制订了《浙江省深化“千万工程”建设新时代美丽乡村行动计划（2021—2025 年）》《浙江省人民政府办公厅关于开展未来乡村建设的指导意见》《浙江省县城承载能力提升和深化“千村示范、万村整治”工程实施方案（2023—2027 年）》，实施新时代美丽乡村建设“六美行动”（全域共美、环境秀美、数智增美、产业壮美、风尚淳美、生活甜美），建设具有“五大特点”（江南韵、乡愁味、国际范、时尚风、活力劲、共同富）的新时代美丽乡村，全面展现乡村大花园“富春山居图”；推进未来乡村建设，构建未来产业、风貌、文化、邻里、健康、低碳、交通、智慧、治理九大场景，重塑城乡融合的规划体系、多方联动的建设机制、“四治融合”的治理格局、片区组团的经营模式和优质共享的服务体制，打通“规划、建设、管理、经营、服务”全链条，开辟“千村向未来、万村奔共富”的乡村建设新格局，推动乡村从美丽宜居向共美共富跃迁。

到 2022 年，浙江省 90% 以上的村达到新时代美丽乡村标准，创建美丽乡村示范县 70 个、示范乡镇 724 个、风景线 743 条、特色精品村 2170 个、美丽庭院 300 多万户，森林覆盖率达到 61%，浙江首个通过国家生态省验收。浙江省所有村生活垃圾分类处理覆盖率、卫生厕所覆盖率和规划保留村生活污水治理覆盖率均达到 100%。

2023 年 6 月,《中共浙江省委　浙江省人民政府关于坚持和深化新时代“千万工程”全面打造乡村振兴浙江样板的实施意见》提出，加快构建“千村引领、万村振兴、全域共富、城乡和美”的“千万工程”新画卷，以推进“千万工程”新成效为乡村全面振兴和美丽中国建设做出浙江新贡献。

在共同富裕示范区建设背景下，浙江省将持续深化“千万工程”，推动“物的新农村”向“人的新农村”迈进，努力把农村建设成农民身有所栖、心有所依的美好家园。新阶段的“千万工程”的工作任务，以推进未来乡村建设、打造共富现代化基本单元为主要标志，以乡村产业匹配度、基础设施完备度、公共服务便利度、人居环境舒适度、城乡发展融合度为重点，使农村基本具备现代生活条件、让农民就地过上现代文明生活，全域推进和美乡村建设，全面打造乡村振兴浙江样板。

第二章　整治提升，高标准打造乡村人居环境范例

第一节　环境整治，系统改善提升人居环境品质

一、连片整治深化，推进农村环境整治

（一）政策沿革

21 世纪以来，浙江省农村生态环境存在较大压力，农村水环境质量尚未根本改善，农业农村面源污染较严重，农村环保基础设施建设相对滞后，农村环境管理体制和工作机制亟待进一步健全。一些农村环境问题已经成为影响农民身体健康和社会稳定的重要因素。浙江省高度重视农村环境整治工作，全省各地按照统筹城乡、协调发展的要求，通过实施“811”环境整治专项行动、农村环境“五整治一提高”等工程，农村生态环境得到了显著改善。

一方面政策先行，出台了《浙江省人民政府办公厅关于进一步加强农村环境保护工作的意见》，坚持“统筹兼顾、突出重点，防治结合、源头控制，因地制宜、分类指导，创新机制、依靠科技，政府主导、公众参与”的原则。明确了农村环境保护工作的重点内容，另一方面，立足系统性、前瞻性和高起点，于 2009 年编制发布《浙江省农村环境保护规划》，在全国农村环境保护规划工作中走在前列。深入分析了浙江省农村环境当下的实际情况，精确把脉面临的主要问题，明确今后浙江省农村环境保护的重点任务，拉开了浙江省村庄环境整治提速提质的新篇章（图 2-1）。

浙江省农村环境整治相关文件如表 2-1 所示。

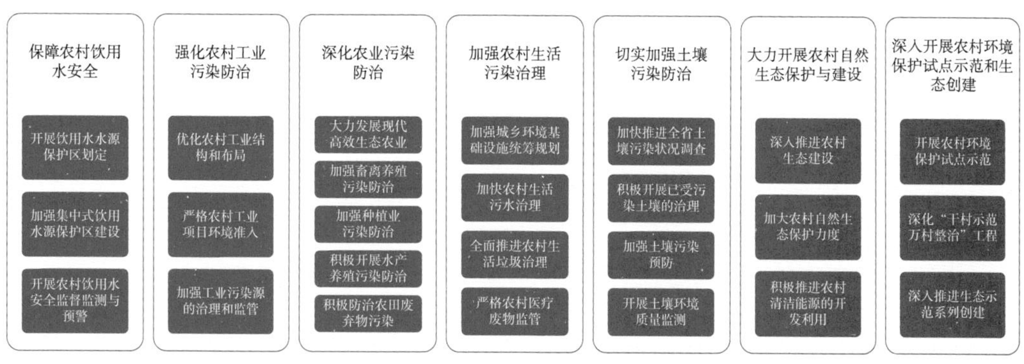

图 2-1 《浙江省农村环境保护规划》内容框架

表 2-1 浙江省农村环境整治相关文件

年份	文件名称	主要内容
2009 年	《浙江省人民政府办公厅关于进一步加强农村环境保护工作的意见》	以提高农村生态环境质量、保障和改善民生为根本出发点，以建设清洁水源、清洁田园、清洁家园为目标，以饮用水源保护、工农业污染防治、村庄环境综合整治为重点，着力解决农村地区突出的环境污染问题，着力加强农村环保基础设施建设，着力加快农村环境保护制度创新、管理创新和科技创新，着力推进农村生态文明建设，为构建社会主义和谐社会提供环境安全保障
2009 年	《浙江省农村环境保护规划》	远景目标：到 2020 年，农村生态文明程度得到大幅提高，全省农村人居环境和生态状况得到根本改善，资源节约型、环境友好型的农村生产体系和生活方式基本形成，农业生态环境步入良性循环，城乡一体化的环境保护格局全面确立，农民群众普遍能喝上清洁的水、呼吸清新的空气、吃上放心的食品、住在洁美的家园，全省形成与全面实现小康社会、率先基本实现现代化相适应的农村环境
2018 年	《浙江省农村环境综合整治实施方案》	完成国家“水十条”要求的 1.3 万个有机村环境综合整治，农村生活污水治理行政村覆盖率达到 90% 以上，农户受益率达到 80% 以上；到 2020 年，农村生活垃圾分类覆盖率达到 80% 以上；提高农村饮水水源地环境管理水平乡村建设方案；到 2020 年，基本建立以生态消费为主体、产业化治理为补充的畜禽养殖污染防治体系
2019 年	《浙江省农业农村污染防治攻坚战实施方案》	加强农村饮用水水源保护；深化农村生活污染治理；推动农业生产污染防治；推进农业农村废弃物综合利用体系建设；提升农业农村监管能力
2022 年	《浙江省农业农村污染防治攻坚战行动方案（2022—2025 年）》	优化农业生产力布局；推动化肥农药减量增效；推进农业废弃物“三化”治理；推进畜牧业绿色发展；严格畜禽养殖污染防治环境监管；推进水产养殖业高质量发展；推进农田氮磷拦截生态系统建设；强化农业面源污染治理监督指导；实施农村生活污水“强基增效双提标”；全力推进农村环境整治；健全农村黑臭水体排查发现机制
2023 年	《浙江省生态环境厅关于深入践行“千万工程”扎实推进乡村生态振兴的实施意见》	持续提升美丽乡村建设水平；加强农村生态系统保护；拓宽“两山”双向转化通道；创新农村环境治理投入方式；严格农村地区建设项目环境准入；持续加强农村环境监管执法；加强农用地土壤环境保护；强化农业面源污染治理监督指导

（二）建设模式特色

1.“811”环境整治专项行动

2004 年，浙江省启动开展“811”环境整治专项行动，其中“8”指的是全省 8 大水系及运河、平原河网，“11”既指 11 个设区市，也指当年浙江省政府划定的区域性、结构性污染特别突出的 11 个省级环保重点监管区。省政府提出通过 3 年的努力，基本实现“两个基本、两个率先”的总体目标，即全省环境污染和生态破坏趋势基本得到控制，突出的环境污染问题基本得到解决，在全国率先全面建成县以上城市污水、生活垃圾集中处理设施，率先建成环境质量和重点污染源自动监控网络。

“811”环境污染整治专项行动从 2004 年至 2023 年经历了五轮工作，延续至今更名为“811”美丽浙江建设行动。每一轮“811”环境污染整治专项行动虽各具特色、内涵不断丰富，但核心宗旨与工作任务始终紧密相连，层层递进，构建起一幅环境日益改善、生态逐步恢复的浙江新画卷（表 2-2）。

表 2-2 “811”环境整治专项行动工作内容演变

阶段	时间	主要工作内容
第一轮	2004—2008 年	突出 8 大水系和 11 个设区市的 11 个省级环保重点监管区的治理； 到 2007 年，全省环境污染和生态破坏的趋势得到基本控制，突出的环境污染问题得到基本解决，在全国率先全面建成县以上城市污水、生活垃圾集中处理设施，率先建成环境质量和重点污染源自动监控网络，促使环境污染防治能力明显增强，环境质量稳步改善
第二轮	2008—2010 年	“8”已演化成环保工作 8 个方面的目标和 8 个方面的主要任务，“11”则既指当年提出的 11 个方面的政策措施，也指省政府确定的 11 个重点环境问题； 重点防治工业污染向全面防治工业、农业、生活污染转变，进一步提出“一个确保、一个基本、两个领先”的目标，即确保完成“十一五”环保规划确定的各项目标任务，基本解决各地突出存在的环境污染问题，继续保持环境保护能力全国领先、生态环境质量全国领先
第三轮	2010—2015 年	出台《“811”生态文明建设推进行动方案》，从全面推进环境保护转到立体推进生态文明建设上来，更注重环境质量与民生改善相适应，目标是打造“富饶秀美、和谐安康”的生态浙江； 明确“十二五”生态经济、节能减排、环境质量等 8 个方面的主要目标，重点推进节能减排、循环经济、绿色城镇、美丽乡村、清洁水源、空气、土壤等 11 个专项行动，制定 11 个方面的保障措施
第四轮	2016—2022 年	出台的《“811”美丽浙江建设行动方案》，引入“建设美丽浙江，创造美好生活”的“两美”理念，首次提出“绿色经济”“生态文化”和“制度创新”等新概念； 通过绿色经济培育、节能减排、五水共治、大气污染防治、土壤污染防治、三改一拆、深化美丽乡村建设、生态屏障建设、灾害防控、生态文化培育、制度创新这 11 个专项行动，达到绿色经济培育、环境质量改善、节能减排、污染防治、生态保护、灾害防控、生态文化培育、制度创新这 8 个方面的目标
第五轮	2023 年至今	出台《“811”生态文明先行示范行动计划》，高水平建设人与自然和谐共生的现代化，打造生态文明高地和美丽中国省域先行地，生态文明建设实现更高水平示范引领； 深入开展国土空间治理现代化、绿色低碳赋能、优美环境品质提升、生物多样性友好、美丽城乡全域提质、生态富民惠民、生态文明治理提效、全民生态自觉培育 8 大专项行动，积极打造以各设区市为单位的 11 个生态文明先行品牌

“811”环境整治专项行动是浙江省积极探索环境保护的重要举措，通过专项行动迎头破解环保难题，勇于创新体制机制，并以此促进环保大工程建设，有力推动了浙江省环境保护和生态文明建设事业的跨越式发展。

2. 农村环境污染连片整治

为切实改善农村生产生活环境，不断深化农村环境综合整治，确保连片整治成效，环境保护部办公厅于 2010 年印发了《全国农村环境连片整治工作指南（试行）》，在重点解决问题村污染问题的基础上，将连片整治作为农村环境综合整治的主要方式和各级农村环保资金的重点支持方向，切实改善农村环境质量。

农村环境连片整治，是指以解决区域性突出环境问题为目的，对地域空间上相对聚集在一起的多个村庄（受益人口原则上不低于 2 万人）实施同步、集中整治，使环境问题得到有效解决的治理方式。主要包括以下三类方式：一是对地域空间相连的多个村庄通过采取措施实施综合治理，使这些村庄的区域环境质量获得改善；二是围绕同类环境问题或相同环境敏感目标，对地域上互不相连的多个村庄进行同步治理，使同类环境问题得到解决或相同的环境敏感目标得到保护；三是通过建设集中的大型污染防治设施，利用其辐射作用，解决周边村庄的环境问题。

浙江省围绕部省示范协议确定的目标任务，按照"一次规划、三年实施"的原则和"区域一体、集中连片"的要求，以钱塘江上游、太湖流域、重要饮用水源保护区等区域为重点，注重方案编制，加快项目建设，健全监管举措，全面推进农村环境连片整治示范工作。经过两年整治，全省共落实整治资金 21.07 亿元，支持 1600 个村开展连片整治，直接受益人口超过 250 万人；建成 50 户以上农村集中式污水处理设施 922 套，配套管网 3440 千米，分散式污水处理设施 1.9 万余套，垃圾转运站 434 座，畜禽养殖污染物集中处理设施 62 处。

以污水连片整治为例，桐庐县在农村生活污水连片治理工作中，坚持因地制宜地选择污水处理模式，以达到"布局灵活、施工简单、管理方便、出水水质有保障"的效果。如对杂质和浮油较多的农家乐的餐饮污水增设"格栅—隔油"预处理装置，对养殖户较多的农村，要求按标准施工图纸增设预处理池后纳入村级污水管网，增强了污水处理的针对性和实效性。安吉县自 2010 年正式启动农村环境连片整治工作，新建、扩建了一大批农村污水处理、垃圾收集设施，极大地改善了农村环境面貌，并被列为中国美丽乡村国家级标准化示范县。至 2012 年，安吉县累计新建和扩建修复农村污水处理设施 300 余座，农村生活垃圾集中收集处理的行政村覆盖面达 100%，新增受益人口 8 万多人。

3."三清三整三提升"行动

浙江省 2020 年出台了《浙江省高水平推进农村人居环境提升"百日攻坚"行动方案》，提出在全省范围开展以"三清三整三提升"为主要内容的"百日攻坚"行动，目标是全面实现无污泥浊水、无可视垃圾、无露天粪坑（缸），高质量提升垃圾分类、厕所服务、庭院美化水平，奋力为"重要窗口"增添"三农"风景。

该行动主要通过“三清”，即清理废弃杂物、清理村内沟渠、清理农业生产废弃物；“三整”，即整治乱搭乱建、整治乱贴乱画、整治乱接乱拉；“三提升”即提升垃圾分类水平、提升厕所服务水平、提升庭院美化水平，实现村庄环境大改变（表 2-3）。

表 2-3 “三清三整三提升”工作内容

序号	类型	主要工作内容
1	清理废弃杂物	全面清理村域特别是农房周边、公路两侧、房前屋后、村内巷道各类堆积物、废旧杂物、破旧网布围护。及时清运村内建筑垃圾，对无保留价值的残垣断壁开展全方位、拉网式的排查清理整治
2	清理村内沟渠	全面清理村内沟渠、池塘等各类水体障碍物、漂浮物和岸边生产堆积的各类垃圾，推进沟渠池塘的清淤和生态化治理。积极协同配合相关部门认真排查污水处理终端和管网，修复破损设施设备等，对排放不达标的及时整改，推进村庄水环境持续向好
3	清理农业生产废弃物	排查并及时做好病死动物、农药废弃包装物、废旧农膜等农业生产废弃物规范处置，规范村内畜禽散养行为，引导文明养犬，及时清理畜禽粪污，保持村庄环境常态整洁
4	整治乱搭乱建	大力整治村内各类违法建筑物，拆除严重影响村容村貌的违章搭建。整治村内生产资料、柴草、农机具随意堆放现象，保持物品堆放整洁有序
5	整治乱贴乱画	以村道两旁、背街小巷等为重点，整治墙面上张贴、喷涂的各种非法小广告、“牛皮癣”、废弃宣传标语等，进一步规范村内广告牌设置
6	整治乱接乱拉	按照因地制宜、规范美观、安全有序的要求，对村内电信、移动、联通、广电等杆线“空中蜘蛛网”现象进行整治，重点治理乱接乱牵、乱拉乱挂、线杆倾斜、废弃杆线等影响安全和村容村貌的现象，推进村庄杆线有序化
7	提升垃圾分类水平	提升农户生活垃圾前端源头分类意识，提高生活垃圾分类精准度，推进中端运输分格分箱，提升末端处理能力和技术，健全运维管护体系，扩大垃圾分类智能化、智慧化覆盖面，提升垃圾分类处置水平
8	提升厕所服务水平	彻底剿灭农村旱厕、露天粪坑和简易棚厕，推广农村公厕“所长制”，推进“三有四无”规范化农村公厕建设和运维管理，开展农村公厕服务大提升行动，提高农村公厕服务管理水平
9	提升庭院美化水平	做好庭院环境卫生“门前三包”，按照“洁、齐、绿、美、景、韵”的“六美”标准，开展美丽庭院创建，打造一批风格协调，富有地方特色、区域特点的精致农家小院

以杭州市萧山区为例，萧山区采取“加减法”并举的做法，在“减法”上，通过大力整治村内各类违法建筑物，拆除严重影响村容村貌的违章搭建，重点治理乱接乱牵、乱拉乱挂、线杆倾斜等影响安全和村容村貌的现象；在“加法”上进一步做文章，如规范垃圾分类投放点、再生资源回收网点、集置点的设置；推广农村公厕“所长制”，推进“三有四无”规范化农村公厕建设和运维管理；按照“洁、齐、绿、美、景、韵”的“六美”标准，打造一批风格协调，富有地方特色、区域特点的精致农家小院。

二、“三大革命”并举，推进环境卫生清理

（一）政策沿革

浙江省以“污水革命”“垃圾革命”“厕所革命”为抓手，促进农村人居环境大改善、大提升，造就了净化、绿化、亮化、美化的万千生态宜居美丽乡村，为全国农村人居环境整治树立了标杆。

（二）建设模式特色

1. 污水革命

农村生活污水治理是农村环境综合治理的重要内容，是保护水资源、改善农村居住环境、提升农村居民生活质量的惠民工程，是推进城乡一体化建设的基础设施项目，是建设社会主义新农村的必然要求。

自 2003 年开始，浙江省在生态省建设和社会主义新农村建设中，积极组织开展了农村环境“五整治一提高工程”、农村连片综合整治等，落实“以奖促治”政策，采取因地制宜，分类分步推进的方法，逐步开展农村生活污水治理。到 2010 年底，全省开展生活污水治理的行政村覆盖率达到 45%。

2013 年开始，在“五水共治，治污先行”治水行动的引领下，浙江省成为全国率先开展全面治理农村生活污水的省份。农村污水治理由村内走向村外。2014 年 1 月，《中共浙江省委办公厅　浙江省人民政府办公厅关于深化“千村示范、万村整治”工程扎实推进农村生活污水治理的意见》，提出计划用 3~4 年的时间，建设完成全省 83 个县（市、区）共 448 万户受益农户的生活污水治理工程，到 2017 年底，浙江省 74% 的农户厕所污水、厨房污水、洗涤污水得到有效治理。

近年来，浙江省按照依法治理、创新推动、因地制宜、系统推进、建管并举、提高效能的原则，实现农村生活污水治理从“有”到“好和美”的转变。2018 年，省环境保护厅印发《浙江省农村环境综合整治实施方案》，提出至 2020 年，农村生活污水治理行政村覆盖率达到 90% 以上，农户受益率达到 80% 以上。2021 年浙江省发布《浙江省农村生活污水治理“强基增效双提标”行动方案（2021—2025 年）》，提出用五年时间，使全省农村生活污水治理行政村覆盖率和出水水质达标率均达到 95% 以上，标准化运维实现全覆盖，初步实现农村生活污水治理体系和治理能力现代化。

同时，浙江省也在不断推动农村生活污水治理标准化进程，2015 年发布了《农村生活污水集中处理设施水污染物排放标准》DB33/973 等省级地方标准。2020 年施行《浙江省农村

生活污水处理设施管理条例》，规范农村生活污水处理设施的建设改造、运行维护及其监督管理。行业标准方面，浙江省先后发布了《农村生活污水管网维护导则》《农村生活污水净化装置》《农村生活污水治理设施第三方运维服务机构管理导则》以及《浙江省县（市、区）农村生活污水治理设施运行维护管理导则》等行业标准与实施导则，有效指导了农村生活污水建设、运维及管理。

2. 垃圾革命

浙江省“垃圾革命”起步早、办法新、落实快、措施实，是“绿水青山就是金山银山”理念在浙江的生动实践。

2003 年起，浙江省全面开展农村垃圾桶安置、村庄保洁、垃圾清运等整治工作。2014 年以来，浙江省积极推行“分类减量、源头追溯、定点投放、集中处理”的农村生活垃圾分类处理模式，取得显著效果。浙江金华市金东区农村首创并深化“二次四分”法，形成了垃圾治理城乡全域推进的局面。“二次四分”法由于方法新、接地气、有效果、受欢迎，被称作“史上最接地气”的垃圾分类法。浙江全省农村地区按照此方法，实现了垃圾分类行政村全覆盖，农村垃圾分类持续深化，人居环境质量明显提升。2018 年，浙江省发布《农村生活垃圾分类处理规范》，围绕农村生活垃圾分类类别，以及分类投放、分类收集、分类运输、分类处理、长效管理等方面提出了技术要求和管理内容，同时根据浙江省实际做法，从乡村实际总结的“二次四分”分类法，提出了“四分四定”的操作和管理要求。截至 2018 年，浙江在全省添置农村垃圾箱 13 万个，每村平均 40~50 个，全省配有农村保洁员 6 万多名，清运车 6 万多台。

2017 年，浙江提出的生活垃圾总量实现“零增长”、生活垃圾“零填埋”的“两零”目标，比全国其他地区提出时间更早、涉及范围更广、制定目标更高、实施要求更严。到 2020 年，“实现城市生活垃圾总量零增长，城乡生活垃圾无害化处理率达 100%”。2023 年年底，《浙江省生活垃圾治理提质增效实施方案（2023—2027 年）》提出，进一步推进生活垃圾治理提质增效，提高减量化、资源化和无害化水平。

浙江“垃圾革命”见效快，关键在于以“三治融合”方式，引导居民行为态度发挥正向作用。按照垃圾治理的前端分类、中端收运、终端处理 3 个环节，环环相衔，无缝对接。做实前端分类，专人监管专项考评；加强中端分类收运，专车专运监管全过程；加快终端建设，实现垃圾分类处置，确保各类垃圾“各归其位”。此外，浙江各地在探索建立起垃圾分类信用体系，建立居民“绿色账户”“环保档案”“诚信积分”等。通过德治、法治、自治“三治融合”的方式开展垃圾治理，实现垃圾减量化、资源化、无害化。

3. 厕所革命

厕所作为日常生活的必需场所，其“脏乱差”始终是群众反映强烈的环境问题。浙江省“千万工程”从一开始便将“厕所革命”作为环境整治的切入点之一，由点及面，重塑省域农村人居环境。

“千万工程”实施之初，以旱厕整治改造为重点。浙江按照每年 2000 个村、50 万户左右的进度推进农村改厕；《浙江省 2009 年重大公共卫生项目农村改厕项目实施方案》提出，到 2011 年底全省农村无害化卫生厕所普及率达到 75%。

从 2014 年至 2017 年，浙江省“厕所革命”以公厕建设为主要突破口。2015 年浙江发布《浙江省旅游厕所建设管理三年行动计划（2015—2017 年）》，计划利用 3 年时间，采取“新建与改建结合，养护与提升并举”的方式，重点使全省旅游厕所达到国家标准。截至 2017 年底，已实际完成旅游厕所新建、改扩建 4601 座，达到三年行动计划目标值的 96.1%。

2018 年起，浙江“厕所革命”注重厕所品质的提升。2018 年，浙江对全省 5 万座农村公厕进行改造提升；2020 年，浙江启动农村公厕服务大提升行动——浙江的农村公厕逐步迈向便利化、智慧化、人性化、特色化、规范化。目前，浙江省建有 6.7 万座农村公厕，平均每个行政村 3 座，全省农村无害化卫生厕所实现全覆盖。

浙江省农村厕所革命集中在六项重点任务。一是科学规划农村厕所建设布局，加强调查摸底，根据本地实际，抓好户厕改造计划、公厕规划布局，并将改厕工作与乡村产业发展、人居环境改善、村庄风貌提升、污水治理等一同谋划、一体推进。二是扎实推进农村户厕愿改尽改、能改尽改，各地精准摸排未改农户信息，根据农户实际需求和意愿，做好改厕指导。三是持续抓好农村公厕服务提升，大力推动农村公厕建设改造与管理服务提升，通过新建改建一批、服务提升一批，实现农村公厕布局科学、数量合理、质量提升、管理规范、服务优化、群众满意。四是统筹抓好农村厕所粪污治理，粪污处理是农村改厕的核心环节，水冲厕所粪污处理的关键是污水治理；将农村改厕和农村污水治理等同步谋划、同步推进，确保农村厕所粪污有效处理。五是健全完善农村厕所长效管护机制，坚持“三分建设、七分管护”的理念，农村厕所改造与使用管护一体谋划、一体设计、一体建设，建立健全农村厕所常态化、长效化运维管护机制。六是培养文明健康的生活方式，加强厕所文明的宣传引导，开展丰富的评比活动，更好发挥村民主体作用，多措并举转变农民群众观念，培养农民文明健康的卫生习惯和生活方式。

三、探索“三改一拆”模式，整治违章建筑

（一）政策沿革

浙江省人口密度大，可用于建设的土地资源稀缺。素来又有“七山、二水、一分田”之说，改革开放后，浙江民营经济腾飞，不少地方几乎“村村有工业、家家办工厂”，制鞋、五金件加工等“低小散”作坊私搭乱建，不仅破坏生态环境，还给群众生活带来安全隐患，群

众要求改善人居环境、整治低效用地的呼声越来越高。

浙江省自 2013 年开始深入开展旧住宅区、旧厂区、城中村改造和拆除违法建筑（简称“三改一拆”）三年行动。通过三年努力，旧住宅区、旧厂区和城中村改造全面推进，违法建筑拆除大见成效，违法建筑行为得到全面遏制。2014 年 7 月，《浙江省人民政府关于开展“无违建县（市、区）”创建活动的实施意见（试行）》提出要充分发挥“三改一拆”行动在转型升级中的重要作用，通过“无违建县（市、区）”创建，形成违法建筑防控和治理长效机制，巩固“三改一拆”成果。2015 年 10 月，住房城乡建设部在义乌召开全国违法建筑治理工作现场会，向全国推广“三改一拆”的浙江经验。截至 2020 年底，全省分四批创建了 23 个“无违建县（市、区）”，全省其他县（市、区）已达到“基本无违建”标准。

浙江省“三改一拆”行动倡导依法依规实施，保证了行动中的公平公正。2013 年 10 月 1 日起施行的《浙江省违法建筑处置规定》解决了三个问题：确立了“即查即拆”制度和乡镇街道的实施主体地位，明确了违法建筑拆除的执法程序。随后，浙江省严格按照《中华人民共和国城乡规划法》《中华人民共和国土地管理法》等，结合各地实际制订《浙江省“三改一拆”行动违法建筑处理实施意见》等指导性文件，进一步明确了违法建筑的范围、调查认定、分类处置、拆除方式等规定。

随着“三改一拆”工作的深入推进，浙江省对农村房屋拆违提出了新的要求。2020 年，浙江省自然资源厅、浙江省农业农村厅发布《关于坚决遏制农村乱占耕地建房问题的通知》，提出各地要依托“三改一拆”治违拆违防控平台和执法综合监管平台，充分发挥乡镇人民政府、街道办事处、村（居）委会及基层治理网格的作用，运用卫星遥感监测、日常巡查、举报线索、信访舆情分析等多种手段，及时发现新增乱占耕地违法建房行为，依法依规严厉惩处乱占耕地建房行为。自 2020 年起，浙江省用三年时间，对全省农村乱占耕地建房问题进行专项整治，并出台《浙江省农村乱占耕地建房问题专项整治三年行动方案》，确保农村乱占耕地建房“八不准”落到实处，坚决守住耕地保护红线。

（二）建设模式特色

1. 完善体制，助力农房整治

农房整治是一项建设与管理并重的工作，应该构建拆、管、用的工作闭环，推动拆后利用链条化、体系化，把农房整治风貌提升向纵深推进。

如衢州市以农房整治为抓手，聚焦难点、突破重点、打造亮点，大力提升乡村村容风貌，着力推进“衢州有礼”诗画风光带建设。具体举措：一是摸清问题底数，全面普查农民住房信息和土地资源信息，形成农房信息“一户一档、一村一册、一乡一库”，做到底子弄清、问题搞清、类型分清，全市排查各类应整治建筑物 243075 宗。二是明确整治技术指南，把“一户多宅”整治作为实施乡村振兴战略的“牛鼻子”工程，发布《关于完善农民建房服务管理体系提升农村特色风貌的实施意见》等系列指导意见，并研究出台《关于衢州市农房整治政策的补充意见》，明确农业生产区域内设施农用房、村庄区域内建设用地上存量建筑的处置意见。三是分类加速整治，2019 年以来，衢州市八大区块由县分管及以上领导召集或参加的以农房为主题的推进会、现场会、部署会、工作例会共有 121 次；县分管及以上领导调研农房工作 192 次。全市 103 个乡镇 1482 个行政村按照“村不漏户”原则，再次实施“地毯式”排查、“无死角”巡查、“交叉式”检查，逐户摸清房屋性质、建造时间、农房面积、家庭成员、身份类别等情况，建立“一户一档”。

2. 推进拆违，盘活存量资源

积极稳妥开展违规建房整治和闲置农房盘活利用工作，提高土地利用效益促进城乡融合发展，推动乡村振兴。

如仙居县地处丘陵地区，土地资源十分紧缺，当地存在大量的“一户多宅”及历史遗留非法住宅，不仅造成土地资源严重浪费，也引发诸多基层治理难题。2018 年 8 月以来，当地政府通过仔细研究，巧借“三改一拆”东风，开展了农村“一户多宅”等历史遗留非法住宅整治工作，既解决了土地资源紧张、违建多、建房难、人居环境差等问题，同时结合全域土地综合治理，统一规划进行拆除，彻底盘活存量建设用地指标，拆出发展空间。如白塔镇拆除 7 万多平方米非法“一户多宅”，腾出地基 230 多间，解决缺房户无房户房屋安置 110 多户，余下 4.5 万平方米土地用于建设用地复垦。

3. 改治并举，解决“城中村”难题

棚户区、城中村（城边村）农房整治，一直是浙江省城镇化进程中面临的突出问题。随着“三改一拆”工作不断探入深水区，农房整治工作从聚焦违建拆除，转向改治并举，全面整治城中村、危旧房。

台州市施行“由拆转改、由拆转治、改治并举”，率先完成浙江省下达的三年任务，拆、改总量均居全省第一，并在全省会议上 7 次介绍台州经验。在黄岩天长路区块城中村改造工作中，结合实际，因地制宜，实行“阳光征收”，紧密围绕“拓空间、促转型、保安全、优环境、惠民生”这五大目标，坚持整体推进、成片改造；首次采用市场化评估结算方式，由第三方评估机构对被征收房屋按不低于市场价格进行测量评估，全过程透明化、市场化、公开化，确保公平公正。评估机构采用群众投票或抽签方式确定，在征收现场张榜公示每一户的房屋面积、评估金额、已签协议情况，设立查询显示屏，供群众查阅和监督。经过一个多月的努力工作，天长路实现旧城改建 7 大地块，签约率全部超过 95%，其中 2 个地块签约率达到 100%。

4. 拆建结合，打造美丽乡村

浙江省“三改一拆”工作推进过程中，针对一些地方仍然存在拆后土地利用不及时、拆后土地利用率不高等问题，2016 年《浙江省国土资源厅关于进一步加强“三改一拆”拆后土地利用工作的通知》要求坚持拆改结合、拆用结合，采取复耕、复绿、建设等多种措施盘活利用拆后土地，取得良好的经济、社会效益。

以三门县亭旁镇为例，该镇以“三改一拆”和“无违建”创建为抓手，从以“拆”为主逐步向以用促拆、以改促拆过渡，把拆后利用与美丽乡村建设相结合，通过“拆、改、治、用”组合拳，美化村庄面貌，优化生态环境，亮化红色景点，打造以红色精神、古村古镇为基底的特色乡镇。围绕打造红色景区，亭旁镇对违法建筑精细排摸、精准拆迁，累计拆违 176 万平方米，为景区建设腾出上百亩的发展空间。同时，亭旁镇坚持拆改同步，将旧村改造也作为“三改一拆”工作的重点，在拆违建的同时，加大对古建筑、古村落的保护力度。对包家村、杨家村进行旧村改造，投资数千万元，修复中共临三县委驻地旧址等红色遗址，突出了全镇域的红色个性。

5. 数字赋能，深化违法建筑治理

2021 年，浙江省“三改一拆”行动领导小组办公室印发了《浙江省“无违建”创建创先争优考评办法（试行）》，全力推动违法建筑治理迭代升级。按照精准化管控、数字化考评、制度化激励的原则，建立健全违法建筑治理“用数据说话、用数据决策、用数据监管、用数据考评”的工作机制，进一步精简指标、量化评价、强化激励，更加客观公正地反映各地“无违建”创建工作实际，持续提升各地违法建筑治理体系和治理能力现代化水平。该考评办法强调对新增违建“零容忍”，要求各地对存量违法建筑积极“清零”，并加强拆后利用工作，设置了控违、清零、拆改项目 3 个十佳单项示范典型评选。为激励基层治违积极性，评选 30 个治违控违示范乡镇街道。

四、高标准“四边三化”行动，推进公共空间整治

（一）政策沿革

公路边、铁路边、河边、山边等区域（简称“四边区域”）主要分布在农村地区和城乡接合部，环境卫生整体水平不高，是浙江省生态文明建设的薄弱环节。加快改善“四边区域”的环境面貌，是广大人民群众的迫切愿望，也是生态浙江建设的一项基础性工作。

2013 年，中共浙江省委办公厅、浙江省人民政府办公厅印发《浙江省“四边三化”行动方案》，提出到 2014 年，全省国省道公路边一定区域（边界为高速公路用地外缘起向外 200

米、普通国省道公路用地外缘起向外 100 米）和铁路线路安全保护区内影响环境的“脏乱差”问题得到全面整治，“四边三化”水平显著提升，打造一批环境优美的景观带和风景线；城乡环境卫生长效管理机制进一步完善，城乡居民环境卫生意识和生活品质明显提高。

2015 年，中共浙江省委办公厅、浙江省人民政府办公厅印发《浙江省深化“四边三化”行动方案（2015—2020 年）》，制定“两路两侧”问题点位整治、“蓝色屋面”专项整治、“双百”（100 条精品示范路和 100 个精品入城口）创建等年度工作计划。截至 2018 年，全省各地自查自纠问题整治 16.5 万余个；摸排出的各类“蓝色屋面”302515 处，1.74 亿平方米，已全面整改到位；全省共设置市级路（段）长 259 米，县级路（段）长 1987 米，乡镇级路（段）长 5140 米，村（社区）网格员 30911 名；进一步提升科技应用，利用信息化平台、网络、微信、无人机等先进技术，助力“四边三化”工作。

“十四五”时期，《浙江省 2021 年“四边三化”工作计划》提出深化“四边三化”工作新要求。深化工作主要包括四个方面：一是扩展问题点位整治范围，把整治问题点位向县乡道路、穿镇公路、县乡级河道沿线区域延伸，推进各类脏乱差问题的大整治；二是数字赋能健全防控机制，结合“三改一拆”精密智控体系，借助卫片执法、无人机巡线等现代化手段实施信息数字化采集、网络化交办、机动式督查，健全完善“四边三化”长效管控体系；三是持续开展精品道路评选活动，各地要持续打造建设水平高、管理养护好、特色创意新的精品道路，发挥精品项目的示范引领和带动作用；四是推进桥下空间利用管理，各地对辖区内的公路桥、铁路桥下可利用空间进行统一规划，按照“因地制宜、生态自然、惠及百姓”的原则，采用休闲区（健身场所）、小型停车场、景观节点等形式加以充分利用。

（二）建设模式特色

1. 高标准建立健全长效管控机制

针对“四边三化”工作，浙江省提出要抓实抓细，建立并执行长效机制。

如慈溪市依照“早动手规划、高标准治理、快节奏落实”的工作思路，根据“分管主导、属地配合、分级治理”的模式，制订详尽的年度行动方案、细化明确职责分工、强化日常巡察督查机制，落实由“三改一拆”办统筹、市级部门协作、属地镇（街道）具体实施的工作机制。此外，重新梳理完善路（双段）长制，由镇（街道）主要领导和分管领导担任第一责任人，落实好督促检查、落实跟踪，协调推进工作开展。

2. 高颜值打造“双百”创建项目

浙江省全面启动以打造 100 条精品道路和 100 个精品入城口为内容的“双百”创建工作。

在解决沿线十大类问题的基础上，从绿化、彩化和沿线立面改造等方面打造亮点，加大田间地头和庭院环境提升，不断健全完善长效管控机制，扩大精品示范线影响力；通过整治周边环境、提升绿化档次、打造亮化工程、增添人文元素、完善交通功能等方式，实现入城口的“洁、绿、美、亮、文、畅”。

以衢州开化县长虹乡为例。通过创建省级精品道路，采取“建、管、养”相结合的模式，对里河线进行环境整治，修建护栏、花带等设施，开展洁化、绿化、美化行动，力争彻底消除道路沿线脏乱差现象，打造“畅通、安全、舒适、优美、生态”的公路通行环境。以此为契机，长虹乡还以种植绿化和垃圾清理、违法建筑清理、违法广告清理等为重点，推进其他乡道沿线的整治，打造文明公路、样板示范路，使其成为展示区域形象的景观大道和生态走廊。在创建过程中，长虹乡还开展“清洁家园”活动，激发村民建设美丽家园的热情，增强村民的参与热情、提高广大群众对“四边、三化”工作的认识和了解。

3. 环境美化撬动产业升级

以“四边三化”为契机，通过景观环境改善，带动村庄集体经济发展，实现产业升级和村民共富。

龙游县詹家镇山后村位于杭长高铁沿线，借“四边三化”的东风实现了从传统养殖业到乡村旅游业的转型升级。2016 年，龙游县在杭长高铁和 S33 龙丽温高速龙游南入城口的交汇处，以政企合作的方式引入花海田园综合体项目，开展整体环境绿化彩化和景观设计提升改造，引进培育与沿线景观效果和谐共生的农旅产业。紧邻龙游花海的山后村则借机探索出“企业 + 村集体 + 农户”开发模式，由企业实施美丽乡村提升、高端民宿开发、花卉种植、土地流转等项目，村民通过出租房屋和提供劳务获得收益。

五、推动“五水共治”行动，深入水环境治理

（一）政策沿革

2004 年以来，浙江省深入开展水污染防治。2013 年底，浙江省开展治污水、防洪水、排涝水、保供水、抓节水“五水共治”，以治水为突破口，倒逼产业转型升级。2014 年以来，累计投入 400 多亿元开展“清三河”“剿灭劣 V 类水”和“美丽河湖创建”等一系列治污行动，让广大农村水变干净、塘归清澈。

（二）建设模式特色

1.“清三河”行动

“清三河”行动从解决感官上的突出问题入手，全力清理垃圾河、黑河、臭河，实现由“脏”到“净”的转变。既治理感官污染的“表”，更立足转型升级抓“治本”，主要措施是启动“两覆盖”“两转型”。“两覆盖”即实现城镇截污纳管基本覆盖，农村污水处理、生活垃圾集中处理基本覆盖。“两转型”即抓工业转型，加快铅蓄电池、电镀、制革、造纸、印染、化工 6 大重污染高耗能行业的淘汰落后和整治提升；抓农业转型，坚持生态化、集约化方向，推进种植养殖业的集聚化、规模化经营和污物排放的集中化、无害化处理，控制农业面源污染。

“清三河”行动到 2015 年完成一万千米“三河”清理，2016 年继续巩固提升，强力推进河道清淤疏浚和截污纳管工程，进一步深化沿河 100 米水污染治理，基本消除“黑、臭、脏”的感官污染，实现了“解决突出问题，明显见效”的既定目标。

2.“剿灭劣Ⅴ类水”行动

浙江省在“清三河”成果的基础上，全力打好剿灭劣Ⅴ类水攻坚战，实现由“净”到“清”的转变，着力提升群众的治水获得感。主要措施是对全省 58 个县控以上劣Ⅴ类水质断面排查出的 1.6 万个劣Ⅴ类小微水体，实行挂图作战和销号管理。明确各级河长作为“剿劣”工作的第一责任人，继续深化“两覆盖”“两转型”，实施六大工程：截污纳管、河道清淤、工业整治、农业农村面源治理、排污口整治、生态配水与修复。

经过一年攻坚，全省劣Ⅴ类水质断面全部完成销号，提前三年完成国家“水十条”下达的消劣任务，也提前实现了“三五七”时间表中第二阶段“基本解决问题，全面改观”的目标。

3.“美丽河湖”创建行动

浙江省在全面“剿劣”的基础上，立足从“清”到“美”的提升，2018 年启动“美丽河湖”创建行动，并将其作为之后一个时期治水工作的纲领。主要措施是实施“两建设”，即“美丽河湖”建设和“污水零直排区”建设。实现“两提升”，即水环境质量巩固再提升、污水处理标准再提升。坚持“两发力”，一手抓污染减排，降低污染物的排放总量；一手抓扩容，抓生态系统的保护和修复，增强生态系统自净能力。加快“四整治”，即工业园区、生活污染源、农村面源整治以及水生态系统的保护和修复等。开展“五攻坚”，即 2018 年 6 月《中共中央　国务院关于全面加强生态环境保护　坚决打好污染防治攻坚战的意见》部署的城市黑臭水体治理、长江经济带保护修复、水源地保护、农业农村污染治理、近岸海域污染防治。全面实施“十大专项行动”，污水处理厂清洁排放、“污水零直排区”建设、农业农村环境治理提升、水环境质量提升、饮用水水源达标、近岸海域污染防治、防洪排涝、河湖生态修复、河长制标准化、全民节水护水行动。

六、多方式全域整治，开展生态修复

（一）政策沿革

浙江省以全域土地综合整治为抓手，积极推进存量土地盘活利用，通过土地综合整治等方式获得的节余建设用地和补充耕地指标收益，优先用于耕地保护、农民建房、新时代美丽乡村建设、美丽田园建设和生态修复提升等领域。

2003 年，《中共浙江省委办公厅 浙江省人民政府办公厅关于实施“千村示范、万村整治”工程的通知》提出要积极盘活存量土地，保证村庄建设必要的用地，宅基地退建还耕实施前，省级层面按规划复垦耕地面积的 80% 配发周转指标，并享受一定的省定扶持政策。随后，逐渐加大推进农村宅基地整理和村庄整理的力度，提出通过村庄整理新增非农建设用地指标优先用于新农村建设，探索推动自然村落整合与农户集中居住，提高土地和基础设施利用效率。

随后，《中共浙江省委办公厅 浙江省人民政府办公厅关于深入开展农村土地综合整治工作扎实推进社会主义新农村建设的意见》《中共浙江省委办公厅 浙江省人民政府办公厅关于加快培育建设中心村的若干意见》《中共浙江省委办公厅 浙江省人民政府办公厅关于加强历史文化村落保护利用的若干意见》，强调美丽乡村建设、历史文化保护与农村土地综合整治工作深入结合，按照建设用地“先减后用、增减挂钩、平衡有余”原则，农村建设用地复垦产生的新增耕地，增减平衡后，允许置换用于建设用地的，应首先满足村庄整治区域内的农民建房（特别是历史文化村落的农民建房）、基础设施和公共服务管理设施建设及非农产业发展用地的需要。

美丽乡村建设阶段，强调要集约高效配置空间资源，通过开展土地综合整治，盘活乡村闲置宅基地、废弃地、生产与村庄建设复合用地。《浙江省深化“千万工程”建设新时代美丽乡村行动计划（2021—2025 年）》《浙江省乡村振兴促进条例》等提出，城乡建设用地增减挂钩土地节余指标调节收益优先支持腾出指标的农村建设美丽乡村，优先用于土地整治项目所在村的产业、公共服务设施和村民住宅用地，支持农村一、二、三产业融合发展用地需求。村庄规划方面，允许在实际拆旧产生的建新指标中，提供不超过 20% 用于动态调补本村规划预留新增建设用地指标。在满足农村建新合理需求的基础上，增减挂钩指标确有节余的，允许有偿调剂。

（二）主要经验

浙江省的全域土地整治工作目标已从过去单一的垦造耕地、完成耕保任务，向“山水林田湖草沙”生命共同体共同整治转变，向“路河村产矿”综合整治转变，向农村土地数量、质量、生态、文化和景观等多元整治转变，并实行包括村镇规划与工程设计的同步传导、农用地与建设用地的同步调整、城乡建设用地增减与增存的同步挂钩、节余指标在镇域内与省域内的同步流转，以及经济、生态与社会效益的同步提升在内的“五个同步”，注重“增减挂省地、资产化筹钱、新产业留人”，满足了全域全要素中各类自然资源的不同需求。

（三）建设模式特色

在全域土地综合整治与生态修复工程中，浙江省注重做加法，即“土地整治 + 生态空间修复、清洁田园、矿山复绿、治水剿劣、都市现代农业建设、美丽乡村建设、高标准农田建设”，把农业农村优先发展落到实处，构建生产生活生态融合、人与自然和谐共生、自然人文相得益彰的美丽宜居乡村建设新格局。各地涌现出一批农村土地综合整治典型工程，为实施全域土地综合整治与生态修复工程提供实践样本，发挥示范效应。

1. 全域土地综合整治 + 美丽乡镇

浙江省全域土地综合整治通过高起点全域规划、高标准整体设计、高效率综合治理，为农业农村现代化和美丽乡村建设提供资源保障。

2016 年 12 月，杭州市西湖区双浦镇启动全域土地综合整治与生态修复工程，在国土空间规划的引领下，坚持“真保护、实恢复、强管理、优利用、快实施”发展战略，进行全域规划、整体设计、综合治理、多措并举，用“内涵综合、目标综合、手段综合、效益综合”的综合性整治手段，统筹推进“拆违控违”、治水“剿劣”、田园清洁、矿山治理、土地流转、发展现代农业等十大行动。西湖区双浦镇在开展全域土地整治与生态修复过程中，将土地整治目标由耕地的“增地提等”转向系统保护修复城乡生态空间等综合目标，整治效益由完成耕地保护任务转向激发城乡接合部地区发展内生动力，交出了环境、生态、保护、民生、经济“五本账”，打造生态富美、资源共享、城乡共富的“千万工程”样板。

2. 全域土地综合整治 + 环境提升

浙江省推进全域土地综合整治中，同步推进乡村生态保护修复与环境提升，按照山水林田湖草整体保护、系统修复、综合治理的要求，结合农村人居环境整治，优化调整生态用地布局，保护和恢复乡村生态功能，维护生物多样性，提高防御自然灾害能力，保持乡村自然景观。

龙港市中对口村曾经有 13 家无证无照、无安全保障、无环保措施、无合法场所的“四无”企业，河道两边简易厂房乱搭乱建、杂乱无序；全村共有 402 间房屋，其中大部分属 C 级、D 级危房；布局零散的农居造成了耕地碎片化问题，全村 400 多亩耕地中，房前屋后有大量零散耕地，难以有效利用。为彻底改变村庄环境脏、乱、差、村集体经济薄弱的状况，从 2014 年起，中对口村启动全域土地综合整治，先拆旧后建新，推进农房集聚。全村共拆除违章建筑 2.35 万平方米，危旧房 300 间；新民居建设项目总占地面积 93.4 亩，建设规模

14.56 万平方米，共计房屋 934 套，地下停车位 600 余个。在妥善安置拆迁户的同时，解决了全村 60 户无房户的居住问题。中对口村利用第一期拆后复垦土地建设现代农业示范园，招引一批高新的现代农业项目进驻，带动农业产业的发展和农民致富。同时，利用拆除后的违章建筑和“四无”企业用地建成村公共设施，改善了全村基础设施条件。此外，中对口村还拆除了河道边的小企业，开展河道治理，打下木桩固堤，清除淤泥，种花栽树。村庄环境从几年前的“进村捂鼻头，出村摇着头”，转变为道路整洁，滨水公园草坪中缀有鲜花，亭台楼阁和绿树相映，文化礼堂、村民中心等各种公共设施齐全。

3. 全域土地综合整治 + 矿山修复

浙江省在建设用地整理方面，统筹农村住宅建设、产业发展、公共服务，基础设施等各类建设用地，有序开展农村宅基地、工矿废弃地以及其他低效闲置建设用地整理，优化农村建设用地布局结构，提升农村建设用地使用效益和集约化水平，支持农村新产业新业态融合发展用地。

瑞安市塘下镇辖区内共有大小废弃矿山十余处，多年来，这些矿山开采留下的“伤疤”成了当地的生态短板，存在一定安全隐患。2018 年，塘下镇联合瑞安市自然资源和规划局开展现场勘测，出具方案，启动综合治理，对山体岩石进行削坡整治、“织网”护坡和喷播草种灌浆，让裸露的岩体披上“绿衣”；并通过招商引资，引入资金 5.5 亿元，对整治出来的 34 余亩宕底土地同步进行综合开发，建成了一座集休闲绿地、生态殡葬和生命文化于一体的现代化生态陵园，带动了周边商业发展和群众就业。除了对废弃矿山整治出来的岩底地块进行盘活出让、综合开发利用外，塘下镇还根据矿地情况，对于具备复垦条件的地块，尽可能复垦为耕地或者林地，完成矿山整治及生态修复 5 处，整治出宕底土地 162 亩，其中 124 亩用作建设用地，38 亩成功复垦为优质良田，38 亩已种上蔬菜、水稻等作物。同时，5 处废弃矿山修复过程中产生的石料资源为当地财政带来 7000 多万元增收。

第二节　精准提质，综合提升乡村基础设施建设水平

一、改善交通设施

（一）政策沿革

浙江省从“乡村康庄工程”到高质量建设“四好农村路”2.0 版，坚持建好、管好、护好、运营好农村公路，为农业发展、农村繁荣、农民增收致富打下重要基础（表 2-4）。

表 2-4 浙江省农村交通设施建设阶段

时间	阶段	工作要求	相关文件
2003—2013 年	启动“乡村康庄工程”，促进农村公路建设	在全国率先实施以通乡、通村公路建设为重点的“乡村康庄工程”，建立乡村康庄工程管理信息系统	《关于进一步加强乡村康庄工程建设管理的意见》《关于进一步加强乡村康庄工程质量监督的若干意见》
2014—2020 年	建设“四好农村路”，推进城乡一体化	高水平建设“四好农村路”，坚持规划引领、着力攻坚乡村公路建设、优化完善水路交通设施、狠抓农村交通平安建设、打造高品质农村客运服务、发展农村现代物流等	《浙江省创建“四好农村路”示范县评价办法（试行）》《浙江省人民政府关于高水平建设“四好农村路”的实施意见》《四好农村路》DB33/T 2209
2021 年至今	高质量建设“四好农村路”2.0 版	建立“1+5+N”架构体系，即出台 1 个总纲领，实施 5 大行动（实施路网提升专项行动、安全提升专项行动、数字化改革专项行动、城乡公交一体化提升专项行动、农村物流提升专项行动）、完善 N 项配套支撑工作及载体	《浙江省人民政府办公厅关于高质量建设“四好农村路”2.0 版助力“两个先行”的实施意见》

启动“乡村康庄工程”，促进农村公路建设。2003 年，浙江在全国率先实施以通乡、通村公路建设为重点的“乡村康庄工程”，开启农村公路跨越式发展的新篇章。2006 年，浙江省交通厅出台《关于进一步加强乡村康庄工程建设管理的意见》《关于进一步加强乡村康庄工程质量监督的若干意见》，加强对乡村康庄工程的质量监督，建立浙江省乡村康庄工程管理信息系统，大大提升农村通村公路建设水平。2006 年浙江省实现所有乡镇通等级公路，2011 年实现了全省“农村公路村村通”，完成农村通村、联网公路建设 8.3 万千米，形成“农村公路网、安全保障网、养护管理网、运输服务网”四张网体系。

建设“四好农村路”，推进城乡一体化。2014 年，我国开展农村公路的系统性建设提升工作。随后，《交通运输部关于推进“四好农村路”建设的意见》，开启了“四好农村路”阶段。2017 年，《浙江省创建“四好农村路”示范县评价办法（试行）》出台，在全省范围内开展年度示范县评价。2018 年，《浙江省人民政府关于高水平建设“四好农村路”的实施意见》提出实施农村道路三年提升行动，高水平建设“四好农村路”，着力攻坚乡村公路建设，优化完善水路交通设施，打造高品质农村客运服务等任务。2019 年，编制完成《四好农村路》DB33/T 2209—2019 地方标准，为四好农村路规范化建设提供基础。截至 2020 年，浙江省新建和改造“四好农村路”已超过 8000 千米。

高质量建设“四好农村路”2.0 版。为加快完善现代化农村交通运输体系，更好地服务乡村振兴和农业农村现代化，“四好农村路”开启 2.0 版本。2023 年，《浙江省人民政府办公厅关于高质量建设“四好农村路”2.0 版助力“两个先行”的实施意见》，提出建成畅达、平安、智慧、共享的“四好农村路”。到 2025 年，浙江将建成畅达、平安、智慧、共享的“四好农村路”2.0 版，为 2035 年建成世界一流的现代化农村交通运输体系奠定坚实基础。

（二）建设模式特色

1. 农村公路建设管护“四化”模式

为进一步建好、管好、护好、运营好农村公路，台州市天台县从多元化筹措资金、网格化逐级管理、社会化综合养护、一体化城乡运营等“四化”入手，探索出“四好农村路”建设管护的“四化”模式。天台县坚持以农村公路作为推进乡村振兴的重要抓手，在台州率先实现农村公路财产损失综合保险全覆盖、农村公路安保工程全覆盖、城乡公交运营均等化，推动农村公路真正实现通村畅乡，农村公路从联通乡村向美化乡村进阶。2022 年，天台县被交通运输部、财政部、农业农村部、国家乡村振兴局评为“四好农村路全国示范县”。

多元化筹措资金，实现“有钱建路”。针对山区农村公路建设成本高、资金来源少等难题，天台县创新农村公路发展投融资模式，采用“政府投、乡贤捐、群众助”的资金筹措思路，探索政府和社会资本合作模式（PPP 模式），加大财政倾斜力度，形成“农村公路 + 乡贤”机制，鼓励个人、企业、社会组织通过捐资捐料、结对帮扶、投工投劳等方式支持农村公路建设与养护，拓宽农村公路建设资金来源渠道。

网格化逐级管理，实现“有章管路”。针对山区农村公路基层管理机构不够健全、专业技术力量薄弱、主体责任落实不到位等难题，天台县全面建立以县党政主要领导任总路长、县四套班子领导任县级路长、乡镇主要领导任乡级路长、村主职干部任村级路长的四级路长制；深化公路综合整治，严厉打击农村公路非法营运、超限运输等行为；加强群众自我约束，将爱路护路写入村规民约，开展“5.26”爱路日、“百万群众当交警”主题活动，在全社会营造人人参与交通管理、人人遵守交通法规的良好氛围。

社会化综合养护，实现“有人养路”。针对山区农村公路养护成本高、管理难度大等难题，天台县探索农村公路养护“六个一”管理机制，即每条农村公路明确一位路长，分派一名专管员，实行一套考核办法，建立一支志愿者队伍，拿出一笔管理经费，创建一个规范化养护管理站；实施“四好农村路 3+”，即“+ 党建”“+ 乡贤”“+ 群众”模式，推行“领养—认养—承养”的全民“共养”机制；搭建农村公路智慧化管理平台，实施“道路上保险”工程，推动农村公路财产损失综合保险全覆盖。

一体化城乡运营，实现“有效用路”。针对山区农村公路客货运输服务水平不高、效能并未完全发挥等难题，天台县探索乡村 TOD 模式，创新定制公交、微公交等农村客运运营模式，延伸发展产品物流配送、公路旅行等业态，创新货运公交、小件快运等便民模式，促进乡村产品向外流通、城市人才进村，真正实现“修一条路、造一片景、富一方百姓”。

2.“四好农村路 +”融合型建设模式

为深入贯彻“共同富裕、交通先行”理念，开展农村公路等级提升、路况提升、安全提升等工作，杭州市余杭区高质量可持续推进“四好农村路”建设，推动城乡交通一体化发展。

多年来，余杭区通过实施“四好农村路 +”建设，探索出农村公路与产业经济、旅游民宿、物流发展互相融合的余杭模式，先后获评浙江省美丽经济交通走廊示范县、浙江省“四好农村路”示范县、“四好农村路”全国示范县等。

余杭区将“四好农村路”建设与乡村振兴协同推进，积极开启“四好农村路 +”乡村旅游、历史人文、产业经济、数字治理等交通与经济融合发展的全新模式。一是“四好农村路 + 乡村旅游”，结合大径山生态区优美的自然环境和乡村旅游资源，提升交通运输服务的通达深度和等级水平，促进交通与乡村旅游、乡村经济发展相融合。二是“四好农村路 + 历史人文”，结合良渚文化、运河文化等历史文化资源，以传承文化发展、带动经济增长为目标，强化交通衔接功能，增强交通保障能力和水平。三是“四好农村路 + 产业经济”，结合全区特色小镇、传统特色产业及新兴产业项目，加强交通运输与沿线产业经济的衔接，使交通服务能力整体适应沿线产业发展需求。四是“四好农村路 + 数字治理”，以数字化改革为契机，深化交通治理，不断丰富农村公路数字化场景建设，运用数字化技术和思维，探索农村公路管理养护体制改革，承担农村公路“项目管理”板块数字化试点，破解农村公路管养痛点。

通过探索“四好农村路 +”融合型模式，推进完善“四好农村路”建设，余杭区基本实现各镇街范围内乡村道路联网畅达、路况良好、功能配套、整洁有序、环境优美。同时，持续将科技成果运用到“四好农村路”建设的各个环节中，畅通乡村振兴经济发展大动脉，推进农村公路实现智能化、数字化、精准化，带动农村旅游、健身、休闲等特色产业发展。

二、提升供水设施

（一）政策沿革

农村饮用水达标提标是农村基本公共服务的重要内容。从“千万农民饮用水工程”到“农村饮水安全工程”再到“农村饮用水达标提标”，浙江不断完善供水设施建设，提升农村用水质量，推动城乡同质供水，为农村居民的生活品质提供了基础保障（表 2-5）。

启动“千万农民饮用水工程”，提升农村饮用水质量。“千万工程”实施之前，浙江省深受水污染和水资源短缺的困扰，出现“江南水乡没水喝”“海岛、山区找水喝”的现实尴尬。“千万工程”实施后，浙江省迅速启动“千万农民饮用水工程”“农村饮水安全工程”和“农村饮水安全提升工程”。2004 年，《浙江省人民政府办公厅关于加快实施“千万农民饮用水工程”的通知》和《浙江省千万农民饮用水工程项目验收办法（试行）》要求分片、分散式供水工程水量基本满足生活需要，水质达到《农村实施〈生活饮用水卫生标准〉准则》要

表 2-5　浙江省农村供水设施建设阶段

时间	阶段	工作要求	相关文件
2003—2009 年	启动“千万农民饮用水工程”，提升农村饮用水质量	要求分片、分散式供水工程水量基本满足生活需要，水质达到《农村实施〈生活饮用水卫生标准〉准则》要求；连片集中式供水工程水量满足生活需要，水质达到《生活饮用水卫生标准》GB 5749	《浙江省人民政府办公厅关于加快实施“千万农民饮用水工程”的通知》《浙江省千万农民饮用水工程项目验收办法（试行）》
2010—2020 年	深化“千万农民饮用水工程”，巩固提升农村饮用水安全	加大对农村饮用水安全巩固提升的资金投入。对加快发展县（市、区）及海岛地区，采取“建设期定额补助 + 以奖代补”的方式进行支持，对其他县（市、区）采取以奖代补的方式进行激励	《浙江省水利厅关于做好农村饮水安全工程建设的通知》《浙江省农村饮水安全巩固提升工程“十三五”规划》
2021 年至今	夯实县级统管机制，推进城乡同质供水	持续聚焦“城乡同质、县级统管”，开展农村供水“强统管、补短板”行动，开展农村供水薄弱环节提升改造，进一步强化县级统管	《浙江省农村供水薄弱环节提升改造实施方案》《浙江省农村供水保障办法》

求，连片集中式供水工程水量满足生活需要，水质达到《生活饮用水卫生标准》GB 5749的要求。

深化“千万农民饮用水工程”，巩固提升农村饮用水安全。2010 年，浙江省水利厅发布《浙江省水利厅关于做好农村饮水安全工程建设的通知》，农村饮水安全工程作为“千万农民饮用水工程”的后续工程开展实施。2016 年，《浙江省农村饮水安全巩固提升工程“十三五”规划》提出加大对农村饮用水安全巩固提升的资金投入。2003 年至 2017 年，累计投入资金 170 亿元，基本解决 1900 多万农村居民的饮水困难问题。到 2017 年，全省建成供水工程 2.92 万处，覆盖农村人口 3200 万人，农村自来水覆盖率由 2002 年的 62% 提高到 99%，基本实现农村居民“有水喝”。2018 年，浙江省财政安排预算资金 27 亿元，加快推进县（市、区）及海岛地区农村饮用水安全工作，采取“建设期定额补助 + 以奖代补”的方式进行支持，对其他县（市、区）采取以奖代补的方式进行激励。

夯实县级统管机制，推进城乡同质供水。按照浙江省委、省政府“继续提升农村饮用水标准”的要求，持续聚焦“城乡同质、县级统管”，开展农村供水“强统管、补短板”行动。开展农村供水薄弱环节提升改造，针对浙江省近年来旱情风险暴露出的问题，印发《浙江省农村供水薄弱环节提升改造实施方案》。强化县级统管，修订《浙江省农村供水保障办法》，将农村供水县级统管经验从立法层面予以固化保障；夯实县级统管机制，组织开展农村供水明察暗访工作，进一步规范全省农村供水工程运行管理。全面提升农村供水薄弱点，加快实施农村供水薄弱环节提升改造项目。迭代优化“浙水好喝”数字化系统，针对农村供水工程县级统管机制落实情况、设施设备运行管护和供水水量水质状况等，持续巩固城乡同质饮水。

（二）建设模式特色

1. 构建“城乡同质、连片联网”的城乡供水格局

农村饮用水综合提升是一项惠及全部百姓的民生工程，也是提高农村居民生活质量、保障农村居民身体健康的民心工程。为解决地处偏远、人口稀少的乡村小型供水工程无法纳入规模化供水工程覆盖范围等问题，发布《浙江省人民政府办公厅关于加快推进单村水站改造提升保障农村饮水安全的实施意见》等文件，加快整合、改造提升全省的农村供水单村水站，推动形成连片联网的供水格局。

绍兴市坚持推进农村供水，开展“喝同质水、走共富路、加快推进城乡饮水同标同质”工作，逐步实现农村供水与城市供水“同质、同标、同服务”，发布《绍兴市农村供水共富提质行动计划（2023—2025年）》等文件。一方面，实施单村供水站巩固提升行动，对地处偏远、人口稀少，无法纳入规模化供水工程覆盖范围的小型供水工程，进行规范化提升改造，确保水量、水质、水压；按照“能连则连、能扩则扩、能并则并”的思路，整合区域内水资源和供水设施，以跨村、跨镇的集中供水为发展方向，加大单村供水站整合力度，形成连片联网的供水格局。另一方面，市本级和各区、县（市）不断加大农村饮用水工程建设的投入力度，巩固农饮水达标提标成效，提升农村饮水安全保障水平，延伸城市管网、新建改建镇村水厂、提升制水工艺技术，构建以县域供水网为主、乡镇局域供水网为辅、村级水厂为补充的三级供水网络。

2. 建立健全农村饮水安全“县级统管”长效机制

浙江省以农村供水“城乡同质、县级统管”为核心目标，以破解城乡供水水质水量保障不稳定、监督管理不完善、城乡供水服务不均衡不全面等问题为导向，出台《浙江省农村供水县级统管实施细则（试行）》等文件，形成了农村饮水安全“县级统管”机制。

以淳安县为例，淳安县在浪川乡启动农村饮水安全“县级统管”长效机制改革试点的基础上，2019年率先全面建立农饮水县级统管机制，实现了有人管事、有钱办事、有章理事的要求。

搭建“1+23”管理体系。明确淳安县新农村建设管理有限公司为淳安县农村饮用水“县级统管”机构，负责全县农村供水设施运行维护管理等工作。在此基础上，全县23个乡镇分别成立了农村饮用水管理有限公司，隶属于淳安县新农村建设管理有限公司统一管理，实行法人负责制，负责各乡镇农村饮用水工作。同时，将全县所有农村供水设施划归“1+23”组织管理。

推行“十统一”管理模式。淳安全县23家农村饮用水管理有限公司在日常运行维护管理中推行“十统一”管理模式，即统一注册登记、统一人员招聘、统一培训上岗、统一工程编码、统一清洗消毒、统一维修养护、统一水质监测、统一抄送水表、统一水费扣缴、统一监督考核。共完成安装水表、水箱各6万余只，农户供水协议签订率占全县纳入改革农村户口

总数的 99.5%，水费收缴率达 99.2%。

落实三项保障措施。组织结构上，淳安县成立由县长任组长、分管副县长任副组长，千岛湖生态综合保护局、卫生健康局等部门和各乡镇政府主要负责人为成员的县级农村饮用水管理体制改革工作领导小组，组建工作专班，协调推进各项管理工作。经费保障上，县财政每年安排 2500 万元改革经费用于管理公司办公用房、办公设施、计量设施安装，每年安排 1500 万元用于水质管理经费、水质维护、管网改造、应急抢修工程维护。管理维护上，开通“农饮水 110”热线，全方位受理用水农民对农村饮用水管理维护过程中的问题。

三、推进农污改造

（一）政策沿革

农村生活污水治理是农村人居环境整治的突出短板，是深入打好污染防治攻坚战的重要领域，是推进美丽中国建设的“细胞工程”。在“千万工程”的引领下，浙江通过“五整治一提高”工程、“五水共治”工程、“美丽河湖”建设和“污水零直排区”建设等，基本实现农村生活污水处理设施行政村全覆盖，污水治理运行维护走在全国前列（表 2-6）。

开展农村生活污水处理，改善农村人居环境。浙江省以“千村示范、万村整治”工程为主抓手，开展了“百万农户净化沼气池”“五整治一提高”等工程，大大改善了农村生活的卫生环境。2006 年，浙江省发布《百万农户生活污水净化沼气工程实施方案》，结合农村

表 2-6　浙江省农村污水设施建设阶段

时间	阶段	工作要求	相关文件
2003—2012 年	开展农村生活污水处理，改善农村人居环境	集中实施生活污水污染处理，积极探索符合各地实际的低成本、高效率的污水处理方式，完善农村生活污水处理设施	《百万农户生活污水净化沼气工程实施方案》《省农办　省环保局　省建设厅　省水利厅　省林业厅关于加快推进“农村环境五整治一提高工程”的实施意见》
2013—2020 年	实施“五水共治”工程，建设“污水零直排区”	全面实施“五水共治”，以专业化、市场化、智能化为导向，全方位、多层次、广覆盖地开展农村生活污水治理设施运行维护管理。实施“美丽河湖”建设和“污水零直排区”建设，推动水环境质量巩固再提升、污水处理标准再提升	《中共浙江省委　浙江省人民政府关于全面实施“河长制”进一步加强水环境治理工作的意见》《浙江省农村生活污水处理设施管理条例》
2021 年至今	“强基增效双提标”，深化城乡污水统筹治理	构建农污治理多跨协同“一张网”，围绕农村生活污水处理设施规划、建设、运维的全生命周期，建设运行全省一体化的农村生活污水处理设施管理服务系统	《浙江省农村生活污水治理“强基增效双提标”行动方案（2021—2025 年）》

“改圈、改厕、改厨”工作，促进沼气、沼液、沼渣综合利用。开展“五整治一提高”工程，扎实推进农村生活污水排放处理等问题，并将自然村污水纳入集中处理，整体提高农村生态环境，使农村的环境面貌发生根本性变化。

实施“五水共治”工程，建设“污水零直排区”。2013 年以来，浙江省提出“以治水为突破口推进转型升级”，全面实施“五水共治”。印发《中共浙江省委　浙江省人民政府关于全面实施“河长制”进一步加强水环境治理工作的意见》等文件，实施农村生活污水治理 3 年攻坚行动，510 万户农户生活污水实现截污纳管，90% 建制村、74% 农户的生活污水得到有效治理。2018 年，浙江省启动“美丽河湖”建设和“污水零直排区”建设，同步推进污染减排和生态修复，降低污染物排放总量，推进处理设施标准化运维，并实现水环境质量巩固和污水处理标准再提升。2019 年，《浙江省农村生活污水处理设施管理条例》出台，规范省域农村生活污水处理设施的建设改造、运行维护及其监督管理，大大改善了农村生态环境。

“强基增效双提标”，深化城乡污水统筹治理。2021 年，《浙江省农村生活污水治理“强基增效双提标”行动方案（2021—2025 年）》提出，到 2025 年底，所有地区农村生活污水治理实现双达标，标准化运维全覆盖。浙江省正在构建农污治理多跨协同“一张网”。围绕农村生活污水处理设施规划、建设、运维的全生命周期，建设运行全省一体化的农村生活污水处理设施管理服务系统，形成了省、市、县、乡、村、运维单位一体联动，多部门多跨协同的数字化管理体系。迭代升级管理服务系统，归集 20142 个行政村（社区）、1061 万户农村家庭，59748 个管理服务处理设施、1.2 万个建设改造项目等信息，使农村生活污水治理关键数据能够即时在管理服务系统中一图展示，有效提高工作效率。

（二）建设模式特色

1. 农村生活污水城乡一体化治理模式

浙江高质量推进城乡生活污水一体化治理，实现了农村生活污水治理全覆盖，形成省、市、县、乡镇农村生活污水治理一体联动、一体流程、一体功能的数字化闭环管理机制。嘉兴市平湖市不断强化顶层设计、精细化建设、一体化运维，多措并举，实现了农污治理行政村覆盖率 100%，形成城乡污水治理一体化平湖模式。

顶层设计城乡一体。以规划为引领，编制《平湖市农村生活污水治理近期建设方案（2021—2025 年）》，科学规划污水处理体系。以制度为保障，出台《平湖市农村生活污水治理攻坚行动方案（2021—2025 年）》，明确规范城乡排水设施运维管理和农村生活污水新建处理设施运维一体化要求。

设施建设城乡一体。按照“纳厂为主、终端为辅、水质达标、一体建设运维”的原则，在全省率先推行农污驻镇工程师全过程监管，全面提高农村生活污水治理水平。通过接户增加、管网延伸和终端减量，实现了管网向镇村延伸、向农户延伸，打通了污水处理“最后一公里”。

运维管理城乡一体。组建国有运维公司，形成“六位一体”（市政府、行业主管部门、镇街道、水务集团、运维班组、农户）监管管理新体系。引入联合评估模式，在各镇街提交移交申请后由运维单位和驻镇工程联合对项目质量开展全面评估工作，严格把好工程质量关，理出问题清单，实施销号移交。

2. 古村落保护村生活污水处理真空排水系统

古村落保护村的生活污水处理是农村环境整治的重点问题，杭州市淳安县浪川乡芹川村通过探索古村落保护村生活污水处理真空排水系统，有效解决了古村落的生活污水处理问题。

采用真空收集，提高污水处理率。整个工程采用真空排水系统用以解决收集问题，每个节点收集系统包含一个控制器、一套液位传感器、一个真空隔膜阀以及 PVC 材质收集箱。断续的废污水通过短距离的重力流进入收集箱，当液位达到设定值时，真空废污水提升器自动启动，将废污水抽吸进入真空管路系统，最后被输送至真空废污水泵站。由于整个真空废污水收集系统采用真空负压抽吸，管路可任意上行下行，有效解决了芹川村部分地势低区域难实现重力流的难题。同时，利用真空管收集，有效减少管槽的开挖，避免了对古村中古石板路面的破坏，不仅节约项目投资，而且保护了古民居原本面貌。

创新中水回用，提升资源利用率。芹川村人口多、游客多，高峰期日均产生污水量可达到 400 余吨，经终端处理后排放量较大，而将其直接排放至田间沟渠则造成水资源极大浪费。为提高资源利用率，建设了中水回用系统，对终端出水进行回用农田及绿化，灌溉芹川村入口路段绿化带 2 千米和农田 53 亩。试验性利用中水浇灌空地种植蔬菜，实现村级年增收 2 万余元，通过污水变灌溉水，减排肥田两相宜，真正做到变废为宝，循环利用。

融入景观元素，打造古村新亮点。芹川村历史文化古建筑较多，自然景观优美，芹水之涧曲折通幽，凤山之麓蔚然灵秀，为使得终端景观与古村景色相得益彰，新建的污水终端采用徽派风格。青砖环抱，绿植簇拥，终端内池塘更有游鱼嬉戏，成为一处村中景点。人工湿地采用无土栽培技术，种植美人蕉、伞草、菖蒲等根系茂密的植物，消耗污水中氮、磷等元素，净化水质。

3. 农村生活污水智能管理平台

农村生活污水治理正呈现智能化趋势，农村生活污水智能管理平台的触角不断延伸。建德市聚力打造农村生活污水智慧管家平台，将 870 个终端站点赋上智能巡查二维码，创新开展“智慧 +”融合“自治 +”的绿色管家机制，实现农污设施管理便捷化、智能化、规范化。

完善体制机制，形成三级“绿色管家”。农污终端三分靠建，七分靠管。建德市重点思考如何通过“自治 +、智慧 +”，实现“污水进、管子通、机器转、出水好、环境美”的目标，形成“镇 + 村 + 运维公司”的三级“管家”机制。建德 358 名“管家”工作履行情况全部纳入农村生活污水长效运维考核和第三方运行履约合同指标，通过建立健全“绿色管家”考核体系，切实将农村生活污水建设管理工作落到实处。

实行一端一码，实现分级精准管理。平台不仅清晰显示农村生活污水处理设施运行情况，还能实时查看终端覆盖的受益农户、故障终端具体问题、运维负责人员以及最近一次设备维护时间等信息。通过实时采集平台10.6万余条基础信息、每日50余条在线监测信息、220个在线及流量监控信息及市镇村分级检查、信访投诉等业务数据，在线监控全域所有农污处理终端流量、水质及运维巡检情况，综合评估产生“红黄绿”三色二维码，实现每个农污终端一个“健康码”，实时反映每个终端运行情况。

引导村民共治，营造共建共管氛围。每个终端站点公示“绿色管家”智能管理平台的终端“健康码”，村民可以扫描“健康码”进行问题上报、意见反馈、信访投诉等。因此，不再需要监管及运维人员跑遍每个乡镇每个站点每个户井，每位村民都是监管员，任何问题或建议都能及时提交给管理部门，实现自家设施自家管，大大提升农村生活污水处理终端的管理效能，保证农村生活污水处理设施的高效运行。

4. 农村污水“零直排村”模式

农村污水“零直排村”是指通过构建农村污水处理和农业生产、林业、绿化等系统的协同体系，以污水全收集、雨污全分流、处理全达标、资源全利用、监管全智慧五个“全”来实现村庄范围内，对由排水产生的污染物进行全部收集、处理后资源化利用或达标排放。杭州市率先探索打造农村污水“零直排村”模式，率先出台《杭州市农村污水治理设施提升改造技术指南（试行）》，通过积极探索中水回用，引导农村污泥科学无害化利用等举措，全力推进全市农村生活污水处理设施提升改造，输出农村污水提升改造的杭州经验。

杭州市临平区丁山河村紧扣“水清、无味、点绿、景美”原则，将“零直排”建设与水乡风韵线有机结合、同步实施，对村内农户进行户内设施改造，逐步实现乡村从“污水靠蒸发”到“清水绕人家”的美丽转变，疏通了排污管网的“毛细血管”，提升了村民的满意度和获得感。丁山河村的所有污水通过公共管道重力收集流入终端，终端总体设计规模为150吨/天。污水进入隔油池进行油水分离，然后进入调节池进行水量、水质调节后由提升泵提升至MABR一体化设备进行污染物去除，最终流入中间水池，再经过回用水池的调蓄，通过回用水泵回用到周边绿化以及景观水池补水。

四、提升供电水平

（一）政策沿革

实施“千万工程”以来，浙江农村电网建设全力提升农村用电水平和质量，在农村电网领域逐渐形成互联网与能源消费市场深度融合的能源服务新业态，农村居民逐渐改善生活方式，享受到更绿色、更智能的电气化生活（表2-7）。

表 2-7　浙江省农村供电设施建设阶段

时间	阶段	工作要求	相关政策
2006—2014 年	“新农村、新电力、新服务”农电发展战略	积极谋划农电发展，加快农村电网建设，实施“户户通电”工程。结合小城镇整治和美丽乡村建设，改造升级农村电网，改善农村供用电环境	2006 年提出“新农村、新电力、新服务”农电发展战略
2016—2020 年	农村电网改造升级，推进中心村电网升级	完成全省新一轮农村电网改造升级工程规划编制、中心村电网改造升级项目可研编制等工作；加快推进小城镇（中心村）电网改造升级首批项目建设	2016 年，浙江省小城镇（中心村）电网改造升级工作、《浙江省中心村电网改造升级 2016—2017 年实施方案》
2021 年至今	农村电力数字化转型，完善供电服务网络	推出“乡村振兴电力民生指数”“乡村振兴供电能力指数”“乡村振兴发展电力指数”等数字化服务	2023 年，浙江电力启动实施“电靓和美乡村”五年行动计划

“新农村、新电力、新服务”农村供电发展战略。浙江省于 2006 年提出“新农村、新电力、新服务”农村供电发展战略，加快农村电网建设，实施“户户通电”工程，提高农村电气化水平。2006 年，浙江实现“户户通电”。“千万工程”中的示范村、整治村被优先列入电气化建设范围。截至 2013 年 10 月底，全省 200 个省级中心镇全部实现电气化。在全省 77 个涉农电气化县（市、区）中，64 个县实现了“镇镇电气化”，55 个县实现了“村村电气化”，浙江省电气化镇、村的比例全国领先。2014 年 8 月，浙江省 1204 个乡镇全部建成新农村电气化乡镇，全省实现“镇镇电气化”。

农村电网改造升级，推进中心村电网升级。2016 年，浙江开展新一轮农村电网改造升级工程。浙江省小城镇（中心村）电网改造升级工作（浙江省无农村机井通电工程），主要涉及中心村 3014 个，人口 640 万人，总投资 14.1 亿元。相继发布了《浙江省中心村电网改造升级 2016—2017 年实施方案》等文件，浙江省发展改革委、省能源局会同浙江省电力公司，完成全省新一轮农村电网改造升级工程规划编制、中心村电网改造升级项目可研编制、审批等工作；同步加快推进小城镇（中心村）电网改造升级首批项目建设，推动全省小城镇（中心村）电网改造升级工程按期保质完成建设。

农村电力数字化转型，完善供电服务网络。浙江农村电网持续提档升级，电力数字化建设、绿色低碳智慧乡村电网在浙江陆续铺开。国家电网运用海量电力大数据优势，在浙江推出“乡村振兴电力民生指数”“乡村振兴供电能力指数”“乡村振兴发展电力指数”等数字化服务，借助大数据助力农村地区补短板、强产业、促发展、惠民生。构建“台区经理 + 农村用电安全员 + 便民服务点办事员”的“1+N”供电服务网络，推广“网上国网”等线上办电渠道，助力村民“办电不出村”。2023 年，浙江电力启动实施“电靓和美乡村”五年行动计划，每年完成农网投资金额 100 亿元以上，高水平建设乡村配网，高效率推进村网共建，高质量落实新能源汽车下乡，高水准推进乡村绿色用能，持续改善乡村人居环境。

（二）建设模式特色

1. 智能农村电网模式

浙江积极推进农村智能电网建设，充分运用电力大数据，实现电网的实时监控和即时调控。至 2022 年底，浙江全省农村电网平均供电可靠率已达 99.97%，远超全国平均水平。

湖州市安吉县通过乡村电气化试点建设，将电力深度融入“三农”发展的新方式、新场景、新应用。安吉乡村电气化建设沿两条主线展开：第一，聚焦客户，充分挖掘新时代农民生产生活中的用电需求，通过更先进、更丰富的电力应用方式与场景引领乡村振兴，即从满足需求到引领需求；第二，立足电网，在推进坚强智能电网与泛在电力物联网有机融合的同时，利用大数据、云计算，构建乡村智慧用能云平台。在“三型”建设上，加强智能电网尤其是泛在电力物联网基础前沿和关键核心技术攻关，以数字技术为传统电网赋能，全面推广乡村配电物联网新技术；发挥浙江数字化、信息化优势，以“三型”供电企业建设为方向，通过引领构建智慧能源服务新体系，加快综合能源服务转型升级。在“两网”建设上，按照“经济适用、经久耐用，不增加用户和企业负担”的原则，积极打造“三化”“五好”的一流现代化配电网，结合“一区一县”配电物联网示范区建设，打造以数据采集终端为感知单元的智能电网。

2. 电力驿站

2019 年 10 月，为解决下姜村位置偏远、老百姓办电不便利等问题，杭州电力在此建设了首家“红船 · 电力驿站”，持续推动乡村从“用上电”到“用好电”的转变。下姜村电力驿站乡村智慧能源服务平台是基于“电力驿站”服务乡村振兴的全景数智化体系。该平台以“电力驿站”为载体，以电力大数据赋能产业转型、乡村治理、低碳发展与为民服务，实现精准决策、全息感知、快速响应和贴心服务，在下姜村打造新时代电力服务乡村振兴的新样板。

电力驿站乡村智慧能源服务平台汇集县域全量电力数据，不断拓展电力数据收集范围，开展深入挖掘分析，提升社会综合能源利用效率和安全用能水平。淳安县供电公司在生产端实施“产业助力”工程，与大棚业主签订综合能源协议，提供用能采集监测、智能运维及能效优化方案等服务，推动建成农业电气化大棚，利用电动通风、电动卷帘、自动灌溉、自动肥水等成熟电气化技术，对电气化大棚进行多要素采集和生产智能控制。电气化改造后，水资源利用率提升 35%-50%，肥料利用率提高 25%-40%。

五、加强清洁能源使用

（一）政策沿革

加快提升供电、供热、供气等能源基础设施建设水平，促进乡村清洁能源建设使用是“千万工程”的重要内容。从倡导农村清洁能源使用、推进农村能源生态建设到实现能源基础设施向农村全覆盖、能源基本公共服务均等化，浙江探索出一条城乡一体化的清洁能源可持续发展之路（表2-8）。

启动农村能源环境工程，促进农村清洁能源利用。2003年，“千万工程”提出后，浙江省迅速启动农村能源环境工程，推进全省农村清洁能源利用和农业园区建设等工作。2007年，《浙江省人民政府办公厅转发省委农办省农业厅关于加快农村沼气建设的若干意见的通知》提出，因地制宜推广各类沼气建设模式，着力建设资源节约型、环境友好型农业，促进生态环境改善和农村经济可持续发展，推进实施百万农户生活污水净化沼气工程、规模畜禽养殖场沼气工程和农村清洁能源开发利用工程。2010年，浙江省人民政府办公厅印发《浙江省发展生态循环农业行动方案》，大力发展生态循环农业，扩大沼气、太阳能等再生清洁能源应用，促进农村地区的清洁能源利用。

大力发展可再生能源，推进农村能源生态建设。2012年，《浙江省人民政府办公厅关于积极推进农村能源生态建设的意见》提出，以沼气建设为着力点，积极推广高效、经济的农村能源生态模式，大力发展生态循环农业，推进农业生产、农民生活和农村生态有机融合。

表2-8　浙江省农村能源设施建设阶段

时间	阶段	工作要求	相关文件
2003—2011年	启动农村能源环境工程，促进农村清洁能源利用	推进全省农村的清洁能源利用，因地制宜推广各类沼气建设模式，着力建设资源节约型、环境友好型农业，促进了农村地区的清洁能源利用	《浙江省人民政府办公厅转发省委农办省农业厅关于加快农村沼气建设的若干意见的通知》《浙江省发展生态循环农业行动方案》
2012—2018年	大力发展可再生能源，推进农村能源生态建设	加快城市和农村配电网建设与改造，探索能源互联网试点，确保风能、太阳能等各种清洁能源消纳，推动分布式光伏、微燃机及余热余压等多种分布式能源的广泛接入和有效互动	《浙江省人民政府办公厅关于积极推进农村能源生态建设的意见》《浙江省农村能源开发利用项目资金管理办法》《浙江省创建国家清洁能源示范省行动计划（2016—2017年）》
2019—2023年	构建农村清洁能源新格局，实现乡村“零碳”共富	加快能源基础设施向农村地区覆盖，推进农村家庭电气化提升建设，赋能乡村实现“零碳”共富	《浙江省能源发展“十四五”规划》

2013 年，配套出台《浙江省农村能源开发利用项目资金管理办法》，专项用于农村能源综合利用示范工程、沼气集中供气示范工程等项目建设。《浙江省创建国家清洁能源示范省行动计划（2016—2017 年）》提出大力发展可再生能源，全面实施天然气“县县通”工程，增强电网保障能力。加快城市和农村配电网建设与改造，发展和完善智能电网、智能变电站、智能配电网和智能调度技术，推动分布式光伏、微燃机及余热余压等多种分布式能源的广泛接入和有效互动。

构建农村清洁能源新格局，实现乡村“零碳”共富。2022 年，浙江省人民政府办公厅印发《浙江省能源发展“十四五”规划》，扩大电力、天然气等清洁能源利用，加快能源基础设施向农村地区覆盖。推进清洁能源替代，提高终端用能低碳化、电气化水平，居民生活领域推动城镇家庭全电住宅、农村家庭电气化提升建设。扩大乡村清洁能源消费，持续推进百万家庭屋顶光伏工程，因地制宜推动农村生物质资源综合利用；持续推进农网改造升级工程，不断提高农电服务质量；推动城市天然气管网向乡镇（街道）和城郊村延伸，探索微管网方式推进管道燃气覆盖偏远村。鼓励能源创新发展，加快推进科技创新，探索建设兼具天然气、储能、氢能、快速充换电等功能的综合站点，赋能乡村实现“零碳”共富。

（二）建设模式特色

1.“农光互补”助共富

“农光互补”共富光伏发电项目能够有效促进节能减排，带动绿色经济。近年来，浙江省积极探索光伏能源项目创新，做活绿色低碳发展文章，让光伏项目成为乡村振兴路上的新兴绿色引擎。

薰山地面光伏电站项目是庆元县首个集中式农光互补地面光伏电站，选址于松源街道薰山下村。采用“农光互补”发电模式，建设规模 30 兆瓦，采用就地升压、集中并网方案，并配备大功率组串式逆变器，以提升电站系统的稳定性及发电量。光伏场区分 10 个光伏发电单元，采用组串式逆变、就地升压、集中并网的方案，新建 1 座 35 千伏开关站，以 1 回 35 千伏架空线路接入 110 千伏庆元变电站。每年可为电网提供约 3189.7 万千瓦时电量、节约标准煤约 1 万吨，具有显著的经济和环保效益。该项目的建设提高了当地电网供电能力，促进和带动了当地经济发展，对调整当地能源结构、优化资源配置、保护生态环境、助力乡村振兴、实现共同富裕具有积极意义。该项目建设用工直接带动了周边居民灵活就业，建成后发电收益分红可提升村集体经济收入。

2.“寓建光伏”赋能乡村共富

为深入落实碳达峰、碳中和工作，宁波市龙观乡创新探索“寓建光伏”模式，赋能乡村共富。“寓建光伏”模式的特征表现为研发光伏瓦替代传统建材，利用农村屋顶，整村建设屋顶光伏项目，利益与村民共享，实现乡村共同富裕，碳普惠减排量用于大型活动碳中和。

利益共享实现共同富裕。充分利用屋顶光伏投资小、收益稳定特征，通过多种投融资模式以及灵活的利益分配模式，实现项目可持续运营，打造光伏网红村品牌形象，进一步促进乡村旅游发展。

创新引领实现企业共赢。研发适用于农村的专用光伏瓦，光伏与建筑的融合兼具材料同一性、美观性、和谐和灵活性，制定全国首个光伏地方标准《宁波市建筑屋顶光伏系统建设技术细则》，依托平台企业打造成为集规划设计、投资运营、安装施工、运维管理于一体的综合服务商，探索光伏村 + 共富 2.0 模式。

探索碳普惠应用场景助力宁波首个重大活动碳中和。研究编制《海曙区安装分布式光伏发电系统碳普惠方法学》，将“李岙村屋顶分布光伏电站项目 300kW”产生的碳普惠减排量用于抵消“生态海曙 · 绿色共富”2022 年浙江生态日主题宣传活动，交易收入进一步提升项目收入。

六、提升快递物流服务

（一）政策沿革

加强农村物流体系建设，推进农村快递物流服务广度和深度不断拓展，促进资源整合共享，有效赋能乡村振兴（表 2-9）。

表 2-9　浙江省农村物流设施建设阶段

时间	阶段	工作要求	相关文件
2005—2010 年	推进建设“农村现代流通网”，提升农村快递物流服务	加强社会物流设施和连锁企业配送中心建设，建立健全“农村现代流通网”，形成规范、竞争、开放、有序的农村现代商品流通体，推进城乡物流配送体系建设	《浙江省人民政府办公厅转发省经贸委等部门关于切实加强千镇连锁超市和万村放心店工程建设工作意见的通知》《浙江省人民政府关于进一步加快发展现代物流业的若干意见》《浙江省农村物流服务体系发展专项资金使用管理操作办法》
2011—2018 年	构建县乡村三级农村物流网络节点，推进电子商务与快递物流协同发展	构建县乡村三级农村物流网络节点，开展农村电子商务服务站（点）提升改造工程，合理规划和布局农村物流基础设施	《浙江省农村电子商务工作实施方案》《浙江省人民政府关于促进快递业发展的实施意见》《浙江省人民政府办公厅关于推进电子商务与快递物流协同发展的实施意见》
2019 年至今	构建城乡“最后一公里”末端网点共享设施网络，推进农村客货邮融合发展	落实网络畅达，深化三级物流网络建设；主体融合，深化龙头物流企业培育；“客货邮 +”，深化农村地区产业融合等任务	《浙江省现代物流业发展“十四五”规划》

推进建设“农村现代流通网”，提升农村快递物流服务。随着社会经济的发展，物流快递、邮政服务等资源正加速下沉至农村，快递服务已与农村居民的生产生活密不可分。2005年，《浙江省人民政府办公厅转发省经贸委等部门关于切实加强千镇连锁超市和万村放心店工程建设工作意见的通知》提出加强社会物流设施和连锁企业配送中心建设，建立健全“农村现代流通网”。2008年，《浙江省人民政府关于进一步加快发展现代物流业的若干意见》指出统筹城乡物流业协调发展，推进城乡物流配送体系建设，发挥农村班车小件快运和农村客货运一体场站作用，保障城乡物流配送的安全、环保、节约和通畅。2009年，配套出台《浙江省农村物流服务体系发展专项资金使用管理操作办法》，规范农村物流服务体系发展专项资金的使用管理，保障农村快递物流服务。

构建县乡村三级农村物流网络节点，推进电子商务与快递物流协同发展。快递物流与电子商务产业发展关系密切。2014年，《浙江省农村电子商务工作实施方案》提出构建适应农村电商发展的物流配送体系，增强村级网点和配送中心的服务功能，为农村居民提供“一站式”综合服务。2016年，《浙江省人民政府关于促进快递业发展的实施意见》提出鼓励和支持快递企业面向农村和山区、海岛等地区布局落户，推动快递企业在乡镇铺设服务网点。鼓励邮政、快递企业完善农村物流配送服务网络，构建县乡村三级农村物流网络节点。2018年，《浙江省人民政府办公厅关于推进电子商务与快递物流协同发展的实施意见》明确，推进农村电子商务物流发展，开展农村电子商务服务站（点）提升改造工程，合理规划和布局农村物流基础设施，打造农村物流品牌，提升农村物流企业运营服务水平。

构建城乡“最后一公里”末端网点共享设施网络，推进农村客货邮融合发展。2021年，《浙江省现代物流业发展“十四五”规划》强调，补强城乡末端设施短板，完善县乡村三级物流网络节点体系，引导物流、快递企业加强资源共享整合，推动收货站点、智能快递柜、社区信包箱等智慧共享，构建城乡“最后一公里”末端网点共享设施网络；完善快递进村服务体系，畅通农村快递物流通道，建设公共分拨中心、公共仓储、公共收投网点等快递共享基础设施，制定乡村物流运营服务相关标准。同时，大力推进农村客货邮融合发展，力争到2025年，90%以上的农村地区基本实现快递物流服务“县到村一日达”。

（二）建设模式特色

1. 城乡三级物流服务网络

长期以来，农村物流存在基础设施不完善、配送时间长、运营成本高等问题，严重影响农村居民物流服务需求。为破解物流服务难题，浙江省积极完善物流服务网络，如嵊州市积极整合资源，打造“分拨中心—配送中心—农村物流服务网点”三级城乡物流服务网络，形成了以“公交带货为主，专线物流为辅”的农村公共物流服务体系，推动公交带货系统化、规范化发展，打通农村公共物流最后一公里。

需求为引，夯实农村物流基础。嵊州市从政策层面为农村物流提供制度保障，出台《嵊州市农村公路提升改造三年行动实施方案》《嵊州市电子商务进农村综合示范工作方案》等文件，整合农村物流资源，创新发展城乡货运公交、农村物流班车、小件快运等农村物流模式。建立交通项目信息数据库，形成乡镇、行政村、自然村“一镇一手册”“一村一图”农村公路建设需求。

资源整合，完善三级物流服务网络。持续对“四通一达”、邮政等快递资源进行整合，建立一级分拨中心、二级配送中心和若干农村物流服务网点，通过城乡公交车辆，免费送至各农村物流服务网点。“公交带货”客货线路资源共享，加快农村运力线路资源整合，通过设施、线路、车辆、人员共用，提高物流准确性、及时性。整合资源扩展农村物流服务网点，科学规划农村物流服务网点选址，积极整合现有乡村客运站、商超便利店等各类资源，推动快递服务网点下沉。

服务升级，推动农村物流可持续发展。规范化运营，打造星级服务网点。建立城乡公交农村物流件托运流程、农村物流件取货托货流程、农村物流件服务标准等，并在每个农村物流网点醒目位置悬挂。搭建“快快城乡配送”物流信息平台，支持网点应用电子运单、射频识别等技术提升数字化管理水平。跨领域合作提升末端网点可持续性，通过“功能拓展、资源互换、连锁加盟”等方式，增强末端服务网点自我造血能力。

2.“农超对接”模式

“农超对接”指的是农户和商家签订意向性协议书，由农户向超市、菜市场和便民店直供农产品的新型流通方式，主要是为优质农产品进入超市搭建平台。浙江积极推进一体化供销合作，开展“农超对接”等举措，探索出一条助推农业提质、农民增收、农村振兴的新路径。

嘉兴市海盐县积极打造供销社生鲜菜市，开展农副产品一站式配送和零售，提供农产品高效便民服务。供销社生鲜菜市采取农超对接、基地直采等方式，与县内外 100 多个合作社及生产基地建立产销合作关系，实现产销对接“零距离”。“直采直销”的配送理念，“产地—门店”的终端配送方式，降低了农产品损耗，提升了流转率，让新鲜、便宜的本地农产品直通超市和市民的餐桌。同时，积极拓展线上销售渠道，开设线上“微商城”平台，通过“线上预订 + 门店定点提货”的方式，让社区“菜篮子”搭上互联网快车，助力本地农产品销售。

3.“客货邮”融合发展模式

浙江省以“节点网络共享、运力资源共用、标准规范统一、企业融合发展”为原则，积极推动“交邮合作”，各地邮政与公交公司合作，加快“客货邮”融合发展，实现运力资源整合复用，让农村用户享受到与城市用户同等质量的快递物流服务，真正做到“快递进村”。

磐安是“九山半水半分田”的典型山区县，受地理条件制约，长期存在农村末端物流服务能力较差、山区产业外销动力不足等情况，民营企业快递进村覆盖率不足40%。磐安县邮政公司作为“客货邮”运营主体，用新系统、新模式、新服务打通城乡大动脉，畅通乡村微循环，提升服务便利度。

运营模式上，从最简单的“客运 + 货运 + 邮政”持续优化至“专线抛投甩投 + 普邮叠加 + 公交直投”模式。一部分由“客货邮”专线抛投，针对量大、快递密度较高的“客货邮”自提点，创新开通“客货邮”公交专线，各品牌快递在县中心共线分拣后，由专车专线将快递直接抛点至村级站点；一部分由邮政代投，社会快递可直接交至乡镇中心站点或邮政网点，由邮政投递员送达村级服务站；另一部分由公交车直投，对收件地址距离公交站点小于50米的小件散货由“村村通”代运至村级服务站点。开发具有磐安特色的“客货邮”BRT平台，打通行业壁垒，实现多业共网、数据到村，实时智能监测共配情况。邮政和快递公司合作，建立“客货邮”三级物流体系，实现同仓共配。磐安交通和邮政部门按照“一家牵头、多方协同、多效融合”的原则共建共享县、乡、村三级物流服务场所。县城客运中心建立提供“混合处理 + 共线分拣 + 统一配送”等服务的“客货邮”县级共配中心，核心乡镇建立共配共享的二级共配中心，行政村充分优化整合村邮站、四好农村路、综合便民服务站等站点资源，并建立提供快递收发、农产品代销等服务的村级站点。

第三节　服务保障，集成架构高效便捷的乡村生活圈

一、提升教育服务能力

（一）政策沿革

“千万工程”实施以来，浙江积极推进农村教育事业发展，实现了从“有学上”到“上好学”、从基本普及到优质均衡的发展转变。以城乡义务教育一体化为导向，大力推进城乡教育共同体建设，共建共享优质基础教育资源。浙江省农村教育设施建设阶段如表2-10所示。

启动农村教育“四项工程”，保障农村孩子“念上书、念好书”。2005年，浙江省决定在3年内全面实施“农村中小学家庭经济困难学生资助扩面工程”“农村中小学爱心营养餐工程”“农村中小学食宿改造工程”和“农村中小学教师素质提升工程”（简称“四项工程”）。通过“四项工程”的实施，切实改善全省特别是欠发达地区农村中小学师生教学生活条件，

表 2-10　浙江省农村教育设施建设阶段

时间	阶段	工作要求	相关政策
2005—2007 年	启动农村教育“四项工程”，保障农村孩子“念上书、念好书”	保障全省农村家庭经济困难学生公平接受教育的机会和权利，提高农村中小学家庭经济困难学生的体质，改善农村中小学食宿条件，提升农村教育质量	2005 年，实施“农村中小学家庭经济困难学生资助扩面工程”“农村中小学爱心营养餐工程”“农村中小学食宿改造工程”和“农村中小学教师素质提升工程”（简称“四项工程”）
2007—2018 年	加大农村学前教育扶持力度，提升农村义务教育质量	重点加大对农村学前教育的扶持力度，建立完善以乡镇中心幼儿园为骨干的农村学前教育管理指导网络；优化农村义务教育学校布局，严格规范学校撤并程序和行为，办好村小学和教学点	《浙江省人民政府关于进一步加快学前教育发展全面提升学前教育质量的意见》《浙江省农村中小学现代远程教育工程专项资金管理办法》《浙江省人民政府办公厅关于规范农村义务教育学校布局调整的实施意见》
2018 年至今	实施农村幼儿园补短提升工程，建设新时代城乡义务教育共同体	推进全省域融合型、共建型、协作型三种模式城乡义务教育共同体建设，推动城镇优质教育资源下沉	《浙江省农村幼儿园补短提升工程方案（2018—2022 年）》《浙江省教育厅等四部门关于新时代城乡义务教育共同体建设的指导意见》

保障全省农村家庭经济困难学生公平接受教育的机会和权利，提高农村中小学家庭经济困难学生体质，改善农村中小学食宿条件，提升农村教育质量，保证广大农村孩子都能“念上书、念好书”。

加大农村学前教育扶持力度，提升农村义务教育质量。2008 年，《浙江省人民政府关于进一步加快学前教育发展全面提升学前教育质量的意见》提出，加大对农村学前教育的扶持力度，建立完善以乡镇中心幼儿园为骨干的农村学前教育管理指导网络，提高村级幼儿园的办园水平。2009 年，《浙江省农村中小学现代远程教育工程专项资金管理办法》强调，加强农村中小学现代远程教育工程专项资金管理，对多媒体教室建设、计算机教室建设等进行补助。2013 年，《浙江省人民政府办公厅关于规范农村义务教育学校布局调整的实施意见》提出优化农村义务教育学校布局，办好村小学和教学点。

实施农村幼儿园补短提升工程，建设新时代城乡义务教育共同体。2018 年，浙江省启动实施全省农村幼儿园补短板工程。坚持精准施策、县级为主、内涵提升等原则，计划用 5 年时间，使全省农村学前教育资源供给不足地区和未达到浙江省薄弱幼儿园改造提升标准。浙江省小规模幼儿园和教学点提升标准的农村幼儿园，通过改建、扩建和新建等方式，分期分批改善农村幼儿园办园条件。2020 年，《浙江省教育厅等四部门关于新时代城乡义务教育共同体建设的指导意见》提出，在全国率先推进全省域融合型、共建型、协作型三种模式城乡义务教育共同体建设，推动城镇优质教育资源下沉，着力提升乡村学校整体教育质量和办学水平。

（二）建设模式特色

1.“区域统筹、城乡同步”的普惠性幼儿园模式

普惠性幼儿园模式指的是以政府资助和委托方式，提供与公办幼儿园水平相当的学前教育服务。绍兴发展“全覆盖、高品质、多样化”的学前教育，聚焦公共服务“学有优教”提质扩容，构建“区域统筹、城乡同步、多元保障、资源共享、公益普惠”的学前教育发展模式。

城乡统筹布局，凸显普惠底色。绍兴在浙江省率先出台《中共绍兴市委 绍兴市人民政府关于学前教育深化改革规范发展的实施意见》，实施学前教育优质普惠发展行动计划，市、县两级政府先后配套出台30多个政策性文件，建立“政府主导、多元筹措、分层推进”的经费保障机制，实现学前教育专项发展经费全覆盖。城乡双轮驱动建设新园，城镇采用小区幼儿园配套建设移交模式，农村采用“教育牵头、镇村联动、多元筹措、财政补助”模式，城乡一盘棋布局。

落实有效管理，突出优质底色。灵活运用创建、评比和督查等方式，开展“学前教育先进县”“学前教育先进乡镇、合格乡镇”等专项评比。建立幼儿园收费标准动态调整机制，确保学前教育财政投入两个“只增不减”，公办幼儿园生均公用经费标准与小学联动。

资源一体共享，彰显优教本色。深挖蔡元培、鲁迅、陈鹤琴特色教育思想内涵，打造“活教育 · 越课程”学前课程品牌，汇编《活教育 · 越课程 · 共成长》幼儿园课程集，承办浙江省学前教育第三次课程改革推进现场会。开展“城—乡”“园—村”学前教育共同体建设，创建“政府牵头、高校指导、专家引领、园际实践”四位一体的城乡学前教育“优质发展共同体”，实现城乡幼儿园共建共享。

2. 优质均衡的城乡义务教育共同体

浙江省以城乡义务教育共同体（简称教共体）建设为主抓手，推进义务教育优质均衡发展和城乡一体化，提升基本公共教育服务均等化水平。杭州市富阳区城乡义务教育共同体，作为“互联网 + 义务教育”实验区，实施教育信息化工程，通过增加硬件基础投入、创新系统管理机制、优化数字教学手段，探索形成“互联网 +”教共体建设富阳范式。在浙江省民生实事“教共体”工作的契机下，富阳区贤明小学与缙云县七里小学结对为互帮互助的教育共同体。贤明小学作为教育共同体的核心校，紧密联合七里小学，打通学科组建设，创设条块结合的学科共建路径。

城乡资源互通，优化资源配置。学科共建的条状推进基于教学本质，围绕“建组 · 备课 · 上课 · 作业”，建设常态化的学科整线发展路径，创建分层式的学科团队、开展统整式的集体备课、进行体验式的同步课堂、改进个性化的习题设计，科学有效推动学科教学整条线工作规范进行。

系统谋划布局，将本课程共享。学科共建的块状布局以课堂教学为基础，延伸发展学科

活动、课程开发等板块。以科学组为例，贤明七里科学团队建立“贤明·七里少年科学院”，协力开发校本课程，共同实施素质拓展课，两校学生通过线上、线下开展学科活动，不断提升学校综合办学水平。

二、提升医疗服务能力

（一）政策沿革

农村医疗卫生体系在服务农村居民就近看病就医和疾病防控方面发挥着重要作用。浙江省农村医疗经历了从基础医疗保障到乡村医疗服务全域覆盖、优质健康的转变，因地制宜合理配置乡村两级医疗卫生资源，推进紧密型县域医共体建设，打造乡村振兴卫生健康的浙江样板。浙江省农村医疗设施建设阶段如表2-11所示。

表2-11　浙江省农村医疗设施建设阶段

时间	阶段	工作要求	相关文件
2003—2008年	建立新型农村合作医疗制度，构建多形式、多层次的农村合作医疗体系	引导农民参加以大病统筹为主要形式的新型农村合作医疗制度；以农村居民为参保对象，实行以县为单位统一筹资、统一管理为主导形式的大病统筹合作医疗制度	《浙江省人民政府关于建立新型农村合作医疗制度的实施意见（试行）》《浙江省新型农村合作医疗试点工作方案（2003—2004年）》《浙江省人民政府办公厅关于积极稳妥推进新型农村合作医疗工作的指导意见》
2009—2021年	推进农村医疗卫生系统改革，标准化建设医疗卫生服务体系	启动县乡（镇）村医疗卫生资源统筹配置改革试点工程，基本建立“20分钟医疗卫生服务圈”“大院带小院、县院带乡镇、乡镇带村级”的城乡医疗卫生统筹新机制	《浙江省农村医疗卫生服务体系建设和改革的实施方案》《浙江省医疗卫生服务体系暨医疗机构设置“十四五”规划》
2022年至今	打造乡村振兴卫生健康样板、全域推进卫生健康现代化	推动卫生创建从行政推动向制度保障转变，创新国家卫生乡镇评审方法，将健康城镇建设与健康浙江建设深度融合，规范各地健康镇村建设	《浙江省爱卫会关于推动新时代卫生乡镇高质量发展的实施意见》《浙江省国家卫生乡镇量化分级管理方案（试行）》《浙江省健康乡镇建设标准》《浙江省健康村建设标准》

建立新型农村合作医疗制度，构建多形式、多层次的农村合作医疗体系。2003年，《浙江省人民政府关于建立新型农村合作医疗制度的实施意见（试行）》出台，成立浙江省新型农村合作医疗工作协调小组。积极引导农民参加以大病统筹为主要形式的新型农村合作医疗制度，以农村居民为参保对象，实行以县为单位统一筹资、统一管理为主导形式的大病统筹合作医疗制度，解决参保农民大额住院医疗费用和门诊指定项目大额医疗费用的补偿。《浙江省

新型农村合作医疗试点工作方案（2003—2004年）》《浙江省人民政府办公厅关于积极稳妥推进新型农村合作医疗工作的指导意见》等出台，初步建立新型农村合作医疗的管理体制及筹资机制、运行机制和监督机制。

推进农村医疗卫生系统改革，标准化建设医疗卫生服务体系。2009年，《浙江省农村医疗卫生服务体系建设和改革的实施方案》提出，启动县乡（镇）村医疗卫生资源统筹配置改革试点工程。《浙江省医疗卫生服务体系暨医疗机构设置“十四五”规划》提出，按照“农村20分钟医疗卫生服务圈”的要求，合理设置社区卫生服务站、村卫生室；常住人口超过1000人的行政村（非卫生院所在地），应由政府或集体举办标准化村卫生室（服务站）；偏远山区要建立完善多形式服务的基本医疗卫生服务圈。

打造乡村振兴卫生健康样板、全域推进卫生健康现代化。2022年，国家卫生乡镇、卫生村创建、省健康镇村建设等工作纳入“千万工程”。浙江省创新国家卫生乡镇评审方法，在全国首创《浙江省国家卫生乡镇量化分级管理方案（试行）》，加强国家卫生乡镇长效管理和高质量发展。在深化卫生城镇创建的基础上，将健康城镇建设与健康浙江建设深度融合，发布《浙江省健康乡镇建设标准》《浙江省健康村建设标准》，制定浙江省健康村镇建设评分细则，规范各地健康镇村建设，为建设富有特色、群众认可、具有浙江辨识度的健康村镇做出有益探索。

（二）建设模式特色

1. 医疗卫生服务共同体模式

县域医疗卫生服务共同体（简称县域医共体）指的是由辖区内县级医院牵头，若干家县级医院、乡镇卫生院（社区卫生服务中心）为成员组成的紧密型医疗联合体。浙江积极推进县域医共体模式建设，提出“一体两层级、三医四机制、五中心六统一”的改革新要求，坚持医疗、医保、医药联动改革，改革医保支付、服务价格、药品供应及人事薪酬等机制，形成人力资源、财务、医保、公共卫生和信息化“五大中心”，统一资产运营、物资采购、人员使用和信息化建设。余杭二院医共体对服务模式进行了有益探索，搭建国内首个医共体无人机物流运行网络，推出“卫生服务站—分院—总院”三级联动“天空通道”医疗服务项目，通过让机器多跑路、群众少跑腿，对检验检测服务和医疗资源共享进行创新。

医共体无人机物流运行网络的“天空通道”医疗服务项目，通过开通固定航线，由无人机从卫生服务站向分院运送检验标本，当分院亦无法化验时，可通过无人机送至总院。通过医共体信息一体化，市民在卫生服务站即可查询到检验结果。目前，余杭二院医共体已开通并运行余杭二院、余杭分院、仓前分院，以及洪洞、义桥、吴山前、连具塘服务站5条航线，借助无人机运送检验标本，以更加及时、高效的方式服务于辖区内百姓健康检查和治疗。县域医共体建设是解决当前医疗资源配置不均、群众看病难，建立分级诊疗制度的一种新型模式。通过无人机医疗运行网络，能够有效整合县域医共体内医疗卫生资源，利用无人机响应快、运输时效高、安全性强等特点，促进县域医共体医疗服务效率和服务质量的提升。

2. 家庭医生模式

家庭医生模式指的是以家庭为单位的全生命周期签约服务新模式。以居民个体健康为中心，为群众提供长期签约式服务，有利于推动医疗卫生服务工作重心下移、资源下沉，实现分级诊疗。浙江积极推进家庭医生模式创新，以 5G 赋能智慧医疗，以“云诊断”科技便民，持续推动基层就医模式的智能化转变升级。以诸暨市璜山镇中心卫生院开发出的“家庭医生智能随访系统（智医助理）”为例，该模式成功实现了慢病管理由传统的人工电话随访向人工智能随访模式转变。

智医助理基于科大讯飞人工智能核心技术、智能语音交互技术与智能外呼服务平台，家庭医生 80% 的常规随访工作可以交由 AI 外呼助手完成。借助 AI 外呼助手的语音优势，家庭医生可以根据慢病随访、体检预约、疫苗接种、通知宣教、考核与满意度调查等不同的服务内容，选择适合模板，确定服务对象，可以定时一键启动智能化服务。通过批量外呼实现全人群的随访，提升随访的覆盖率，实现小群体医生管理大群体居民。系统会根据对话内容进行结构化处理，自动生成统计分析报表，相关随访情况家庭医生只要登录“智能助理”便一目了然，方便家庭医生及时进行针对性处理，减轻家庭医生的随访工作负担，提高医疗服务质量和效率。

三、提升养老服务能力

（一）政策沿革

推进基本养老服务体系建设是保障基本民生、促进社会公平、维护社会稳定的基础性制度安排，浙江省自实施“千万工程”以来，推动养老服务实现了从无到有、从有到优、从优到精的“万千蝶变”（表 2-12）。

实施“农民健康工程”，推出“农村老年福利服务星光计划”。2006 年，浙江省实施“农民健康工程”。2007 年，出台《浙江省“农村老年福利服务星光计划”实施方案》，浙江省率先将“城市星光老年之家”向农村延伸，启动实施了农村老年福利服务“星光计划”，在全省农村社区建设“星光老年之家”，为农村老年人提供电视教学、文化娱乐、健身康复、生活照料服务设施和活动场所，建立和完善农村社区老年福利服务网络，推动新型社会福利体系在农村形成。

构建农村老人关爱服务体系，推进农村居家养老服务设施建设。2013 年，《浙江省农村居家养老服务设施建设三年推进计划》提出，以农村社区服务中心为基础，利用老年活动室、

表 2-12　浙江省农村养老设施建设阶段

时间	阶段	工作要求	相关文件
2006—2012 年	实施“农民健康工程”，推出“农村老年福利服务星光计划”	启动实施农村老年福利服务“星光计划”，在全省农村社区建设“星光老年之家”，为农村老年人提供电视教学、文化娱乐、健身康复、生活照料服务设施和活动场所	《浙江省“农村老年福利服务星光计划”实施方案》
2013—2021 年	构建农村留守老人关爱服务体系，推进农村居家养老服务设施建设	推进农村留守老人关爱服务体系建设，促进农村居家养老服务照料中心、老年活动中心、乡镇敬老院提升发展。建立以居家为基础、社区为依托、机构为补充的多层次农村养老服务体系	《浙江省农村居家养老服务设施建设三年推进计划》《浙江省人民政府办公厅关于加强老年人照顾服务工作的实施意见》《关于加强农村留守老年人关爱服务工作的实施意见》
2022 年至今	推动农村基本养老服务与乡村振兴协同发展	统筹调配乡镇一级的医疗资源，培育农村养老服务多元主体，建立健全养老服务体系，持续推进农村养老服务体系建设，更好地凝聚乡村振兴强大合力	《浙江省人民政府办公厅关于加快建设基本养老服务体系的实施意见》

文化室以及闲置办公服务设施、布局调整后的农村学校、卫生院等改造或新建成为农村社区居家养老服务照料中心。2018 年，《浙江省人民政府办公厅关于加强老年人照顾服务工作的实施意见》明确，支持发展农村养老服务，推进农村留守老人关爱服务体系建设，促进农村居家养老服务照料中心、老年活动中心、乡镇敬老院提升发展，提高乡镇卫生院服务能力，发挥对区域内老年人的服务功能。

推动农村基本养老服务与乡村振兴协同发展。《浙江省人民政府办公厅关于加快建设基本养老服务体系的实施意见》提出，推动农村基本养老服务与乡村振兴协同发展；持续强化政府兜底线、保基本的职能，在乡镇建立医疗服务站、医养服务中心，设置老年专科诊疗窗口等，统筹调配乡镇一级的医疗资源，加强农村适老化基础设施改造升级。

（二）建设模式特色

1.“三融合”助推城乡养老服务一体化

推进城乡养老服务一体化是实现城乡融合发展的重要工作。杭州市探索“三融合”，即“家院一体、资源融合，扣准需求、多元融合，数字赋能、创新融合”，有效破解农村养老难题。

家院一体、资源融合，打造农村“托老所”。《杭州市居家养老服务条例》规定，每个行政村或者相邻行政村至少集中配置一处居家养老服务用房，单处建筑面积不少于 300 平方米，有效整合村老年活动中心（室）、文化礼堂等服务设施，形成村级“重特色、强覆盖”、乡镇级“重综合、强辐射”的“20 分钟农村居家养老服务圈”。强调家院一体、专业运营，支持农村闲置用房改建微型养老机构，探索 10~30 张床位的独立法人资格“家院一体”微机构，给予每张床位 3000~4000 元的一次性建设补助和每人每月 100~400 元的床位运营补助，形成了村建民营市场化运作的有效闭环。

扣准需求、多元融合，实现养老“不离亲”。最后一米助餐，有力化解“痛难点”，积极推行“中央厨房＋中心食堂＋助餐点”、村（社）自建食堂、志愿服务配送或邻里互助等模式。适老化改造，降低安全“风险点”，农村地区结合自建砖瓦房、土房等房屋内部构造差异性和生活传统习惯开展“一户一策”改造。医康养融合，精准对焦“需求点”，构建“微机构＋医院”医康养模式。

数字赋能、创新融合，破解“最后一公里”。首创“重阳分”机制，搭建涵盖五大平台的市级“互联网＋养老”平台，横向与多部门数据交互，纵向与各级系统对接，动态掌握老人信息，为农村低收入高龄及失能老年人开通电子养老卡及全域通用电子货币“重阳分”。支持“集团化”创新，推行农村特困供养服务中心集团化运营。培育“项目化”推进方式，孵化了“农村留守独居困难老人关爱巡访”“农村老年人心理关爱辅导”“农村老年人助浴”等重要项目。

2.“公建民营”特色养老模式

“公建民营”养老模式指的是将政府出资兴建并拥有所有权的养老机构，委托给具有一定资质的社会力量进行整体性的运营和管理。浙江省余杭区持续创新探索公建民营的养老方式，区民政局相继与绿城集团、元墅公司签约打造政府投资和社会化专业运营的强强联合，为养老服务项目的服务水平和质量带来提升。

因地制宜，利用养老资源结合政府投资。仓前老年公寓基于原有的五保供养服务中心改建而成，元墅公司通过科学合理的规划，形成失能区、失智区、康复区和住养区、护理院的“四区一院”功能格局。机构内床位数从 74 张增至 112 张（包括护理床的增设），硬件服务设施得到及时修缮和更新。余杭区社会福利中心由政府出资兴建 16 幢老年公寓（床位 1000 张）及 1 幢医疗综合楼（床位 100 张），交由绿城集团进行管理和开发，借助企业管理机制和服务体系，为老人提供高标准、高水平、高质量养老服务。政府与绿城、康宁医疗机构的强强联合充分发挥了各自优势，按照标准化、专业化、个性化的服务要求，促进医养护助残融合发展，为老人和残疾人提供了物美价廉的养老服务。

以“客户需求”为中心，保证老人普遍化和个性化养老服务需求。余杭区老年人口基数较大，老人的身体状况、精神状态、经济条件以及家庭关系参差不齐，公建民营养老机构的建设充分尊重老年人特殊的服务需求。余杭区社会福利中心的服务范围是面向余杭区 60 岁以上中等收入老年群体，兼顾兜底余杭区低收入老人和残疾人，对老人的居住户型、护理等级进行了分档和分类，不同程度保障入住老人的养老服务权益。增添现代化娱乐设施，庭院布局中增加绿地和观赏场地，服务项目除常规的健康餐饮、照护服务、康复理疗外，还拓展出中医看诊、健康管理、临终关怀和喘息服务，以满足老人的个性化需求。

四、提升文化服务能力

（一）政策沿革

文化振兴既是乡村振兴的内生动力，又是乡村振兴的重要标志。“千万工程”实施以来，在造就万千美丽乡村的同时，不断推进乡村精神文明建设。从挖掘乡村文化到传承乡风文明，推动公共文化服务高质量发展，为美丽乡村注入美丽灵魂（表 2-13）。

实施文化下乡“三万工程”，推进农村文化建设。2006 年，浙江省实施文化下乡“三万工程”，即万场电影进村落，全省全年下农村放映电影不少于 8 万场；万场演出下农村，省市县三级共同为乡镇以下农村演出超 1 万场，确保全省乡镇及 1/3 行政村的农民至少能看上一场文艺演出；百万图书下农村，有效解决农民文化生活“三难”（看戏难、看书难、看电影难）问题。2008 年，《中共浙江省委办公厅　浙江省人民政府办公厅关于在全省农村开展“千镇万村种文化”活动的意见》就“千镇万村种文化”活动作出部署，形成一批组织有力、活动经常、设施齐全、特色鲜明的“种文化”活动先进乡（镇）、村，传承一批积淀深厚、内涵

表 2-13　浙江省农村文化设施建设阶段

时间	阶段	工作要求	相关政策
2003—2011 年	实施文化下乡“三万工程”，推进农村文化建设	实施“万场电影进村落、万场演出下农村、百万图书下农村”；实现“县县有两馆，乡乡有一站，村村有一室”的建设目标，初步构建农村公共文化服务网络	2006 年，实施文化下乡“三万工程”、《中共浙江省委办公厅　浙江省人民政府办公厅关于进一步加强农村文化建设的实施意见》《中共浙江省委办公厅　浙江省人民政府办公厅关于在全省农村开展“千镇万村种文化”活动的意见》
2012—2020 年	提升农村文化礼堂建设，推进农村体育进礼堂	加大文化礼堂建设要素保障力度，创新探索以文化礼堂为载体的乡村经济发展新模式，实现体育服务覆盖全省所有农村文化礼堂	《中共浙江省委办公厅　浙江省人民政府办公厅关于推进农村文化礼堂建设的意见》《农村文化礼堂建设标准》《浙江省农村文化礼堂建设实施纲要（2018—2022 年）》
2021 年至今	构建覆盖城乡的公共服务体系，繁荣新农村文化事业	巩固提升“千镇万村种文化”活动，启动实施万名文化礼堂骨干人才培育计划，建设城乡“15 分钟品质文化生活圈”	《中共浙江省委　浙江省人民政府关于高质量推进乡村振兴确保农村同步高水平全面建成小康社会的意见》《浙江省“15 分钟品质文化生活圈”建设指南》

丰富、形式独特、群众喜爱的优秀传统乡土文化，培养一批源于民间、扎根农村、各具特色、各有专长的农村文体队伍和文化能人。

提升农村文化礼堂建设，推进农村体育进礼堂。农村文化礼堂建设是浙江省“千万工程”的标志性工作之一。2013 年,《中共浙江省委办公厅 浙江省人民政府办公厅关于推进农村文化礼堂建设的意见》围绕“文化礼堂，精神家园”的目标定位，创新性部署建设农村文化礼堂，打造集思想道德建设、文明礼仪、文体娱乐、知识技能普及于一体的农村文化综合体。2017 年，浙江省住房和城乡建设厅发布《农村文化礼堂建设标准》。2018 年,《浙江省农村文化礼堂建设实施纲要（2018—2022 年）》提出加大文化礼堂建设要素保障力度，创新探索以文化礼堂为载体的乡村经济发展新模式，使文化礼堂不仅成为丰富村民文化生活的精神家园，还是群众增收创效的致富家园。

构建覆盖城乡的公共服务体系，繁荣新农村的文化事业。2020 年,《中共浙江省委 浙江省人民政府关于高质量推进乡村振兴确保农村同步高水平全面建成小康社会的意见》提出繁荣农村文化事业，巩固提升“千镇万村种文化”活动，启动实施万名文化礼堂骨干人才培育计划，新增农村文化礼堂 3000 家，推进新时代文明实践中心、实践所、实践站三级体系建设。2022 年，发布《浙江省“15 分钟品质文化生活圈”建设指南》，每个“15 分钟品质文化生活圈”内，至少有 1 个公共文化场馆和 2 个以上公益性公共文化空间（设施总量不少于 3 个），包括乡镇综合文化站、农村文化礼堂、乡村文化活动中心、乡村文化驿站等，让城乡居民走出家门即可享受高品质的基本公共文化服务。

（二）建设模式特色

1. 打造“15 分钟品质文化生活圈”

浙江省加快构建现代公共文化服务体系，“10~15 分钟品质文化生活圈”等民生工程建设让公共文化场馆和公共文化空间的分布更均衡，激活基层公共文化设施潜能，促进公共文化服务网络向基层延伸，让人民群众在家门口就能享受优质的公共文化服务。“10 分钟品质文化生活圈”是指城乡居民走出家门，步行 10 分钟左右，即可到达至少 1 个必备公共文化场馆和 3 个以上公益性公共文化空间（设施总量不少于 4 个），享受高品质的基本公共文化服务。以嘉兴海宁市周王庙镇博儒桥村“10 分钟品质文化生活圈”为例。

有“加”有“减”，让文化生活更加便捷。在居民步行时间上做“减法”，在圈内公共文化设施数量和服务效能上做“加法”，以居民居住区为圆心，画出农村居民区半径 1.5 千米，城市居民区半径 1 千米的生活圈，并且能在 10 分钟内步行抵达 4 处及以上的公共文化设施，比如图书馆、博物馆、文化馆、智慧书房、名人馆、新型公共文化空间等。

盘活资源，让品质文化无处不在。创建多元一体“公共文化 +”新空间，让品质文化更多地亲近群众。推进社区公共文化“嵌入式”服务，打造独具品味的“禾城艺”公共文化服务品牌，将“驿站”变为“艺站”，将“茶室”变为“教室”，以“嵌入”形式，建设群众身边小而美的新型文化空间，在空间内入驻艺术团队、提供文化分享、开展艺术普及等公共文化艺术服务。

精准供给，让每个生活圈都“活”起来。不仅是“圈”内设施，更在服务供给上开展全民文化艺术节、艺术普及展、图书馆第一课、乡村文化艺术周等系列活动，推广特色活动品牌，组织开展“百场艺术展览下基层”等活动，构建起城乡一体的全民艺术普及体系。

2. 农村文化礼堂

自 2012 年浙江省开展农村文化礼堂建设试点以来，文化礼堂日渐成为浙江农村公共文化服务的有效载体，形成了农村公共文化服务均等化的“浙江经验”。遂昌县紧抓新时代文明实践中心试点工作契机，以“三传五践行”为主要内容，以共享理念和信息化手段推进智慧文化礼堂建设，打破空间壁垒，实现资源、活动、场地的共享，使农村文化礼堂更好地服务群众。

打破空间壁垒，实现村民享受文化“最多跑一次”。通过信息化手段，将电视端、电脑端、手机端进行互联，建立共享平台，在县城公共文化场所、乡镇文化站和文化礼堂三大场所加装设备，实现 110 多个场所互联互通，实时共享文化活动。智慧文化礼堂由智慧中心、乡镇文化站和农村文化礼堂、县城公共文化场所三个层级组成，开发数字发布、广播摄像、视频监控、人流统计、门禁、礼堂 Wi-Fi 流量统计、智慧用电监控、视频会议等子系统，提供视播结合、遥控指挥、大数据统计等功能。

活用智慧文化礼堂系统，实现村民共享“文化大餐”。以“共享理念”活用智慧文化礼堂，使村民“一起演一起看”，共享文化生活。轮流“坐庄”共享“星期日”活动，既方便智慧中心掌握各文化礼堂活动情况，又解决了部分空心村文化礼堂有场地无活动的问题。移动预约共享礼堂文化，参照“礼堂家——浙江农村文化礼堂资讯服务共享平台”，创新建立智慧文化礼堂微信公众号。通过微信平台共享师资力量，建立政府买服务、企业“种文化”制度；通过数据库共享大数据福利，以群众自己的文化活动 + 推送文化的方式，推进电视平台内容建设。

信息化赋能，实现农村文化礼堂“加减乘除”。“倍增”文化礼堂的活力，利用信息化手段使农村群众“一次都不用跑”。“减轻”文化礼堂的压力，农民群众在家门口就享受到知识讲座。“增加”文化礼堂的动力，将智慧文化礼堂纳入星级评定制度，创新制定文化礼堂管理员星级评定制度。“除去”文化礼堂的未知数，智慧文化礼堂通过大数据，对每天文化礼堂的进出人次、Wi-Fi 登录及流量使用情况、用电使用情况等数据进行统计，为管理和研究文化礼堂提供大数据参考。

五、提升体育服务能力

（一）政策沿革

农村体育工作是浙江建设体育强省的基础工程，在“千万工程”的引领下，持续推动运动振兴乡村，推动健身设施从“有”到“优”，加强农村体育场地设施建设，办好农村体育赛事活动，完善乡村全民健身公共服务体系，擦亮运动振兴乡村金名片。浙江省农村体育设施建设阶段如表 2-14 所示。

实施“小康健身工程”，建设小康体育村。2004 年，出台《浙江省农村体育工作实施意见》《浙江省体育强镇（乡）标准》等，对农村体育服务提出更高标准与要求，标准设置充分考虑城乡统筹与资源共享，提高体育设施利用率。2008 年，浙江省体育局开展“关爱农民体质健康百万活动”，建立设施共建、资源共享的基层国民体质工作新模式。

加强农村体育设施建设，构建 15 分钟健身圈。2012 年，《浙江省人民政府关于印发基本公共服务均等化行动计划的通知》提出，加强农村基层体育设施建设，推进小康体育村建设。夯实农村体育场地设施，丰富农村体育赛事活动，提升农村体育软硬件环境。2016 年，《浙江省乡镇（街道）全民健身活动中心建设实施方案》《浙江省中心村全民健身广场（体育休闲公园）建设实施方案》《浙江省全民健身实施计划（2016—2020 年）》提出，在街道（乡镇）、社区（行政村）建设便捷、实用的基本公共体育健身设施，在有条件的乡村构建“15 分钟健身圈”，形成布局合理、运营高效、覆盖城乡的“百姓健身房”服务体系。

表 2-14　浙江省农村体育设施建设阶段

时间	阶段	工作要求	相关文件
2003—2011 年	实施“小康健身工程”，建设小康体育村	完善健身组织、健身指导、健身设施、体质监测等农村全民健身服务体系，积极推进小康体育村等建设	《浙江省农村体育工作实施意见》《浙江省体育强镇（乡）标准》
2012—2020 年	加强农村体育设施建设，构建“15 分钟健身圈”	加强农村基层体育设施建设，夯实农村体育场地设施建设，培育农村体育社会组织，丰富农村体育赛事活动	《浙江省人民政府关于印发基本公共服务均等化行动计划的通知》《浙江省省级乡村体育俱乐部建设实施方案》《浙江省乡镇（街道）全民健身活动中心建设实施方案》《浙江省全民健身实施计划（2016—2020 年）》
2021 年至今	构建乡村全民健身公共服务体系，培育最美乡村体育赛事	完善全民健身服务体系，鼓励开展乡村运动会等体育赛事活动，建设提升小康体育村	《中共浙江省委　浙江省人民政府关于高质量推进乡村振兴确保农村同步高水平全面建成小康社会的意见》

构建乡村全民健身公共服务体系，培育最美乡村体育赛事。2020 年，《中共浙江省委 浙江省人民政府关于高质量推进乡村振兴确保农村同步高水平全面建成小康社会的意见》提出，完善全民健身服务体系，构建覆盖城乡的体育公共服务体系，将体育和城镇建设、科学健身服务结合起来，鼓励建设国家健身步道、开展乡村运动会等体育赛事，建设提升小康体育村 1000 个。2023 年，国家体育总局等部门发布《关于推进体育助力乡村振兴工作的指导意见》提出，开展乡村公共健身设施提升、运动健康中心建设、“美丽乡村”品牌体育赛事活动等重要专项行动，以丰富万千村民的精神文化生活。积极打造农民喜闻乐见的自主创新 IP 赛事，创新举办“我们的村运”系列赛事，并将赛事与农村产业振兴结合起来，推动乡村经济和体育产业深度融合、协调发展，打造运动振兴乡村金名片。

（二）建设模式特色

1.“15 分钟健身圈”模式

“15 分钟健身圈”指的是在农村社区，村民从居住地步行或者骑车不超过 15 分钟，有可以开展健步走、广场舞、球类运动等群众性体育活动的场地设施。浙江于 2015 年提出打造“15 分钟健身圈”，经过多年谋划布局，逐步完善成熟。

巧用空间扩增量。闲置空间是嵌入式体育设施的可利用基础，宁波积极推进桥下空间创新设计，对空闲地、边角地、高架桥下、公共建筑屋顶等配建嵌入式健身设施，有效提高全民健身公共服务设施供给。

整合资源盘活存量。学校体育场地是有待盘活的存量资源，绍兴积极推进全市中小学校体育场地设施恢复向社会开放。在寒暑假、双休日、法定假日等非教学时间，周边居民凭本人身份证登记即可进校运动。

提质“圈”出健康生活。健身场地的智慧化使用是编织运动场地资源信息网络的重要手段，南浔应用“智慧 +AI”技术，建设无感智慧步道，通过人脸识别功能，将人脸与运动中的肢体同步匹配，判定肢体运动的状态和能量消耗，并及时生成数据进行反馈，帮助居民更科学、更合理、更有效地锻炼身体。

2. 建设乡村型“社区运动家”

“社区运动家”指的是以数字赋能乡村运动，构建体育大数据智慧平台，赋能村庄公共体育设施，让村民在家门口就能找到合适的体育场地，获取社区体育指导员的精准服务，营造良好的全民健身氛围。嘉兴市海宁市许村镇庄湾村，以数字赋能为全民健身持续“加码”，整合公共设施、智慧载体等资源，设置公共体育空间，包含百姓健身房、多功能室内运动空间和室外篮球场等服务功能，实现“少青中老”贴心服务。

探索“运动家”服务体系，打造智慧体育新平台。庄湾村以数字赋能公共体育空间，集成线上线下智慧技术、场地设施、公共服务和社会资源，同步配备“运动家”智能刷脸系统，实现智能管理、数据采集、综合分析等功能。每天的锻炼总人数、年龄段分布、受欢迎的项目等，后台都会进行数据采集并在大屏幕上实时显示。村民也可以通过微信小程序登录“社区运动家”，实时监测运动数据。

丰富“运动家”智慧服务，增添全民健身新活力。庄湾村的“社区运动家”是一个集场地预订、赛事活动、团课培训、体育社群、指导服务等功能于一体的智慧服务平台。通过物联网、云计算、大数据等新一代信息技术运用于体育领域，以“社区运动家”线上“预约”、线下“授课”和“你点我送”的“一人一技”体育公益培训，将群众需要的培训、最便捷的体育服务送到村民身边。

共享“运动家”建设成果，共筑体育共富新场景。庄湾村的“社区运动家”根据村民不同类型的需求组建了篮球队、羽毛球队、乒乓球队、足球队等多支运动队伍，开展“放风筝比赛”“趣味运动会”“羽毛球比赛”等运动赛事以及健美操、瑜伽等群众喜闻乐见的培训项目，让老百姓有了截然不同的体验感和获得感。

3.“省赛村办”模式

“省赛村办”模式指的是在乡村举办省级以上体育赛事，结合赛事项目、资源优势和产业特色，形成特色化“体育＋”发展路径，带动乡村环境整治提升和乡村产业转型升级。武义县茭道镇朱王村通过“体育＋”的模式，开创了一条“省赛村办”的发展之路。每年举办省、市、县级体育赛事30余场，也是浙江省第十七届省运会唯一的村级比赛场地——省运会短式网球比赛场地，并做好“体育＋农旅”的文章，是体育助力乡村振兴的典范。

不建仓库建体育馆，提升体育设施水平。2016年，朱王村投资150万元建成一座1100平方米的钢结构室内气排球场，在球场内再分设四个功能球场；投资70万元将原朱王小学闲置的955平方米教学楼改建成象棋室、麻将室和乒乓球室等。同时，朱王村还向村民免费开放排球馆、篮球场等体育场所，供村民锻炼身体、休闲娱乐。

构筑体育产业链条，做好“体育＋农旅”文章。借力体育招揽人气，朱王村将体育产业与乡村旅游充分融合起来，利用体育场馆、体育赛事、户外运动等体育活动带动人流和资金流的集聚，推动乡村民宿业、餐饮业、旅游业等全面发展，形成极具特色的产业链条。例如对村附近的小白溪引进活水，形成了特色水渠景观；通过土地流转，引进三角梅产业和专业水稻种植，带动百姓增收。接下来朱王村还要完善乡村住宿和餐饮，提升大型赛事的接待能力，让游客运动后留下来欣赏乡村美景。

第三章 规划引领，建立健全乡村规划设计技术体系

第一节 构建“村庄布点规划—村庄规划—村庄设计—农房设计”乡村规划体系

一、演变过程：逐步构建浙江特色“四层次”乡村规划体系

浙江村庄规划编制分为三大阶段（表 3-1）：

1. 第一阶段：2003—2008 年，以新农村基础设施建设为核心的村庄整治规划

第一阶段由 2003 年启动“千万工程”为起点，至 2008 年。这一阶段乡村工作主要围绕“千村示范、万村整治”，以基础设施建设、村庄环境整治为重点，相应的规划编制也以村庄整治规划为主，规划主要目的在于改变农村落后面貌、改善农民居住条件、搞好村庄规划建设。

2. 第二阶段：2008—2015 年，以人居环境综合整治为重点的美丽乡村建设行动

第二阶段，美丽乡村建设行动以城乡统筹为指导思想，推进传统村落保护与发展规划、美丽宜居示范村规划等多元规划编制，规划方案编制呈现生态、产业、文化、景观等多元价值导向，建设整治重心由基础的环境整治逐步向生态、历史、文化、产业等内涵品质提升转变，推进村庄人居环境的综合提升。

3. 第三阶段：2015—2021 年，凸显“两美”浙江特色的四层次乡村规划体系

在国家改善农村人居环境的要求下，村庄规划和农房设计的重要性日益提升。住房城乡建设部等部门出台了一系列改善农村人居环境和加强传统村落保护的政策文件，对村庄规划设计和农房设计工作提出了新的要求，需要予以深化。

表 3-1 浙江村庄规划编制三大阶段梳理

年份	乡村工作重点	规划类型	编制导向	主要编制内容
2003—2008 年	千村示范、万村整治	村庄整治规划	环境品质	基础设施建设
2008—2015 年	美丽乡村	美丽乡村建设规划、传统村落保护与发展规划	多元价值	环境综合整治
2015—2021 年	“两美”浙江	村庄布点规划、村庄规划、村庄设计、农房设计	乡村振兴	设施统筹、村庄布点、产业发展、生态保护

在此背景下，浙江省构建了四层次乡村规划建设体系，颁布两大重要导则。2015年7月，《浙江省人民政府办公厅关于进一步加强村庄规划设计和农房设计工作的若干意见》明确，构建“村庄布点规划—村庄规划—村庄设计—农房设计”规划体系。

在这一意见的指导下，浙江省住房和城乡建设厅于2015年7月发布了《浙江省村庄规划编制导则》，探索适应浙江特色的村庄规划编制体系；2015年8月发布了《浙江省村庄设计导则》，规范村庄设计工作，提升村庄建设品质。规划编制技术上呈现三大特色：一是创新性提出村庄布点规划的内容指导，在国家层面没有对村庄布点规划的编制内容提出详细指导的情况下，浙江省通过导则明确了村庄规划编制的具体要求；二是深化村庄规划体系层次，在村庄层面，细化村庄规划、村庄设计、农房设计三大维度；三是以村庄设计和农房设计强化风貌引导，推进“两美”浙江塑造。

2021年5月，为全面实施乡村振兴战略、做好“多规合一”实用性村庄规划编制工作，浙江省自然资源厅印发《浙江省村庄规划编制技术要点（试行）》，对村庄规划编制予以系统指导。

二、规划体系：四层级体系保障编制内容逐级深化和管控传导

（一）规划编制内容：四种类型，逐层级深化

浙江乡村建设20年，从多种类型村庄规划编制逐步探索形成浙江特色的“村庄布点规划—村庄规划—村庄设计—农房设计”四层级规划体系（表3-2）。各层级规划在不同尺度发挥不同作用。

1. 村庄布点规划——强调系统性，突出宏观层面的村庄布点及设施指引

村庄布点规划加强县域层面的总体统筹，是对县（市）域城镇体系规划的深化和具体化，是上位层面对村庄系统空间的整理和安排，从宏观层面解决乡村空间持续发展的问题。村庄

表3-2　四层级规划单元及重点内容梳理

编制类型	层面	重点内容
村庄布点规划	镇（乡）域	村庄综合布局、公共服务设施与基础设施统筹、综合防灾规划
村庄规划	行政村	资源环境价值评估、发展目标与规模、产业发展、空间格局、五线划定（村域建设用地控制线、基本农田保护控制线、生态保护红线、紫线、区域重大设施控制线）
村庄设计	村庄居民点	建设用地布局、公共服务设施、基础设施、防灾减灾、历史文化保护、风貌引导
农房设计	建筑	建筑设计

布点规划重在结构控制，突出控制功能、规模、等级与形态；强调系统性，从城镇与农村的区域关系，重点考虑居民点布置与生产力发展的关系、村庄布局与城镇发展的关系、公共设施的区域配置与重要基础设施区域共享的关系，构建乡村地域发展空间总框架。

2. 村庄规划——强调个体性，突出中观村域层面的空间布局引导

村庄规划是针对具体村庄的系统布局，重在空间布局，布局“三区、三线、一网络”，居民点规划内容重在环境设计和用地布局优化。村庄规划需突出个体性，以村庄内用地布局、设施配建和村民建房为重点。

3. 村庄设计——强调特色性，突出中微观村域层面的特色空间建设

村庄设计是对村庄规划特色空间的进一步深化。通过村庄设计整合村庄规划和村庄建设规划，发挥三大作用：一是深化落实村庄规划，将村庄规划中的空间格局、历史文化保护、景观风貌指引等内容转化为具体空间设计与建设指引；二是开展具体空间形态设计，针对村庄整体环境、村庄建筑、基础设施和景观小品展开设计引导；三是指导村庄建设实践，控制引导后续展开的村居设计、景观设计和工程设计等。

4. 农房设计——强调地域性，突出建筑层面的浙派民居风貌塑造

农房设计是从建筑层面对农民建房的设计引导。通过总体格局设计、建筑设计、环境设计等要素引导，推进浙派乡村风貌塑造、彰显浙派乡村特色。

（二）管控传导机制：“用地布局 + 设施规划 + 景观风貌”三维传导

村庄布点规划是上位层面对村庄空间的系统安排，强调系统性。村庄规划是针对具体村庄的空间布局，侧重个体性。村庄设计是对村庄特色空间的深化，强调特色性。农房设计是建筑层面的民居建设引导，强调景观地域性。浙江省通过四层级规划体系，形成了从用地布局到设施规划、再到景观风貌的三维管控传导机制（图 3-1）。

一是建设用地布局的逐级细化。县域层面确定用地，主要是对用地类型的分类引导；村庄层面细化用地布局，对用地布局的相互关系、空间场所塑造等展开细节推敲，实现用地布局的逐级深化。

二是设施类的高效管控。镇（乡）域、行政村、村庄居民点、村庄建设四个层级都有对基础设施、公共服务设施的规划要求，规划编制中通过上位规划衔接，实现设施管控的有效逐级传导。

三是浙江特色的景观风貌传导。以景观风貌为纽带支撑村庄二维用地到三维空间的指引传导。村庄规划、村庄布点规划是二维层面的规划，村庄设计、农房设计是三维空间的设计，以浙江特色的景观风貌指引为载体，实现从二维到三维的传导。

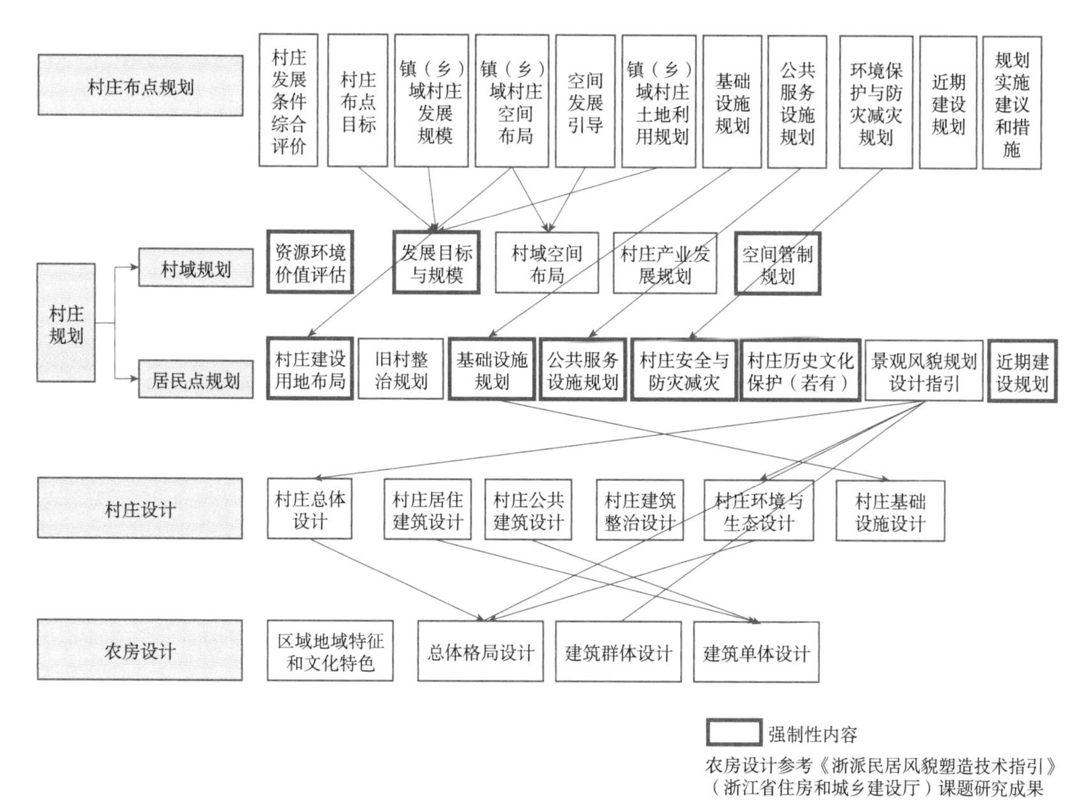

图 3-1　四层级村庄规划主要内容及规划传导

第二节　开展村庄布点规划编制，加强区域乡村规划引导

一、应对现实问题：县（市）域缺统筹，规划缺衔接，编制技术旧

（一）县（市）域乡村建设缺统筹，乡村规划缺衔接

县（市）域乡村建设缺乏统筹。我国县（市）域村镇体系规划和村庄规划，虽然取得了一定成果，但在指导性和实施性上仍存在一定不足，规划体系缺乏对县（市）域范围内乡村的系统规划。

县（市）域乡村规划与下位规划缺乏有效衔接。浙江省虽然已经要求独立编制县（市）域乡村布点规划，但规划内容侧重于村镇等级体系构建，缺乏对乡村区域系统深入的研究和科学全面的管控措施，导致县（市）域规划与镇规划、乡规划、村庄规划缺乏有效的衔接，基于村镇点的空间体系难以满足面域乡村多元化的空间治理。

（二）传统村庄选址布局不适应乡村流动性发展

传统的村庄选址布局对现实村庄发展指导不足。乡村人口加速流动背景下，村庄布点规划成为支撑美丽乡村建设的重要抓手。随着社会经济的发展、城镇化的推进以及农耕方式的变化，浙江省城乡人口结构、乡村就业结构以及居民需求结构都发生了快速变动，乡村人口的流动性大大增强，传统的村庄选址、布局模式等也发生了巨大变化。

在此背景下，区域层面乡村规划急需县域层面统筹和村庄层面细化的布点统筹。

二、县（市）域总体规划：统筹城乡发展，推进城乡一体化

（一）提出背景

1. 落实省委、省政府关于新型城市化发展的战略要求

2004年3月，浙江省提出研究制定县（市）域总体规划的工作任务；2005年初，浙江省委、省政府印发《浙江省统筹城乡发展推进城乡一体化纲要》，将编制县（市）域总体规划作为完善城乡规划体系的重点；2006年，浙江省委、省政府做出了“坚定不移地走资源节约、环境友好、经济高效、社会和谐、大中小城市和小城镇协调发展、城乡互促共进的新型城市化道路”的决定，并明确提出了“发挥城乡规划的引领作用，积极推进城乡规划全覆盖。加快完善以全省城镇体系规划、城市群规划、设区市城市总体规划、县（市）域总体规划以及相应详细规划为主要内容的城乡规划体系”的具体要求。

按照新型城镇化要求，以统筹城乡发展、推进城乡一体化、创新规划体系为导向，2006年《浙江省人民政府关于进一步加强城乡规划工作的意见》提出了全面推行县（市）域总体规划的编制要求，明确将整个县（市）行政区域作为规划区进行统筹规划，打破规划城乡分割，优化城乡空间布局，实现城乡规划的全覆盖。同年，浙江省建设厅印发《浙江省县（市）域总体规划编制导则（试行）》，明确了县（市）域总体规划的编制要求、内容和成果形式。

2. 浙江省县域经济发展对城乡统筹的客观要求

浙江省最早实行省管县，县域经济发达，2005年浙江省县（市）经济总量已经占全省的70%，在县域经济快速发展的背后，城镇用地不断扩张与乡村建设用地无序蔓延的发展矛盾日益凸显。一方面，城市的发展与转型需要新的土地与空间资源的支撑；另一方面，乡村粗放的工业化与土地利用模式、低水平的基础设施以及“隐性城市化”所形成的日趋严重的“空心村”现象等制约着城乡一体化的发展。因此，需要打破原有城乡二元规划体系，从城乡一体化的角度来重新统筹城乡资源要素的空间布局。

3. 社会经济发展新阶段的需要

浙江省是我国城乡发展差距最小的省份，经过改革开放二十年的发展，实现了资源小省向经济大省、传统农业社会向工业社会、基本温饱向全面小康的跨越，主要经济社会发展指标居全国前列，综合实力显著增强，具备了统筹城乡发展、推进城乡一体化良好的基础和条件。浙江的城乡经济融合加快、城乡要素流动加快、城乡体制改革加快的发展趋势已经形成，一些发达市县开始迈入城乡一体化发展阶段，完全有条件、有能力在统筹城乡发展、推进城乡一体化方面走在全国前列。因此，通过编制城乡一体的县（市）域总体规划，统筹布局城乡建设发展空间、产业发展空间、生态保护空间、区域基础设施通道，统筹布局城乡基础设施和公共设施建设，是新时期浙江新型城镇化和工业化实践的客观需要和时代发展的要求。

4. 城乡规划管理的需要

长期以来，我国城乡之间规划各成体系，相互分割，在规划编制和实施过程中，缺乏统筹协调和有机联系，特别是城市规划与土地利用规划、国民经济发展规划的矛盾较为突出，造成土地利用较为混乱，生态环境破坏、违章建筑较多，经常出现屡建屡拆的现象。县（市）域规划的编制，可以协调城乡建设、基本农田保护、生态环境保护、自然文化遗产保护之间的关系，为各类空间规划提供相互协调的规划平台。

（二）重点内容

一是深入做好规划编制的基础工作。在深入评价上一轮城市总体规划及城镇体系规划实施情况的基础上，运用遥感等新技术，综合分析县（市）域范围内土地、水、生态环境等资源条件，全面摸清城乡建设、基础设施、耕地、山林、水系等各类用地的现状规模以及人口、产业及各类设施的空间分布，以此合理确定县（市）域的发展目标、空间布局和建设重点。

二是科学预测城乡发展规模。充分考虑土地、水、能源、环境容量等因素，结合县（市）域经济社会发展目标，认真研究分析城镇人口集聚机制、县（市）域城乡人口分布和结构变化，以及流动人口的特点和发展趋势，科学预测规划期内的人口规模和用地规模。合理确定城乡建设规模和建设标准，切实防止盲目扩大建设规模、占用土地，通过优化城镇布局、村庄布局和土地整理、滩涂及低丘缓坡地利用等途径，做好建设用地的来源分析和近、中、远期的平衡，合理确定城乡各时期建设用地范围。

三是合理确定县（市）域空间布局结构。统筹布局县（市）域城乡居民点，构建以中心城区、中心镇、中心村为主体的城乡空间布局总体框架，统筹规划城乡建设用地布局，引导人口向城镇集聚，工业向园区集中。综合协调和布局交通、能源、水利、防灾等设施建设，严格划定基本农田，生态绿地等非建设用地范围。积极探索建立城镇建设用地增减挂钩的机制。

四是统筹安排城乡基础设施和公共服务设施建设。按照城乡覆盖、集约利用、有效整合的要求，进一步落实跨区域重大基础设施。特别是在规划确定的重点发展区域，合理布局和建设城乡综合交通、给水排水、电力电信、市容环卫等基础设施以及文化、教育、体育、卫生等公共服务设施，合理确定中心村基础设施和公共服务设施配置标准，引导城镇基础设施和公共服务设施向农村延伸。

五是明确空间管治的目标和措施。以省域城镇体系规划等上位规划为依据，充分体现主体功能区划和生态环境功能区划的要求，合理划定禁止建设区、限制建设区和适宜建设区，严格划定“蓝线”（水系保护范围）、“绿线”（绿地保护范围）、“紫线”（历史文化遗产保护范围）、“黄线”（基础设施用地保护范围），并制定明确的管治措施。

（三）规划特色

1. 突破城乡二元结构观念，转向城乡一体化发展

县（市）域总体规划以县域为单元，将城市、镇规划区与乡、村庄规划区统一在县（市）域范围内确定，建立城乡一体的中心城市、中心镇、一般镇、中心村、自然村的居民点体系，以此作为城乡人口分布和设施安排的依据，打破传统城乡规划“就城镇论城镇、就乡村论乡村”的封闭二元规划体系，向城乡一体化发展转型，有条件的县（市）将各级镇（乡）的总体规划纲要与县（市）域总体规划同步编制。通过规划编制创新，探索以县（市）域分区规划，重点解决原先城镇体系规划与城市总体规划之间的脱节问题。

统筹城乡各类设施和城乡空间发展指引。在中心城市和城镇的各类设施标准、容量与布局规划上统一考虑服务乡村，体现“城乡共享”理念；同时，将道路交通、水电、社会服务等设施向乡村全面延伸，推进城乡设施一体化。

城乡统筹安排，提出城镇和乡村空间发展引导，城镇空间分区规划和乡镇、乡村社区规划，进行空间管制与协调规划，继续深化城乡统筹，引导规划向综合规划方向发展。

2. 探索“两规衔接”，加强城乡用地规模衔接

浙江省提出县（市）域总体规划与土地利用总体规划联合编制，建立“两规衔接”报告制度，要求每个县（市）编制总体规划时必须同步编制“两规衔接”报告，并与规划成果一并上报审批。通过制定“两规衔接”专题报告，统筹配置土地资源，有效协调了城乡建设与耕地保护的矛盾。在县（市）域总体规划与“两规衔接”方面出台了一系列指导文件，形成了相对完善、成熟的技术方法体系，特别是“两规”基础与规划图数一致、用地分类统一等方面。

衔接的重点是在确保耕地保有量的前提下，根据生态环境、资源要素、人口规模等实际情况，确定人均城乡建设用地的各项指标。由于规划期的城镇建设用地、乡村建设用地、工

矿用地、特殊用地、交通用地、水利设施用地等规模，是在县（市）域建设用地总量控制和各乡镇建设用地的统筹配置基础上确定的，因此有效避免了各乡镇无序建设和扩张的问题。

专题报告通过“五项衔接”（用地分类标准衔接、现状基础数据衔接、用地规模衔接、空间布局衔接、发展时序衔接）实现“两规衔接”，规划成果由“两图一表”（即近期、远期“两规”土地利用衔接图，“两规衔接”表）集中体现（图3-2）。

管理制度上，县（市）域总体规划与土地利用总体规划统一由省政府审批，并确立了县（市）建设用地规模前置审查制度，即在县（市）域总体规划纲要审查前，先审查“两规衔接”报告，确定建设用地总规模，县（市）建设用地总规模核定采用“两厅三级”联审制（“两厅”为自然资源厅、住房和城乡建设厅；三级为县级、地市级、省级），确保县（市）域总体规划与土地利用总体规划衔接。

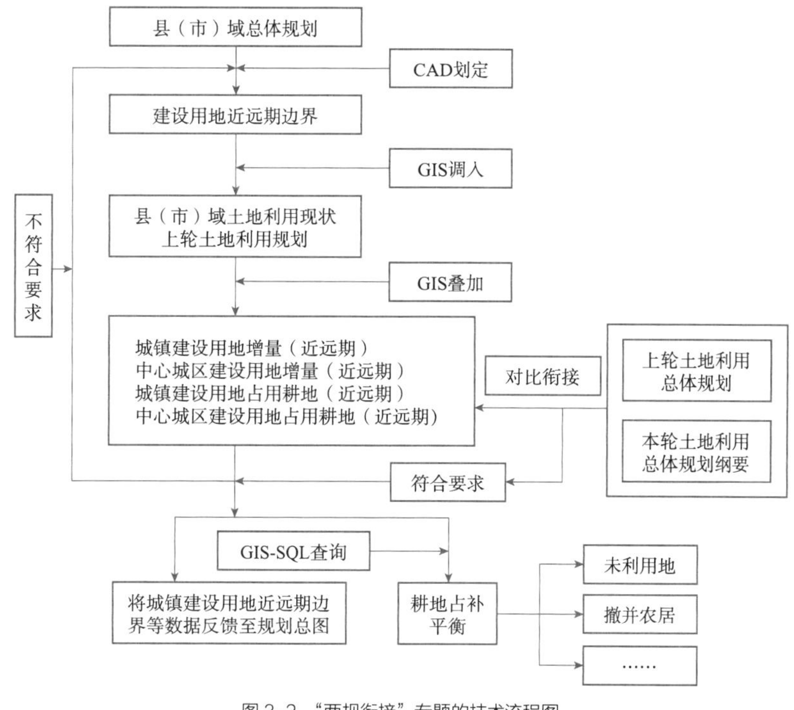

图3-2 “两规衔接”专题的技术流程图

三、村庄布点规划：分类引导发展，城乡空间统筹

（一）规划应对：“县（市、区）域—镇（乡）域”两级编制体系

2005年，建设部印发的《关于村庄整治工作的指导意见》强调，通过“编制县域村庄整治布点规划，稳步推进村庄整治工作”的村庄整治工作思路。自此，村庄布点规划在全国各

地陆续展开，并成为加快新农村建设、合理布局公共服务设施、建构村庄体系、促进城乡一体化的有效途径。

浙江省村庄规划编制自 2003 年启动，历经二十多年的发展，已经形成相对成熟的编制技术路径和成果体系（表 3-3）。村庄布点规划作为城乡空间统筹规划的一种重要的规划形式，是城镇体系规划的深化与具体化。

表 3-3　村庄规划相关政策文件梳理

年份	文件	发文部门	文件具体要求
2003 年	《浙江省村庄规划编制导则（试行）》	浙江省建设厅	对县（市）域村庄布点规划的内容、深度、成果及技术要求等做出具体引导
2005 年	《关于村庄整治工作的指导意见》	建设部	编制县（市）域村庄整治布点规划，稳步推进村庄整治工作
2006 年	《浙江省县（市）域总体规划编制导则（试行）》	浙江省建设厅	将县（市）域的村庄体系列入考核内容之一，要求明确村庄体系（集镇、中心村、基层村位置），并建议对村庄撤并进行深化
2015 年	《住房城乡建设部关于改革创新、全面有效推进乡村规划工作的指导意见》	住房和城乡建设部	以县（市）域为单位进行乡村体系规划引导，确立了县（市）域乡村建设规划先行及主导地位
2015 年	《浙江省村庄规划编制导则》	浙江省住房和城乡建设厅	对镇（乡）域村庄布点规划的现状调研、规划任务、规划内容、规划成果等提出要求

村庄布点规划按编制层级可分为县（市）域村庄布点规划和镇（乡）域村庄布点规划两大层面。县（市）域村庄布点规划向上衔接县（市）、区域城镇体系规划，向下引导村庄人口规模和空间布局；镇（乡）域村庄布点规划重点对镇（乡）域内的村庄进行综合布局与规划协调，并统筹安排各类公共服务设施和基础设施。

1. 县（市）域村庄布点规划："五定"内容、区域统筹、分类引导

在国家层面对村庄布点规划编制缺少明确的编制内容指导的情况下，《浙江省村庄规划编制导则（试行）》明确了县（市）域村庄布点规划的编制总则、布点规划主要成果，以及技术要求。县（市）域村庄布点规划要求编制 11 项主要内容，具体包括区域村庄现状分析、县（市）区域村庄发展条件评价及潜力判断、镇（乡）域村庄人口发展规模预测、村庄职能分工和等级结构明确、村庄空间布局、基础设施规划布局、社会服务设施规划、空间发展引导管理、环境保护与防灾规划、近期规划、实施规划的政策建议和措施。

县（市）域村庄布点规划编制主要突出三大要点：

一是规划内容以"五定"回应村庄布点规划的关键性问题。村庄布点规划编制通过定位、定量、定级、定性、定序的村庄布点规划方法，探索农村居民点重构、建设规模、空间形态这三大核心议题的实践路径。其中，定位指村庄发展职能，定量指村庄数量规模，定级指村

庄体系，定性指村庄发展类型，定序指村庄规划管理及弹性调控。

二是强调区域统筹。以县（市）域层面村庄规划编制统筹县域空间资源，合理安排区域性基础设施和社会服务设施，优化村庄空间布局，科学指导村庄发展。

三是强调对村庄发展的分类引导。如《仙居县域村庄布点规划》结合仙居县山地丘陵地形特征，将村庄分为城镇化型、集聚型、整治型、搬迁型四种类型，分类进行发展引导。

2. 镇（乡）域村庄布点规划：明确分村功能产业，衔接用地建设计划

2015 年，《浙江省村庄规划编制导则》明确了镇（乡）域村庄布点规划的主要任务，具体为依据城市总体规划、县（市）域总体规划、县（市）域村庄布点规划确定的城乡居民点布局，以镇（乡）域行政范围为单元，在分类指导的基础上，进一步明确各村庄的功能定位与产业职能，加强与镇（乡）土地利用规划在建设用地规模、空间布局和实施时序等方面衔接，落实中心村、基层村等农村居民点的数量、规模和布局，建立合理的村庄体系，统筹配置公共服务设施和基础设施，制定镇（乡）域村庄布点规划的时序计划，为下一步开展村庄规划编制提供依据。

镇（乡）域村庄布点规划的编制内容包括村庄发展条件综合评价、村庄布点目标、村庄发展规模、“两规衔接”、村庄空间布局、空间发展引导、村庄土地利用规划公共服务设施规划、基础设施规划、环境保护与防灾规划、近期建设规划、规划实施建议和措施等 12 项内容。

（二）内容传导及深化：村庄分类引导，村庄布点目标定位，“两规合一”

从县（市）域到镇（乡）域的村庄布点规划编制内容，体现编制内容传导深化的三大特征（图 3-3）。

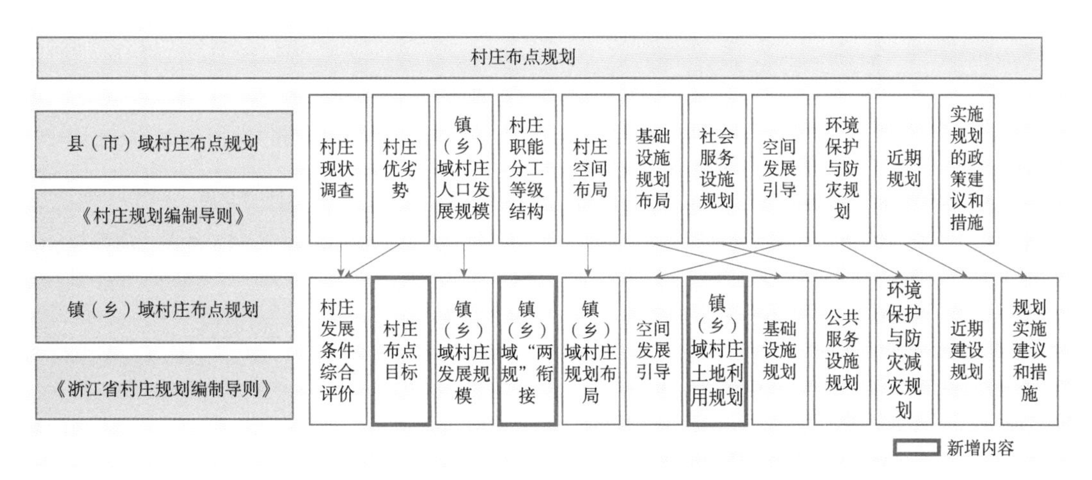

图 3-3　县（市）域、镇（乡）域村庄布点规划内容比较

1. 创新提出村庄分类引导

2003 年,《浙江省村庄规划编制导则（试行）》提出了积极发展的区域和村庄、引导发展的区域和村庄、限制发展的区域和村庄、禁止发展的区域和搬迁村庄四大村庄分类，并对四类村庄开展不同的空间发展引导管理。这早于《国家乡村振兴战略规划（2018—2022 年）》提出的集聚提升类、城郊融合类、特色保护类、搬迁撤并类五大村庄分类引导，体现浙江的村庄规划编制技术方法创新探索走在全国前列。

2. 深化明确村庄布点目标定位

县（市）域层面对于村庄布点是模糊的引导，镇（乡）域层面则提出明确的布点目标。

3. 以“两规合一”增强村庄建设落地

2015 年,《浙江省村庄规划编制导则》在镇（乡）域村庄布点规划中增加了“两规衔接”的内容，明确提出村庄规划以土地利用现状数据为编制基数，进一步深化“两规合一”，以土地利用规划增强村庄规划落地实操。在“两规衔接”之后，村庄规划形成统一的土地利用规划图，引导村庄建设。

四、县（市）域乡村建设规划：衔接各层级规划，统筹县（市）域乡村建设

（一）规划应对：承上启下，“6+X”县域乡村建设规划编制内容

2014 年以来，浙江省不断推进县域乡村建设规划编制探索县（市）域乡村建设规划发挥承上启下作用，有效衔接城市总体规划和村庄规划，是对城乡规划体系的补充和完善，将传统简单等级式县域村镇体系规划转变为综合统筹性县域乡村规划（表 3-4）。

表 3-4　县（市）域乡村建设规划相关政策文件梳理

时间	要求	文件
2014 年	制定和完善县（市）域村镇体系规划被列入议事日程	《国务院办公厅关于改善农村人居环境的指导意见》
2014 年	将浙江省德清县等 5 个县选定为县（市）域乡村建设规划的试点。通过试点工作的开展初步探索了不同地区县（市）域乡村建设规划的编制理念、思路方法和针对性内容	《国家发展和改革委员会　国土资源部　环境保护部　住房和城乡建设部关于开展市县“多规合一”试点工作的通知》
2015 年	构建适应我国城乡统筹发展的规划编制体系，尽快修订完善县（市）域乡村建设规划和镇、乡、村庄规划，强化规划约束力和引领作用	《深化农村改革综合性实施方案》
2015 年	到 2020 年全国所有县（市）都要编制或修编县域乡村建设规划，坚持县（市）域乡村建设规划先行，构建以县（市）域乡村建设规划为依据和指导的镇、乡和村庄规划编制体系	《住房城乡建设部关于改革创新、全面有效推进乡村规划工作的指导意见》

续表

时间	要求	文件
2016 年	开展县（市）域乡村建设规划和村庄规划试点。建立以县（市）域乡村建设规划为依据和指导的镇、乡和村庄规划编制体系	《住房城乡建设部办公厅关于开展 2016 年县（市）域乡村建设规划和村庄规划试点工作的通知》

县（市）域乡村建设规划在城乡等值理念的指导下，以多元化、可持续发展为目标，强调乡村发展与建设并重。在县（市）域宏观层面关注乡村的发展、建设管理，规划广度宽于村庄规划，深度高于村镇体系规划。规划由“6+X”项内容构成，“6”指的是乡村建设规划目标、乡村体系规划、乡村用地规划、乡村重要基础设施和公共服务设施建设规划、乡村风貌规划、村庄整治指引六大内容，“X”则指 X 个专题规划（图 3-4）。

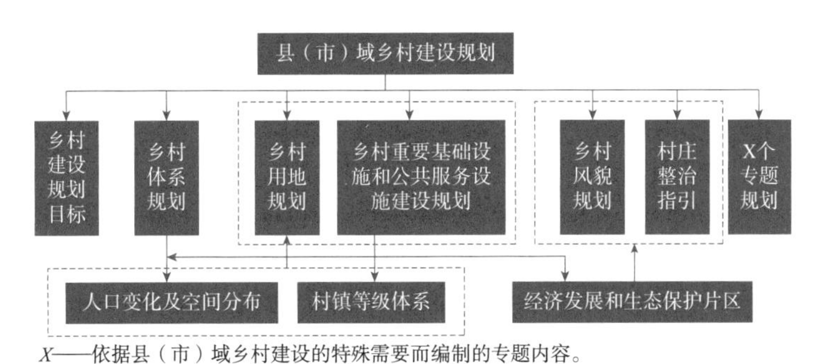

X——依据县（市）域乡村建设的特殊需要而编制的专题内容。

图 3-4　县（市）域乡村建设规划编制内容

规划重点在于探索符合新型城镇化和美丽乡村建设要求的县域城镇化机制，梳理并确定适宜村庄的发展路径与建设模式，强调发展引导与空间规划并重，突出运营管理，明确村庄整治实施措施。在此基础上，规划从人口、用地、布局模式三方面出发，推动“自上而下”的刚性控制规划转向“自上而下”与“自下而上”相结合的引导性控制规划。

（二）编制特色：“多规”融合、上下联动、分区传导、实用指导

1. 以“多规”融合解决乡村建设统筹问题

县域乡村建设规划发挥综合作用，整合各规划并实行严格的底线控制。除耕地红线外，重要的生态空间、传统的村庄肌理和形态，以及具有代表性的地域文化等都划定红线，分级、分类进行坚守和保护。

2. 以统筹兼顾强化上下联动

县（市）域乡村建设规划兼顾宏观和微观两个层面。一方面，县域层面统筹侧重于县（市）域总体的战略目标和发展指引，为乡村地区发展提供基本框架，构建统筹全局的镇、乡村发展和控制引导体系，满足乡村地区的近远期建设需要以及城市和区域的发展部署；另一方面，县（市）域乡村建设规划下沉到微观层面，与乡村地区的发展实际紧密结合，解决村民关心的实际问题。针对农房建设和管理、人居环境整治、基础设施和公共服务设施完善等迫切问题，制定相关策略措施或控制指标，明确下一层次镇（乡）和村庄规划的任务和规划重点。

3. 以分区体系强化规划传导

针对以往村镇体系规划局限于简单等级体系，建立分区体系和村庄等级体系相结合的乡村体系，强化分区体系对乡村空间的控制引导作用，推动县（市）域所有乡镇村落全覆盖、重要设施建设全覆盖、基本公共服务全覆盖，进一步指导乡村用地规划、设施与风貌建设以及村庄整治措施。构建分区等级体系，有利于提升规划的适宜性和实施性。

4. 以实用导向指导规划落实

县域乡村建设规划为协调型、引导型的城乡统筹规划。同时直接指导、引导乡村建设，创新规划内容和成果形式，强调实用性和可操作性。

第三节　分类推进村庄规划编制，引导村庄个性化发展

一、村庄整治规划编制

（一）政策梳理：村庄整治规划的规范与政策

在原建设部《关于村庄整治工作的指导意见》等文件的指导下，浙江省也制订了相应的村庄整治规划相关文件，具体包括《浙江省村庄整治规划编制内容和深度的指导意见》《浙江省村镇规划建设管理条例》《浙江省村庄绿化规划指导意见》《绿色建筑设计标准》DB33/1092等，形成点面结合的管理控制，指导浙江省村庄整治规划编制顺利有序进行。

一是形成对村庄规划编制的系统指导。《浙江省村庄整治规划编制内容和深度的指导意见》从编制原则、编制任务、规划期限、规划成果、编制深度五个方面，对村庄整治规划的编制提出要求。

二是形成对村庄规划建设的细节管控。重点针对村庄绿化、村居建筑等内容加强规划引导。《浙江省村庄绿化规划指导意见》对村庄整治规划中的河、渠、堤等绿化提出了明确要求。

（二）浙江省村庄整治规划编制要求与框架

《浙江省村庄整治规划编制内容和深度的指导意见》早于国家标准《村庄整治技术规范》GB 50445—2008，体现了浙江的村庄整治工作在全国层面的先锋探索角色。

按照《浙江省村庄整治规划编制内容和深度的指导意见》的要求，村庄整治规划编制的主要任务是以县（市）域总体规划、县（市）域村庄布点规划和乡（镇）域村镇总体（村镇体系）规划等上层次规划为依据，结合村庄现状和发展条件，明确村庄的性质、职能和发展方向，预测人口规模，确定用地规模和结构，布局各类建设用地，完善各类基础设施和主要公共服务设施，并落实主要整治（改造、扩建、新建）项目及时间顺序。

村庄整治规划内容主要包括：村庄整治范围确定、现状调查和村庄咨询、村庄用地布局调整、公益性基础设施整治、公益性服务设施整治、环境卫生设施整治、减灾防灾设施整治、环境面貌和传统建筑保护等内容。

（三）规划编制特色

2003—2008 年，乡村建设起步阶段。以旧村改造、整治建设为主的村庄整治规划全面开展编制工作。为配合这一时期的村庄整治工作，结合村庄发展导向和乡村地域特色，村庄整治规划主要分为发展型、控制型和特色型三大类型。发展型村庄主要是规划确定的中心村和规模较大、实力较强、条件较好的村庄，整治工作围绕规划建设用地范围制定满足村民生产生活需求的方案。控制型村庄主要是规划确定的保留村，整治工作以改造为主，采取整治改建的方法，整治环境、改造旧房、改善人居环境。特色型村庄主要是具有历史文化特色或自然生态特色的村庄，整治工作采取保护修建的办法，把历史古迹、自然环境与村庄融为一体，展示村庄特色，并借此发展休闲旅游等服务业。

2008—2015 年，美丽乡村建设阶段。村庄整治进入连片发展、提质扩面阶段，连片村庄整治规划逐步铺开。集中连片的村庄规划和高速公路、铁路、重要干道等交通沿线河流水系沿线等整治规划逐步开展。规划按照“多村统一规划、联合整治、城乡联动、区域一体化建设”的要求，对整个乡镇所有村庄的路网、管网、林网、垃圾处理网以及公共服务设施进行一体化规划，并以环境整治为重点，将村庄内部整治、交通沿线整治、农业面源污染治理、畜禽养殖污染防治、农村工业污染治理等统筹考虑，以改善提升区域农村整体面貌。

二、村庄规划编制

（一）政策梳理：村庄规划的规范与政策

针对不同时期村庄的发展需求，浙江持续完善提升村庄规划编制导则（表 3-5）。从 2003 年版导则重点关注空间布局和物质空间改善，到 2015 年版导则要求村域居民点按照两层次分级进行部署细化，到 2021 年版导则要求国土空间规划体系下全域全要素管控。村庄规划编制针对不同发展阶段的核心问题，以规划引领美丽浙江的村庄建设。

表 3-5　村庄规划相关政策文件及规范导则梳理

时间	规范、导则、文件	主要内容
2003 年	《浙江省村庄规划编制导则（试行）》（简称：2003 年版导则）	村庄规划重点关注空间布局和物质环境改善
2015 年	《浙江省村庄规划编制导则》（简称：2015 年版导则）	村庄规划分为村域规划和居民点（村庄建设用地）规划两个层次
2021 年	《浙江省村庄规划编制技术要点（试行）》（简称：2021 年版导则）	突显了国土空间体系下村庄规划作为详细规划类型的法定性和空间管控性

（二）编制框架和内容

1. 2003 年版导则

2003 年版导则要求村庄布局规划编制重点关注空间布局和物质环境改善，重点内容包括村庄空间布局、村庄基础设施规划以及近期建设规划。

2. 2015 年版导则

2015 年版导则提出，构建村庄规划设计体系，关注村庄生产、生活、生态“三生”融合发展，提出具体的建设安排与特色的空间形态设计。村庄规划着重对村庄全域发展进行总体性安排，引导建设宜居人居环境，促进村庄科学发展。

2015 年版导则将村庄规划分为村域规划和居民点（村庄建设用地）规划两个层次。村域规划综合部署生态、生产、生活等各类空间，并与土地利用规划相衔接，统筹安排村域各项用地，明确建设用地布局；居民点（村庄建设用地）规划重点细化各类村庄建设用地布局，统筹安排基础设施与公共服务设施，提出景观风貌特色控制与村庄设计引导等内容。

编制内容上，村域规划包含五大内容：①资源环境价值评估从自然环境、民居建筑、景观元素等方面系统进行村庄自然、文化资源价值评估。②发展目标与规模提出近、远期村庄发展目标，明确村庄功能定位与发展策略，并进一步明确村庄人口规模与建设用地规模。

③村域空间布局明确生态、生产、生活“三生”融合的村域空间发展格局，明确生态保护、产业发展、村庄建设的主要区域，明确生产性设施、道路交通和给水排水等基础设施、防灾减灾等的布局。④产业发展规划提出村庄产业发展的思路和策略，并进行业态与项目策划，合理确定农业生产区、农副产品加工区、旅游发展区等产业集中区的布局和用地规模。⑤空间管制规划划定“禁建、限建、适建”三类空间区域和“绿线、蓝线、紫线、黄线”四类控制线，并明确相应的管控要求和措施。

居民点规划包含八大内容：①村庄建设用地布局，明确各类建设用地界线与用地性质，并提出居民点集中建设方案与措施；②旧村整治规划，划定旧村整治范围，重点明确居民点的中拆除、保留、新建、改造的建筑，提出旧村的建筑、公共空间场所等的特色引导内容；③基础设施规划，合理安排道路交通、给水排水、电力电信、能源利用及节能改造、环境卫生等基础设施；④公共服务设施规划，合理确定行政管理、教育、医疗、文体、商业等公共服务设施的规模与布局；⑤村庄安全与防灾减灾，建立村庄综合防灾体系，划定洪涝、地质灾害等灾害易发区的范围，制定防洪防涝、地质灾害防治、消防等相应的防灾减灾措施；⑥村庄历史文化保护，提出村庄传统风貌、历史环境要素、传统建筑的保护与利用措施，并提出历史遗存保护名录，提出非物质文化遗产的保护和传承措施；⑦景观风貌规划设计指引，结合村庄传统风貌特色，确定村庄整体景观风貌特征，明确村庄景观风貌设计引导要求；⑧近期建设规划，确定近期重点建设项目和区域，开展项目投资估算，明确村庄用地、总户数等主要技术经济指标。

3. 2021 年版导则

为全面实施乡村振兴战略，有序推进村庄规划编制，按照产业兴旺、生态宜居、乡风文明、治理有效、生活富裕的要求，深化“千万工程”，打造全域土地综合整治与生态修复升级版，改善农村人居环境。根据国家相关法律法规、政策文件及规范标准的要求，结合浙江实际，制订《浙江省村庄规划编制技术要点（试行）》。

规划定位及适用范围：村庄规划是法定规划，是国土空间规划体系中乡村地区的详细规划。《浙江省村庄规划编制技术要点（试行）》主要针对城镇开发边界以外村庄规划编制、城镇开发边界内城镇集中建设区村庄原则上不再编制村庄规划，城镇弹性发展区、特别用途区内和跨城镇开发边界的村庄确需编制村庄规划的，应经市县级自然资源主管部门同意后编制。

规划范围：村庄规划范围是乡镇级国土空间总体规划划定的村庄单元范围，一般为一个或几个行政村村域全部国土空间。

规划内容：村庄规划编制内容主要包括九个方面：目标定位、空间控制底线和强制性内容、用地布局、公共服务设施与基础设施布局、景观风貌与村庄设计要求、区块管控、地块法定图则、实施项目、规划实施保障。①目标定位要明确村庄发展定位，研究制定村庄发展目标、国土空间开发保护目标、人居环境整治目标；②空间控制底线要明确本编制单元内生态保护红线、永久基本农田、村庄建设边界、历史文化保护控制线、重要基础设施廊道控制线以及其他重要控制线的空间分布与坐标定位。强制性内容包括上位规划的约束性指标和重要控制线、村庄建设用地边界线、约束性指标、需要控制的用地布局等；③用地布局包括生态用地、农用地布局和建设用地布局，以及土地综合整治与修复，明确各类用地规模和布局，做好项目落地的规划衔接；④公共服务设施与基础设施布局包括公共服务设施、交通设施、市政设施、安全与防灾设施等内容；⑤景观风貌与村庄设计保护引导风貌特色，形成合理的公共空间体系化布局，引导绿化景观设计、建筑设计和环境小品设计；⑥区块管控通过编制区块法定图则，根据区块涉及的生态保护红线、耕地和永久基本农田、村庄居民点、集体经营性建设用地、历史文化保护资源等对象的管控要求，明确相关控制线和规划控制要求；⑦地块法定图则对建设地块的容积率、建筑限高、出入口位置、建筑退线等提出管控要求；⑧提出生态修复、农用地整治、村庄整治等近期实施项目，合理安排项目时序；⑨规划实施保障严格按照村庄规划进行规划许可、项目审批、监督和责任考核，村庄规划实行动态调整。

（三）规划编制特色

1. 2003 年版导则的特色

一是呈现结合型规划编制特征。2003—2008 年，村庄总体规划与建设规划相互融合，侧重内容各有差异。这一时期的浙江省村庄规划编制大多包含总体规划与建设规划两个层面的内容，侧重内容上略有差异，可分为侧重总体规划的村庄规划和侧重建设规划的村庄规划。用地范围较大、内部情况复杂的村庄，多侧重总体规划，在村域范围内对产业发展、生态保护、基础设施和公共服务等内容进行统筹布局。规模较小的村庄多侧重于建设规划，更多关注村庄建设用地范围内的系统规划布局，包括用地布局、村庄建筑的详细规划布局、绿地景观规划、基础设施规划等内容。

二是村庄规划逐步开始强调“两规合一”和“一张图”管理。2008—2015 年为美丽乡村建设阶段，村庄规划持续推进，以中心村为代表的村庄规划深入开展，优化调整以中心村为重点的村庄规划。中心村培育建设成为这一时期浙江的工作重点，新一轮村庄规划结合项目建设计划，在原村庄规划评估基础上，修编调整了中心村总体规划及建设规划，更强调村庄建设用地“一张图”管理思路。规划以整个行政村为规划范围，按照“两规”合一要求，确定村庄建设边界，统筹安排生产、生态、生活空间，明确建设用地指标、功能布局、开发强度等内容，落实规划保留原居住点农村环境综合整治扩面提升项目与规划新集聚点农村环境综合整治项目以及其他配套设施项目，实现村庄设施功能提升、村庄风貌提升、人居环境提升。

2. 2015 年版导则的特色

一是强调规划衔接融合。针对规划衔接问题，要求规划内容重点深化村庄规划“两规合一”内容，实现村庄用地“一张图”管理，即要求以行政村村域为规划范围，以土地利用现状数据为编制基数，按照“两规合一”的要求，加强村庄规划与土地利用规划衔接，统一生态用地、农业用地、村庄建设用地、对外交通水利及其他建设用地等规划要求，重点确定村庄建设用地边界及村域范围内各居民点（村庄建设用地）的位置、规模。

二是注重实用性和可操作性。结合当地自然条件、经济社会发展水平、产业特点等，切合实际布置村庄各项建设，增强村庄规划的实用性和可操作性。在现状调查方面，强调入户调查访谈的重要性，在建设用地布局中强调需充分结合村民生产生活方式，在公共空间布局引导方面强调从居民实际需求出发，充分考虑现代化农业生产和农民生活习惯，形成具有地域文化气息的公共空间场所。在绿化景观设计引导方面强调充分考虑村庄与自然的有机融合，以本土绿化植物种类为主，提出村庄环境绿化美化的措施；在村庄建筑设计引导方面，强调村庄建筑设计应因地制宜，重视对传统民俗文化的继承和利用，体现地方乡土特色，充分考虑农业生产和农民生活习惯的要求。

三是注重乡村风情和地方特色。保护村庄地形地貌、自然肌理和历史文化，注重村庄生态环境的改善，突出乡村风情和地方特色。村域规划对村庄自然环境特色、聚落特征、街巷空间、传统建筑风貌、历史环境要素、非物质文化遗产等开展规划；居民点（村庄建设用地）规划注重村庄历史文化保护和景观风貌规划设计指引，在历史文化保护方面要提出村庄传统风貌、历史环境要素、传统建筑的保护与利用措施，明确历史遗存保护名录和非物质文化遗产的保护和传承措施；在景观风貌规划设计指引方面，提出要充分结合地形地貌、山体水系等自然环境条件，保护原有村落聚集形态，保护村庄街巷尺度、传统民居、古寺庙以及道路与建筑空间关系等，传承村庄历史文化，引导村庄与自然环境、地域特色融合；在村庄空间肌理延续引导方面，提出要通过对村庄原有自然水系、街巷格局、建筑群落等空间肌理的研究，提出旧村改造和新村建设中空间肌理保护延续的规划要求等。

四是注重“刚弹结合”。明确村庄规划内容的刚性与弹性，即采取“基础性 + 扩展性”相结合的分类方式指导村庄规划编制，增强村庄规划实用性。

3. 2021 年版导则的特色

一是体现国土空间全要素管控。基于“五级三类”国土空间规划体系，提出统筹规划山水林田湖草生命共同体等全部自然资源要素，科学研究各要素在“人—地”关系中的合理位置与数量规模，落实上位规划管控和数据传导，寻找村域山水林田湖草全域全要素的最佳组合，实现“多规合一”实用性村庄规划对耕地、生态用地、建设空间的科学管控。

二是凸显法定规划的约束性。在国土空间规划体系下，新时期村庄规划作为法定规划，是实现用途管制的法定依据，在落实永久基本农田保护控制、生态保护、建设用地边界控制等方面，都有明确的管控要求。对于村庄建设用地，涵盖居住、公共服务设施用地，尤其是集体经营性建设用地，需要定范围、定性质、定指标等，在规划图则中明确用地的性质、边界、容积率等具体要求。

三是注重纵向传导兼顾刚性管控和弹性指引。村庄规划注重纵向传导，需要向上衔接村庄布局规划、乡镇国土空间规划、县级国土空间总体规划等上位规划对村庄建设的要求。村庄规划应当坚持底线思维，融合实施性总体规划和专业性专项规划，制定精细化、精准化管控规则，兼顾刚性管控和弹性指引，为村庄范围内各类国土空间开发利用保护行为提供约束与引导。管制规则制定要充分落实县、乡镇级空间规划关于人口资源环境条件、经济社会发展和人居环境整治等要求，根据村庄分类指引统筹安排各类空间和设施布局，对全域空间要素进行分区分类管控，体现地域特点和文化特色。

四是向实用性村庄规划深度转型。针对传统村庄规划村民接受度不够、操作性不强问题，新时期村庄规划强调行动导向和村民参与，提升规划落地性。以行动为核心，要求确定近期项目库，推进“近期与远期结合”的行动规划谋划。推进以村民为主体的民主规划，不仅前期要与村民深度访谈，中期要听取村民意见，后期要编制面向村民的一图读懂村庄规划。

三、国土空间规划体系下的村庄规划

（一）主要政策及导则

2018 年自然资源部组建，从 21 世纪初就开始实施的“多规合一”试点工作迈上了新的台阶，通过推动空间规划体系改革，实现包含主体功能区规划（发展改革部门主管）、土地利用规划（原国土部门主管）、城市规划（住房城乡建设部门主管）、环境保护规划（环境保护部门主管）等多个规划在内的统筹整合，即“一张蓝图干到底”，形成了以“五级三类四体系”为层级结构、以“三区三线”为管控重点的国土空间规划体系，其中村庄规划属于详细规划。

国土空间规划体系下的村庄规划相关政策文件及规范导则如表 3-6 所示。

表 3-6　村庄规划相关政策文件及规范导则梳理

时间	规范、导则、文件	主要内容
2019 年	《自然资源部办公厅关于加强村庄规划促进乡村振兴的通知》	村庄规划是法定规划，是国土空间规划体系中乡村地区的详细规划，编制“多规合一”的实用性村庄规划
2021 年	《浙江省村庄规划编制技术要点（试行）》	突显了国土空间体系下村庄规划作为详细规划类型的法定性和空间管控性

（二）编制特色

底数清晰，底图统一。以第三次全国国土调查数据成果或最新土地变更调查数据成果作为工作底图，平面坐标系采用 2000 国家大地坐标系，比例尺不低于 1: 2000，并用农村地籍调查数据、地理国情普查及监测数据作补充。通过底图的统一建立数据库、实现国土空间“一张图”管理。

内容切实，强化用途管控。强化用途管制，进行空间用途管控、控制线划定核实和对村庄建设活动规范管控。管制规则包括村庄各类国土空间管制要求、农房建设管理、村容村貌提升、乡风文明建设、乡村治理措施等内容。管制规则的重点是对生态空间、农业空间、建设空间、历史文化传承和保护空间及其他需管制空间提出管控要求和措施。准确反映村庄规划中关于各类空间及其管制要求、约束性指标、村庄风貌、产业引导等内容。

重点突出，成果好用。一是规划成果简明扼要，适当准确表达规划任务和意图，明确必备图件、文本和附表作为基本构成要件，其余内容按需编制，做到重点突出，成果好用。二是面向不同主体的使用需求，规划成果呈现出差异化侧重点和使用界面。规划编制成果分管理者层面（政府）和使用者层面（村民）两套成果，管理者层面成果内容是“1+1+1+1”，1 套文本（含表）；1 套管制规则；1 个规划数据库；1 套按需确定图纸。使用者层面成果内容是“1+1”，即一图一书，一图为一图读懂村庄规划；一书为村规民约。

四、“多规合一”的浙江村庄规划探索

（一）主要阶段

“千万工程”二十年，浙江省村庄规划编制涌现大量实践案例，美丽乡村建设规划、村庄建设规划、村庄总体规划等类型；规划主体多元，包括国土部门、住房城乡建设部门、生态部门等多个部门参与。多类型多主体规划难免出现矛盾冲突，2015 年以来，“多规合一”逐步成为发展趋势和共识。浙江省村庄规划编制“多规合一”经历了“‘多规’争鸣—‘多规合一’探索—‘多规合一’全面推进”三个阶段。

1.“多规合一”的缘起：“多规”争鸣下的“多规”矛盾（2003—2015 年）

2003—2015 年，《浙江省村庄规划编制导则（试行）》指导下的村庄规划编制逐步铺开。村庄层面的各类规划编制多头开展，形成“多规”争鸣的繁荣态势。自 2011 年起，省住房和城乡建设厅牵头编制村庄规划、省自然资源厅试点村级土地利用规划编制工作，省农业农村厅编制美丽乡村建设规划。

随着多类型村庄规划逐步推进，问题逐步显现：一是规划内容重叠，“多规”编制下最为

突出的矛盾是城乡规划和土地利用总体规划之间的矛盾，表现在地块图斑分类、坐标系等方面；二是规划管理的职能交叉，不同规划对产业发展、农村建设提出不同方向指导；三是衔接不畅，多类型村庄规划的编制时间不同、用地分类标准不同，各类型规划相互之间难以有效衔接。

2. 针对“多规”矛盾的“多规合一”探索（2015—2019 年）

2015—2019 年，《浙江省村庄规划编制导则》指导下的村庄特色发展阶段，“多规合一”试点工作开展。2015 年后，村庄规划在“多规合一”与乡村振兴两大政策背景下，由原国土部门和住房城乡建设部门牵头，开展了大量的村庄规划试点工作。2014 年，《国家发展和改革委员会　国土资源部　住房和城乡建设部关于开展市县“多规合一”试点工作的通知》，浙江省嘉兴市、德清县、开化县入选“多规合一”试点市县名单，实践探索开化县县域村庄布点规划、嘉善大云缪家村规划等经典案例。

3. 国土空间规划语境下的“多规合一”全面推进（2019 年至今）

2019 年至今，为国土空间规划语境下《浙江省村庄规划编制技术要点（试行）》指导的全面“多规合一”阶段。

《自然资源部办公厅关于加强村庄规划促进乡村振兴的通知》明确编制“多规合一”实用性村庄规划。浙江省自然资源厅为做好“多规合一”实用性村庄规划编制工作，于 2021 年 5 月印发《浙江省村庄规划编制技术要点（试点）》，体现国土空间全要素管控、凸显法定规划的约束性。统筹规划山水林田湖草生命共同体的全部自然资源要素，实现“多规合一”实用性村庄规划对耕地、生态用地、建设空间的科学管控。新时期村庄规划作为法定规划，是实现用途管制的法定依据，对落实永久基本农田保护控制、生态保护、建设用地边界控制，均有明确的管控要求。

（二）模式和特色

1. 2003—2015 年侧重对“多规合一”的学术讨论

2003—2015 年关于“多规合一”的学术讨论和具体实践很多，总体形成两个讨论方向：一是规划内容的协调。不同于城市地区，村庄规划编制的“多规合一”，需整合的规划类型相对简单，整合村土地利用规划、村庄建设规划等乡村规划。二是规划管理的协调。村庄“多规合一”的最终目标是整合统一为一个规划，即村庄“多规合一”规划，满足村庄生产生活生态需要，形成一张完整的蓝图。

2. 2015—2019 年从编制方法、编制机制、成果管理等方面开展实践

这一时期从编制内容到编制方法、编制管理，进行了多方面“多规合一”探索。编制内容上，要求编制内容统筹城乡建设、产业发展等方面。《浙江省村庄规划编制导则》要求村域层面考虑村庄产业发展，充分衔接国民经济与社会发展规划；村庄布点规划要考虑基础设施、公共服务设施布局要求，充分衔接专项规划。

在编制方法方面，进一步探索编制主体、编制单位合作机制。如嘉善县大云镇缪家村村庄规划作为浙江省国土资源厅和浙江省住房和城乡建设厅合作编制的村庄规划试点，形成“两厅”合作机制，“两规”在编制技术方面深度融合；浙江省土地勘测规划院和浙江省城乡规划设计研究院合作编制，形成“两院”合编机制。

在编制管理方面，编制成果纳入“多规合一”信息平台，促进管理优化。如开化县构建“多规合一”信息平台，乡村建设“四区划定”成果纳入开化县“多规合一”信息平台，完善补充县域空间对乡村建设空间的建设管控，加强乡村建设规划数据和信息共享联动，方便乡村建设项目落地审批。

针对规划衔接难的问题，规划编制形成了现状分析对接“多规”、统一底数的技术方法和实践路径。如村庄发展分区划定在“多规合一”划定的控制线叠加的基础上，再叠加综合用地建设条件评定、乡村发展趋势（人口、特色资源）、人为影响等特征，以村庄建设条件为标准，形成乡村禁止发展区、限制发展区、适宜发展区和城镇发展区四大类空间。

3. 2019 年至今：国土空间规划语境下的“多规合一”实现底数、要素全面统一

“多规合一”成果延续，体现为一个延续四个优化：一个延续，延续已有产业、公共服务设施内容，过去村庄规划编制要求产业引导、公共服务设施建设、基础设施建设仍沿袭下来。四个优化，一是加强要素集成，实现村域范围内全域全要素管控；二是多用途实用管控，探索地质灾害线管控、增量流量存量管控、设施清单管控等多种实用型管控工具；三是面向村民的简明成果表达，以村民可看、可用、可懂为导向，探索简易化的村庄规划内容表达；四是与相关规划的关系由横向衔接到立体整合，原城乡规划体系下的村庄规划，主要横向衔接土地利用规划，而国土空间规划体系下的村庄规划要整合原村庄规划、村庄建设规划、村庄土地利用规划、土地整治规划等多个规划，存在横向和纵向的整合关系。

第四节　高水平推进村庄设计，彰显浙江四类地域特色

一、村庄设计工作的推进背景：千村一貌、村庄特色彰显不足

大量村庄虽编制了各类村庄规划，但普遍缺少对村庄总体格局、村居设计和景观风貌等内容的控制和引导要求，更缺乏村庄本土特色挖掘。

为应对以上问题，浙江省于 2015 年发布《浙江省村庄规划编制导则》和《浙江省村庄设计导则》，明确了村庄设计的重要作用。《浙江省村庄规划编制导则》提出了“村庄设计”应为村庄规划体系中的重要环节，《浙江省村庄设计导则》明确了村庄设计的核心内容要求。

二、村庄设计要点：承上启下，注重特色

（一）承上启下：村庄设计的目标与定位

《浙江省村庄规划编制导则》明确了村庄设计的定位、目标等核心内容。《浙江省村庄设计导则》明确了村庄设计的编制重点。

规划定位方面，村庄设计在浙江省四个层级的村庄规划编制体系中处于第三级，向上承接村庄规划的内容要求，向下对村居设计提出明确引导（图 3-5）。

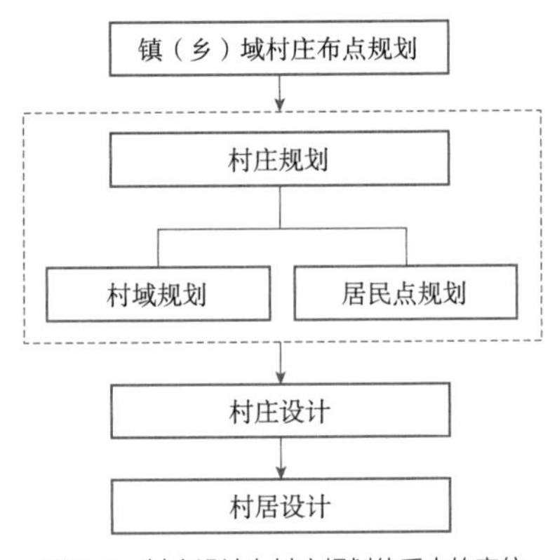

图 3-5　村庄设计在村庄规划体系中的定位

工作聚焦方面，村庄设计在村庄规划的基础上，以规划实施为重点，包括村庄总体设计、农居建筑设计、村庄公共建筑设计、村庄环境设计及村庄基础设施设计等方面，是对村庄建设的具体安排。

（二）注重特色：村庄设计的工作重点

根据《浙江省村庄设计导则》，村庄设计聚焦五大核心内容，包括总体设计、建筑设计、环境设计、生态设计、村庄基础设施设计等内容（表 3-7）。

总体设计方面，重点是遵循尊重自然、顺应自然、天人合一的理念，让村庄融入大自然，让村民望得见山、看得见水、记得住乡愁；重点要关注空间形态和空间序列的设计。

建筑设计方面，重点做好村居的基本功能和附加功能的设计，合理进行村居布局，注重村居的使用安全、环境卫生、功能分区和交通组织。加强建筑特色设计，注重地域文化特色传承。

环境设计方面，注重延续原有乡村风貌，兼顾经济与美观，节能环保，优先使用乡土材料及更新利用旧材料；加强对于平地村庄、山地丘陵村庄、水乡村庄和海岛村庄的分类环境营造。

表 3-7　村庄设计的工作重点内容梳理

序号	核心内容	一般要求	关注重点
1	总体设计	村庄总体设计应当从空间形态和空间序列两个层面进行谋划和布局	空间形态、空间序列
2	建筑设计	村居设计应设卧室、起居室、厨房、卫生间等基本功能空间。在满足基本生活空间要求外，村居应根据当地生活生产方式，设置特定的附加功能空间	村居功能用房设计、村居建筑风貌设计、村庄公共建筑设计、村庄建筑重要构件设计、村庄建筑风貌整治设计
3	环境设计	村庄整体环境建设的目标是整洁、美观、舒适、健康、自然。应以人为本、生态优先，兼顾经济性和景观效果，突出浙江乡村风貌，建设人与自然和谐的生态家园	整体环境设计、绿化设计
4	生态设计	生态设计在村庄设计中的核心在于雨水循环利用、乡村建设节能设计、可再生能源利用及材料的循环利用；生态设计应与村庄环境设计紧密结合，打造出绿色节能乡村	雨水循环利用、乡村建设节能设计、可再生能源利用、材料的循环利用
5	村庄基础设施设计	充分利用现有设施条件，做好设施的分类处理与生态化建设	环境卫生设施、供水设施、排水设施、污水处理设施、电力电信设施、消防设施、防洪排涝设施

生态设计方面，重点加强雨水循环利用、乡村建设节能设计、可再生能源利用及材料的循环利用，注重与村庄环境设计紧密结合，打造绿色节能乡村。

村庄基础设施设计方面，重点做好各类基础设施的合理利用，打造生态化、无害化、智能化的村庄基础设施体系。

三、村庄设计特色：凸显浙江地域特色的四类探索

根据《浙江省村庄设计导则》，村庄设计应重点开展四类村庄指引，包括平地型村庄、山地丘陵型村庄、水网型村庄和海岛型村庄（表 3-8）。

表 3-8　浙江省四类地域特色村庄的村庄设计实践梳理

村庄类型	村庄特色	总体格局设计特色	建筑设计特色	环境设计特色
平地型村庄	地势平坦；“村—水—田”相依	整体形态团块状或带状；街巷空间组织以网格或鱼骨形；新老村重点协调	建筑群体的组合变化和建筑组团的布局组织	注重采用地方材料、注重滨水环境打造和注重沿路景观提升
山地丘陵型村庄	多位于浙西南、浙东地区；依山就势、与地形结合紧密	依山就势的布局；顺应地形的自由路网；强化景观视廊控制	建筑与场地的关系处理；传承传统建筑风格；建筑屋顶庭院打造	观景平台设置、地形高差处理和传统文化空间

续表

村庄类型	村庄特色	总体格局设计特色	建筑设计特色	环境设计特色
水网型村庄	特色的平原水网，村居逐水而居	整体布局应紧抓水体主线；街巷空间组织抓住水系走向；村水环境协调	建筑与水的联系，结合水体组织建筑群体；建筑沿水立面重点打造	滨水小品设施、亲水设施、滨水绿化
海岛型村庄	多位于浙东沿海地区；海岛渔村风貌，多元的地域特色	处理海村关系；顺应海岸线的街巷格局	临海建筑立面重点设计；屋顶露台是重点；立面艺术表达	海文化融入的公共空间设计、滨海空间打造

（一）平地型村庄

平地型村庄做好平原文章，发挥地势平坦的地形优势，以网格或鱼骨形作为总体格局。如安吉县大竹园地势平坦，良田环绕，河流水塘点缀其中，呈现“村—水—田”相依的空间格局。在总体格局设计中，整体形态注重用地集约，布局紧凑，采用自由的组团布局形态。在新老村空间协调上，充分与老村的肌理协调，注重村居的朝向、街道的走向和建筑群体的组合与老村传承统一。环境设计层面注重滨水环境打造，丰富整体空间景观环境（表 3-9）。

表 3-9　平地型村庄——安吉县大竹园村环境设计重点举例

总体格局设计——村庄整体形态	总体格局设计——新老村空间协调	环境设计——滨水环境打造

设计采用自由的组团布局形态，形成了规整而不失特色的空间布局	新空间的设计模仿老空间的肌理、尺度等，达到新老共生、有机融合的效果	设计着重塑造滨水空间，营造出宜人的水边广场空间

（二）山地丘陵型村庄

山地丘陵型村庄做好山地文章，发挥依山就势的地形特色，强调建筑设计与场地的关系处理，利用地形高差营造多层次的空间。如浦江县仙华街道登高村地处浙西南，被山林环绕，村庄设计以依山就势的总体布局，使村落与自然景观完美融合。场所空间设计中，以观景平台打造公共空间，地形高差处理创造立体化的场所空间，注重传统文化空间表达，打造文化空间；建筑设计中，借助屋顶露台最大限度利用观景资源；环境设计中，利用残墙和当地农家水缸元素，加强传统文化延续（表 3-10）。

表 3-10　山地丘陵型村庄——浦江县仙华街道登高村总体格局设计重点举例

总体格局设计——依山就势的布局	场所空间设计——观景平台	场所空间设计——地形高差处理
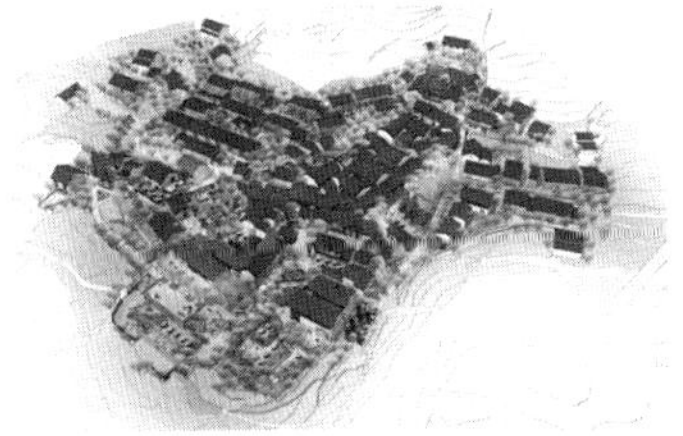		
设计顺应地形，建筑依势而建，新村选址隐幽，建筑隐于自然，使村落与自然景观完美融合	设计结合一侧梯田，保证场所空间观景面的开敞性和视野的开阔性	设计结合地形高差设置 3 层平台，创造丰富的空间层次
场所空间设计——传统文化空间	**建筑设计——建筑屋顶庭院**	**环境设计——传统文化延续**

设计通过对宗祠部分空置厢房的功能置换，植入旅游新业态，同时修复破损建筑、美化环境，激发宗祠广场新活力	设计新建村居强调屋顶庭院，在丰富居住空间的同时，增加了观景空间	设计保留了残墙，并利用当地农家水缸作为花器

（三）水网型村庄

水网型村庄做好水文章，整体布局紧抓水体主线，建筑、滨水小品设计都要加强与水的联系。如平湖市山塘村地处杭嘉湖平原地区，村庄和水体有机穿插组合。总体格局设计中，街巷空间注重村水环境协调，主要街巷的走向与河道平行或垂直。在建筑设计中，结合水体组织建筑群体，形成具有亲水特征的建筑组合；建筑沿水立面通过整治提升，形成整齐而又富有变化的韵律感。环境设计上，注重亲水设施和滨水绿化建设，打造丰富宜人的滨水空间（表 3-11）。

（四）海岛型村庄

海岛型村庄做好海文章，处理海村关系，重点关注临海建筑立面设计和海文化的建筑语言表达。如嵊泗县五龙乡黄沙村地处浙东沿海地区，有山有海，自然资源类型丰富。在总体

表 3-11　水网型村庄——平湖市山塘村环境设计重点举例

总体格局设计——街巷空间组织	总体格局设计——村水环境协调	建筑设计——结合水体组织建筑群体
设计结合村庄水体特征，将街巷空间组织与水系环境紧密联合	设计将新村的主要空间与水体充分结合，塑造优美的滨水空间	设计通过池塘将建筑群体整体联系起来
建筑设计——建筑沿水立面	**环境设计——亲水设施**	**环境设计——滨水绿化**
设计强化了沿水建筑立面的整治与提升	设计重点突出了桥梁空间，形成了村庄的空间亮点	设计强化了滨水绿化的打造，形成了生态宜人的滨水空间

格局设计注重处理海村关系、街巷设计顺应海岸线布局，使得建筑与环境有机融合，营造海岛渔村格局。场所空间上，以蓝白色调的建筑色彩融入海文化，以堤岸空间、庭院空间、屋顶空间等多元滨海空间打造，提升滨海活力（表 3-12）。

表 3-12　海岛型村庄——嵊泗县五龙乡黄沙村总体格局设计重点举例

总体格局设计 ——海村关系处理	总体格局设计 ——顺应海岸线的街巷	场所空间设计 ——海文化融入	场所空间设计 ——滨海空间
设计打造屋顶露台连廊，发展出独具山海特色的露台文化，保证了观海视野	设计规划控制街巷宽度，以街巷网络串联形成多个公共院落，并连通村庄与海岸	设计强化了对街巷空间的设计，采用蓝白色调与三维立体画，使其充满趣味与渔村特色	设计通过堤岸处理、沿海闲置建筑功能置换、植入激活体，打造屋顶露台及地面庭院，创造多层次观海空间

第五节　一体化推动农房设计和农房落地，塑造浙派民居特色风貌

一、工作开展背景：农房风貌趋同、管控失序

在快速城市化进程中，浙江省新建了大量农民集聚安置的新村，但是由于新村建设面大量广、工期较快，各地普遍出现了农房风貌趋同、地域特色缺失的现象。

二、构建浙派民居政策技术体系

（一）理论研究：浙派民居研究成果概述

浙派民居在学界和地方政府课题中有着深厚的研究成果。在学术研究方面，原建筑科学研究院建筑理论及历史研究室编写了《浙江民居》，对浙江民居的一些优秀、典型实例及若干处理手法，如布局、平面与空间的处理、体形面貌、地形利用、构造及装饰等内容，进行了详细的归纳。课题研究方面，省级层面，浙江省住房和城乡建设厅 2018 年开展了《浙派民居风貌塑造技术指引》课题研究，系统梳理了浙派民居的定义、特征、建筑元素提炼、新建民居引导等内容。地方层面，杭州市自然资源和规划局牵头组织了“杭派民居”系统研究，总结了“杭派民居”大天井、小花园、高围墙、硬山顶、人字线、直屋脊、露檩架、托座、戗板墙、石库门、披檐窗、粉黛色等 12 项建筑特征。

总的来看，浙派民居具有五大鲜明特色：一是五大典型的地域特色分区，即浙北、浙中、浙东、浙西、浙南五大片区；二是因地就势的地形利用，结合山地、丘陵、平原等不同地形的建设；三是实用适型的平面空间，浙北民居以水乡大屋、杭式大屋和园林宅第为代表，浙南民居以“随山采形，就水取势”为艺术法则，浙中、浙东的大型民居讲求宏大肃穆，气度庄严；四是根植地方的材料构造，浙南丽水一带的民居习用大型夯土块做墙壁；浙东以天台为代表的石板建筑用竖向排列的石板做建筑外墙；浙中民居最普遍的构造做法是砖砌空斗墙加白灰粉刷，清爽明快，带着浓浓的江南气息；五是雕艺出众的细部装饰，以木雕、砖雕、石雕以及壁画、彩画为代表，以木雕工艺最为突出。

（二）政策梳理：逐步探索浙派民居设计体系构建

以村庄设计和农房设计工作同步推进“浙派民居”落地。《浙江省人民政府办公厅关于进一步加强村庄规划设计和农房设计工作的若干意见》提出推进村庄规划、村庄设计、建房

图集全面覆盖的总体目标，要求完善村庄设计，村庄设计要融村居建筑布置、村庄环境整治、景观风貌特色控制指引、基础设施配置布局、公共空间节点设计等内容为一体，体现村落空间的形态美感；按照先规划、后许可、再建设的要求，严格村庄规划设计管理，高度重视农房设计工作，着力探索形成“浙派民居”新范式，科学配置农房功能空间，适应农民品质生活需要；积极推进农房设计方案落地应用，汇编通用图集。2021 年起，浙江省住房和城乡建设厅开展了浙江省村庄设计与农房设计联合试点推进工作，打造以富阳文村、东梓关村、安吉余村等一批以浙派民居为特色的美丽乡村。

探索浙派民居设计体系构建。《浙江省住房和城乡建设厅 浙江省农业农村厅 浙江省自然资源厅关于全面推进浙派民居建设的指导意见》提出构建浙派民居“村庄规划 + 乡村设计 + 农房设计 + 乡村风貌管控技术指引”设计体系。

浙派民居相关政策梳理如表 3-13 所示。

表 3-13　浙派民居相关文件梳理

时间	要求	文件
2015 年	提高农房设计水平、推动建房图集全覆盖	《浙江省人民政府办公厅关于进一步加强村庄规划设计和农房设计工作的若干意见》
2021 年	浙派民居建设专项行动作为城乡风貌整治提升的重点行动之一	《浙江省城乡风貌整治提升行动实施方案》
2022 年	建立健全浙派民居四大机制：统筹推进机制、规划设计机制、建设营造机制、风貌管控机制	《浙江省住房和城乡建设厅 浙江省农业农村厅 浙江省自然资源厅关于全面推进浙派民居建设的指导意见》
2023 年	编制发布一批具有指导性的浙派民居典型案例、制定一批农房设计导则等技术规范、建立一套高质量的全省农房设计通用图集、创建一批彰显浙派民居特色的美丽宜居示范村、培育一支职业化的乡村建设工匠队伍、举办一次有影响的浙派民居设计竞赛	全面推进浙派民居建设的“六个一”举措

（三）试点探索：浙派民居试点村

省建设厅以浙派民居试点为抓手，推进农房设计方案落地应用。2015 至 2017 年共确定 17 个省级农房设计落地试点村，通过试点建设，基本建成富阳文村、东梓关村、安吉余村、大竹园村、建德乾潭胥江村、天台后岸村等一批具有地域特色、生态特色和人文特色的浙派民居示范村。

三、农房设计工作

（一）工作开展情况

农房设计工作经历了“图集全覆盖”到“浙派显特色”的提升转变。早期的农房设计工作从规范农房建设出发，以建房图集全覆盖为主要目标，随着农房建设工作的逐步深入，凸显浙派民居特色成为农房设计的主要内容。

农房设计内涵经历了从“功能出发”到“风貌管控”，再到“工匠培育”的拓展。早期的农房设计工作强调从农民实用角度出发，功能布局考虑农民实际的生产、生活需求，2021 年开始强调建设环境风貌管控，2023 年提出乡村建设工匠培育，体现农房设计工作从单纯的物质空间要素到风貌、人才配套要素的全方位拓展。

（二）工作技术要点

2018 年开展的浙派民居课题研究提出，农房设计重点聚焦三大层面的设计引导并以负面清单予以控制。总体来看，农房设计以诠释文化内涵、弱化形式依恋、创新适宜技术、全方位引导、多渠道推动为总体思路。新建民居聚焦总体格局设计指引、建筑群体设计指引、建筑单体设计指引三大维度：总体格局设计指引注重与周边山水环境协调、注重保持特色肌理格局、注重与老村空间协调；建筑群体设计指引注重群体组合变化、注重群体公共空间；建筑单体设计指引注重建筑形式传承与创新，注重建筑户型改进，注重新材料、新技术运用，注重庭院空间打造，注重景观小品塑造。此外，针对三大维度提出民居建设负面清单，总体格局不能简单行列式排列，形成“排兵营”的形式，与老村肌理格格不入；建筑群体不能缺少变化、风貌差异过大；建筑单体不能造型繁复、采用城市化的突出风格等。

（三）特色做法

1. 形成本土化的农房设计通用图集

实践中，以农房设计通用图集作为农房设计指引的重要工具。浙江省自 2015 年加强农房设计工作，推动建房图集全覆盖。目前，省内各地市基本上形成了本土的农房设计通用图集，指导当地农房设计。省内各地区农房设计图集总体上以设计文本（纸质或电子版）为主要呈现方式，主要内容包括各种类型的通用农房设计平面图、效果图和相关经济技术指标等（图 3-6），通俗易懂、图文并茂。

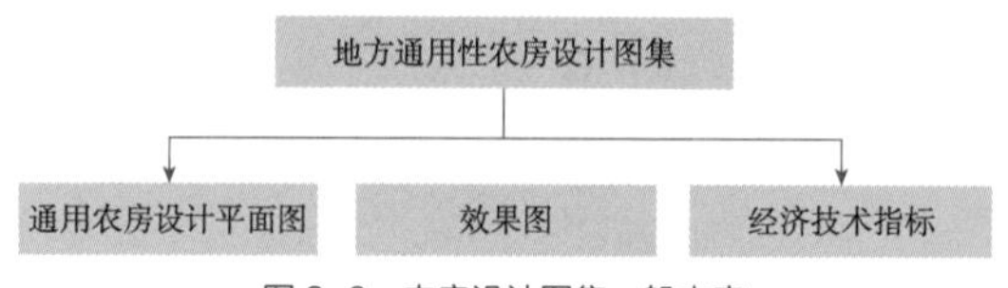

图 3-6　农房设计图集一般内容

如宁波市探索形成全覆盖的绿色农房设计图集。宁波市在一般农房设计通用图集的基础上，制定了绿色农房设计的相应图集。2018 年 4 月，发布《宁波市绿色农房设计指引》（以下简称《指引》）。《指引》充分总结宁波在美丽乡村和绿色农房方面的实践经验与研究成果，形成了全面指导宁波市农房建设的重要文件。《指引》共分 9 个章节和 3 个附录，主要技术内容是：总则，一般原则，设计策略，总体规划，建筑设计，结构设计，给水排水设计，电气及智能化设计，供热、通风和空调设计。2018 年 9 月，宁波市自然资源和规划局牵头研究制定了《关于加强村庄规划和农房设计促进高水平建设美丽乡村的实施意见》，分为 4 大部分 11 条，分别从总体要求、乡村规划设计、乡村规划管理机制、实施保障等方面进行了详细规定。

2. 以设计下乡普及农房设计

浙江部分地市积极探索特色农房管理工作。近年来，宁波市为推进农房设计的普及与惠民工作，大力推进免费农房设计活动（图 3-7）。2021 年 1 月，为加快培育打造宁波市农房“浙东民居”风貌新名片，宁波市住房和城乡建设局委托宁波市勘察设计协会在全大市范围内为农民建房开展免费农房设计活动。宁波市住房和城乡建设局多次与宁波市建筑设计企业、行业协会和高校对接，通过对设计单位信用激励等措施，激发了广大建筑设计单位的参与热情。对符合条件的农民建房申请人，宁波市勘察设计协会将指派设计师，提供一对一的现场设计服务。服务内容从建房需求了解、现场量房、方案设计，直至施工图设计。全过程确保设计深度和服务质量，农民无须支付任何费用。

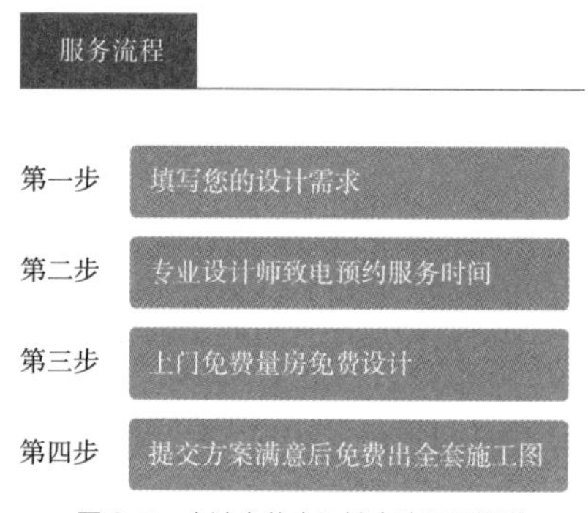

图 3-7　宁波市住房和城乡建设局推进免费农房设计活动

3. 政府购买服务，在图集基础上根据农民需求修改，精细化定制

2018 年 5 月，浙江省出台《浙江省农村住房建设管理办法》明确规定：建设农村住房，委托相应资质的设计单位、人员进行设计；建设三层以及三层以下且不设地下室的，可以选用免费提供的农村住房设计通用图集。建设或者城乡规划主管部门负责组织编制农村住房设计通用图集，免费提供建房村民选用，并根据实际需要对村民选用的设计图无偿提供适当修改服务。如杭州余杭区在 2019 年启动编制新一轮农村建房通用图集后，发布《杭州市余杭区住房城乡建设局关于开展农房设计图纸修改和技术指导服务的通知》，推出农房设计图纸修

改服务，区住房和城乡建设局派出设计公司人员到全区各镇街，集中开展农房设计图纸修改咨询服务。在推出农房设计图纸修改服务之后，农户要修改设计方案，只要向属地镇街提出申请即可，镇街通过申请后联系设计单位介入，设计图纸修改服务不收取农户任何费用，每户每次批地建房可享受一次。根据通知要求，设计单位需对农户住宅情况实地考察，积极与农户沟通，确认住宅设计修改内容，修改内容需符合属地镇街建筑风貌管控。

第六节　创新推进美丽宜居示范村和传统村落规划

一、美丽宜居示范村规划

美丽宜居村庄指田园美、村庄美、生活美的行政村，核心是宜居宜业，特征是美丽、特色和绿色。以行政村为单位，通过创建示范达到环境优美、生活宜居、治理有效等要求，与全面推进乡村振兴的要求相适应。美丽宜居村庄创建示范标准将根据乡村振兴工作要求和示范推进实践效果进行动态调整。

（一）政策沿革：由点及面，系统升级——农房改造撬动示范村建设，延伸美丽宜居示范村升级

由农房改造撬动示范村建设。2003 年，浙江省启动农房改造建设工作。2012 年，《浙江省人民政府办公厅关于实施农房改造建设示范村工程的意见》，提出进一步深化农村住房改造建设，开展农房改造建设示范村专项行动，为全省农村在提升宜居水平、彰显地域特色、传承弘扬历史文化、节约集约利用资源等方面发挥显著的示范带动作用。发布《浙江省农房改造建设示范村规划设计指引（试行）》，对农房改造示范村规划布局、建筑设计、景观风貌等方面提出具体的规划设计指引。

由农房改造示范村衍生为美丽宜居示范村。2013 年，《住房和城乡建设部关于开展美丽宜居小镇、美丽宜居村庄示范工作的通知》“农房改造建设示范村”更名为美丽宜居示范村。浙江省也相继发布了《浙江省人民政府办公厅关于成立浙江省美丽宜居村镇示范工作领导小组的通知》《浙江省农房救助和示范村建设专项资金管理办法》《浙江省美丽宜居示范村创建验收办法（试行）》等文件，积极跟进开展美丽宜居村庄创建示范工作，成立了浙江省美丽宜居村镇示范工作领导小组，设立了浙江省农房救助和示范村建设专项资金，完善实施保障机制，多方合力推动乡村振兴（表 3-14）。

表 3-14　美丽宜居示范村相关政策文件梳理

时间	要求	文件
2012 年	农房改造建设示范村	《浙江省人民政府办公厅关于实施农房改造建设示范村工程的意见》
2012 年	对农房改造示范村规划的规划布局、建筑设计、景观风貌等方面提出具体的规划设计指引	《浙江省农房改造建设示范村规划设计指引（试行）》
2013 年	“农房改造建设示范村”更名为美丽宜居示范村	《住房和城乡建设部关于开展美丽宜居小镇、美丽宜居村庄示范工作的通知》
2013 年	确定浙江省美丽宜居村镇示范工作领导小组成员，推动全省农房改造建设示范村工程和美丽宜居小镇、美丽宜居村庄示范工作开展	《浙江省人民政府办公厅关于成立浙江省美丽宜居村镇示范工作领导小组的通知》
2013 年	确保农房救助和示范村建设专项财政资金使用和管理的规范化、制度化、程序化，提高资金使用效益	《浙江省农房救助和示范村建设专项资金管理办法》
2013 年	明确美丽宜居示范村的验收指标包括设计指标、质量安全、风貌特色、生态环境、社区管理、群众满意度六大内容；验收结果分为优秀、合格、不合格三档	《浙江省美丽宜居示范村创建验收办法（试行）》
2022 年	以美丽宜居村庄创建示范为载体，以点带面推进乡村建设，持续改善乡村风貌和人居环境、完善公共基础设施、提升公共服务水平、培育文明乡风，为全面推进乡村振兴贡献力量	《农业农村部办公厅　住房和城乡建设部办公厅关于开展美丽宜居村庄创建示范工作的通知》

（二）编制特色

1. 三大编制导向：强调因地制宜、循序渐进、村民主体

根据相关文件要求，各示范村编制美丽宜居村庄规划，以民意为出发点，以民为本打造生活中心，突出绿色低碳理念，尊重村镇原有格局，不搞大拆大建，以整治民居建筑、整治街区环境和完善基础设施为主，保持和塑造村庄特色。

强调因地制宜、特色突出。美丽宜居示范村建设，引导地方因地制宜开展各级创建示范活动，形成上下联动、分级创建的良好局面。根据乡村资源禀赋、经济发展水平、风俗文化、村民期盼等，因村施策、有序推进，不搞一刀切、齐步走。注重乡土味道，保留村庄形态，保护乡村风貌，防止简单照搬城镇建设模式，打造各美其美的美丽宜居乡村。

强调循序渐进、注重实效。规划应顺应乡村发展规律，合理安排创建示范时序和标准，既尽力而为又量力而行，稳扎稳打、务实推进。创建示范标准将根据乡村振兴工作要求和示范推进实践效果进行动态调整。重点围绕以“拆违、拆危、拆旧”和“绿化、洁化、美化”为主要内容的项目实施情况，重点验收创建村建设项目是否已完成、建设成效是否显著、资金使用是否合规等内容。

强调村民主体、政府引导。坚持农民的主体地位，充分发挥村民主体作用，让村民真正成为参与者、建设者和受益者，持续激发乡村发展的内生动力，把广大农民对美好生活的向往转化为促进乡村振兴的动力。通过规划引领、科学布局，农房提质、改善居住，设施补短、完善服务，风貌整治、提升品质，治理增效、凝聚合力，整体引导形成乡村振兴和村民共富的空间基础条件。

2. 规划内容："强制性 + 引导性"两类重点

美丽宜居乡村建设是一项全面、综合的系统工程，其丰富内涵已拓展到环境、产业、风貌、文化、邻里、健康、交通、治理等各个领域，并同步建立起科学规范的政策体系、工作体系和评价体系。规划内容包括强制性内容和引导性内容两大部分（图 3-8）。

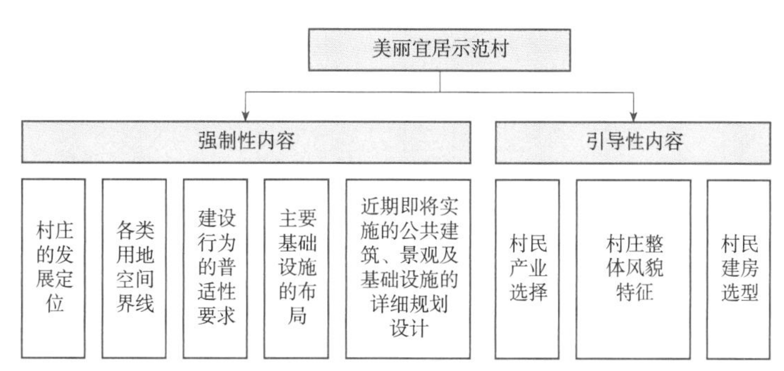

图 3-8　美丽宜居示范村规划编制内容要求

强制性内容是村庄规划编制完成并通过审批后必须遵守的规划要求，包括村庄的发展定位、各类用地空间界线、建设行为的普适性要求、主要基础设施的布局，以及近期即将实施的公共建筑、景观及基础设施的详细规划设计等。

引导性内容是对村民自身的产业选择、村庄整体风貌特征和村民建房选型提出建议和引导，包括引导村民进行产业提升和整合，结合村民生产生活需要和当地传统建筑特色提出村庄整体风貌特征指引，提出满足村庄整体风貌要求的公共建筑和村民住宅设计引导等。引导性内容必须符合强制性内容的要求。

3. 规划特色：以三类村庄、三大空间为抓手

美丽宜居示范村建设包括传统保护类、改造提升类、新建集聚类等三类村庄。传统保护类村庄，针对传统村落，通过传统建筑修缮和使用功能改善，活化利用一批传统民居，传承优秀乡土文化。改造提升类村庄，针对老旧农房较为集中的村，按照浙派民居建设要求实施既有农房改造，实现村庄宜居性、美观性的整体提升。新建集聚类村庄，针对新建集中连片农房的村，通过专业化设计、施工和规范化管理，打造一批彰显浙派民居特色的现代宜居农房和村庄。

以“好房子”带动“好村庄”为基本思路，以塑造好的承载空间为支点，带动人居环境和村庄整体提升。推进民居设计、公共建筑设计、公共空间设计三类空间设计，引领空间品质提升。民居设计重点盘活闲置房屋、对民居空间开展精细化利用，遵循传统工艺改造村居，融入当地特色建筑风貌和山水景观格局，兼顾通用农房设计、当代乡村聚落创作需要。公共建筑以建筑空间活化（废弃厂房改造、乡村祠堂修缮等）、文化品牌塑造为重点。公共空间设计以美丽庭院作为重要载体，聚焦房前屋后、街巷小道等“犄角旮旯的地方”进行改造提升。

二、传统村落保护发展规划

（一）政策沿革

党的二十大指出，“要加强城乡建设中历史文化保护传承”。传统村落是我国历史文化的鲜活载体，维系着中华民族最为浓郁的“乡愁”，保护好、利用好、传承好传统村落，对传承弘扬中华文明优秀传统文化有重要意义。

国家层面持续推进传统村落保护工作，陆续发布了六批中国传统村落名录，并制定了相关保护与发展政策法规。自 2011 年开始，住房城乡建设部、文化部、财政部联合启动了中国传统村落保护工作。2012 年出台《住房城乡建设部 文化部 财政部关于加强传统村落保护发展工作的指导意见》，明确要最大限度地保护传统村落的完整性、真实性和延续性。2014 年，《住房城乡建设部 文化部 国家文物局 财政部关于切实加强中国传统村落保护的指导意见》设立 5 项目保护措施，切实加强传统村落保护，改善人居环境，实现传统村落的可持续发展。2022 年，《乡村建设行动实施方案》中提出，传承保护传统村落民居和优秀乡土文化，突出地域特色和乡村特点，保留具有本土特色和乡土气息的乡村风貌，防止机械照搬城镇建设模式，打造各具特色的现代版“富春山居图”，促进城乡一体化融合发展。

浙江作为全国率先在全省范围内部署实施历史文化（传统）村落保护利用工作的省份，自 2012 年起部署开展历史文化（传统）村落保护利用工作，每年组织近百个历史文化（传统）村落开展保护利用，通过整体保护、活态传承、活化利用，在村庄人居环境整治提升、传统文化发掘传承、乡村产业有序发展等方面取得了显著的成效，既使一大批传统村落风貌的完整性和原真性得到保存，也使传统村落有了生命的延续性和可持续性。为此，浙江省发布了一系列文件，包括 2016 年《浙江省人民政府办公厅关于加强传统村落保护发展的指导意见》；2019 年，《浙江省传统村落保护发展规划编制导则》《浙江省美丽宜居示范村创建验收办法（试行）》《浙江省传统村落风貌保护提升验收办法（试行）》《浙江省村庄设计与农房设计落地试点验收办法（试行）》；2020 年，《中共浙江省委办公厅 浙江省人民政府办公厅关于进一步加强历史文化（传统）村落保护利用工作的意见》；2022 年，《关于在城乡建设中加强历史文化保护传承的实施意见》。

总体来看，浙江省传统村落保护工作是一个深入推进的过程，历史文化保护内容从“建档保护”到“风貌塑造”到“技艺传承”逐步扩展。从 2016 年第一次提出传统村落的全面普查建档，到传统村落发展要求风貌保护提升，再到 2022 年强调实施乡土建筑技艺传承工程，历史文化保护工作的内涵从物质层面到精神层面不断拓展。

传统村落相关政策文件如表 3-15 所示。

表 3-15　传统村落相关政策文件

时间	关键词	要求	文件
2012 年	完整性、真实性和延续性	最大限度地保护传统村落的完整性、真实性和延续性	《住房城乡建设部 文化部 财政部关于加强传统村落保护发展工作的指导意见》
2016 年	建档、分级、规划覆盖、风貌提升、产业培育	实施全面普查建档、分级名录保护、规划设计全覆盖、风貌保护提升和特色产业培育等行动	《浙江省人民政府办公厅关于加强传统村落保护发展的指导意见》
2019 年	明确规划编制内容和传统村落验收要求	提出传统村落保护发展规划的编制内容及保护整治方式，明确传统村落风貌保护提升的验收指标、方式及重点内容	《浙江省传统村落保护发展规划编制导则》
2020 年	完善“规建管评”新机制、塑造特色乡村风貌、创新利用新业态	突出规划引领，形成系统推进格局；梳理历史遗存，建立乡村档案数据库；强化建设管理，完善“规建管评”新机制；提升环境品质，塑造特色乡村新风貌；挖掘文化内涵，打造文化振兴引领地；发挥多重价值，创新活化利用新业态；激发多方活力，探索市场参与新途径等行动	《中共浙江省委办公厅 浙江省人民政府办公厅关于进一步加强历史文化（传统）村落保护利用工作的意见》
2022 年	一村一档、乡土建筑技艺传承、三级展示平台	八大行动之一的历史文化（传统）村落保护利用行动：历史文化（传统）村落与新时代美丽乡村共同富裕示范带建设有机衔接，推动集中连片保护利用。按照“一村一档”建立档案，建立保护利用项目库，实施乡土建筑技艺传承工程，建设完善我省国家、省、市三级传统村落展示平台	《关于在城乡建设中加强历史文化保护传承的实施意见》

（二）编制特色：规划编制和档案编制两手抓

1. 规划编制突出要素保护，兼顾村庄发展

传统村落保护发展规划的主要任务在于深入细致调查村落传统资源，分析传统村落特点，评估其历史、艺术、科学、社会等方面价值；明确保护对象，划定保护等级与保护区划，并

从村域环境、格局风貌、传统（风貌）建筑、传统文化四个方面提出整体保护、整治与活化利用措施；提出保护发展的目标定位与发展规模，明确村落发展的相关策略，并从村庄群落协调规划、产业发展规划、建设用地布局、基础设施与公共服务设施规划、景观风貌规划设计指引等方面提出人居环境发展的措施。

根据《浙江省传统村落保护发展规划编制导则》，传统村落保护规划内容包括强制性内容、分析评价、保护控制、发展规划、实施保障等方面。其中，分析评价包括现状分析、村落特征与价值评价等。保护控制包括保护等级与保护区划、村域环境保护、格局风貌保护、传统（风貌）建筑保护、非物质文化遗产与传统文化保护等。发展规划包括目标定位与发展规模、村庄群落协调发展、产业发展规划、空间管制规划、建设用地布局、基础设施规划、公共服务设施规划、村落安全与防灾减灾、景观风貌规划设计指引、旅游发展规划等。实施保障包括近期建设规划、实施管理措施等（图3-9）。

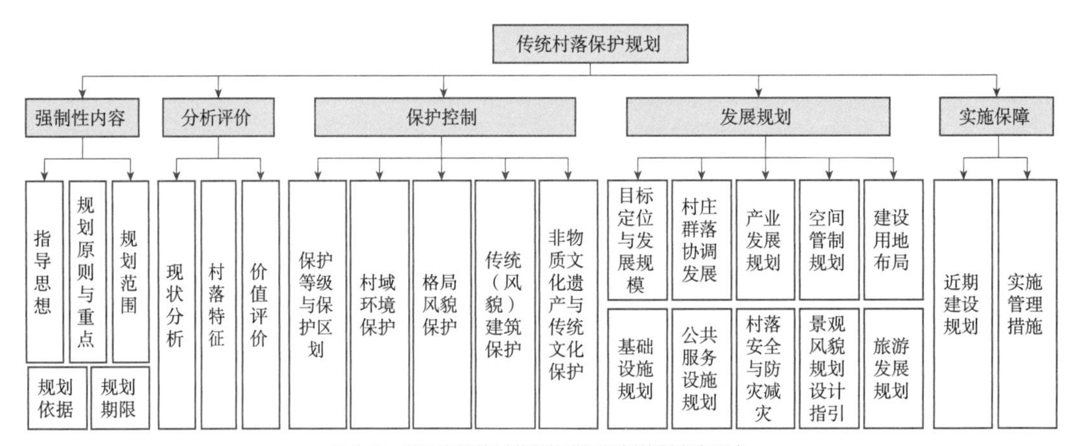

图3-9 浙江省传统村落保护发展规划编制内容要求

规划编制强调分类保护。在实践中根据不同现状条件开展分类传承、整治与开发建设。针对不同村庄的基底条件，采取不同的保护策略。

规划编制突出要素保护。整体保护传统村落规划编制突出四大核心要素，具体包括村域环境、格局风貌、传统（风貌）建筑、传统文化。规划合理划定保护区划，确定村落核心保护范围、建设控制地带等各级保护范围，以及环境协调区的界线，并在此基础上依据不同的控制等级，提出各区控制要求，重点明确建设活动、建筑高度、体量色彩等方面的控制要点，并对各区内的风貌进行整体管控。

规划编制兼顾村庄发展。规划编制强调以保护促发展，以发展强保护，推动传统村落产业发展和人居环境提升。在产业发展方面，结合传统村落的发展优劣势、整合协调村落资源环境特色，培育旅游相关产业，进行业态与项目策划，提出村落产业发展的思路和策略。在人居环境方面，合理布局建设用地，推动基础设施提升和公共服务设施短板补齐，并加强村落综合防灾体系建设。

2. 档案编制整合三大内容

《浙江省传统村落保护发展规划编制导则》明确了传统村落档案编制原则、框架、内容要求和制作管理，有效规范传统村落档案编制。

档案编制整合三方面内容：一是有形传统资源，具体包括历史文献资料、村域环境、格局风貌、传统（风貌）建筑等；二是无形传统资源，具体包括传统村落拥有的非物质文化遗产代表项目及其他传统生产生活方式、社会关系、乡风民俗、民间技艺等；三是政策制度资料，具体包括与传统村落保护发展相关的各类规划、政策和管理制度等。

通过传统村落档案编制，摸清历史文化村落家底，记录村落原生态信息、留存村落风貌、延续村落文脉，实现传统文化的有效传承。

第四章　塑造特色，因地制宜打造美丽乡村

第一节　乡村经营，充分激发乡村产业发展潜能

一、乡村特色产业发展

二十年来，浙江通过推进“千万工程”，造就了万千美丽乡村，实现了美丽乡村向美丽经济的转化，成为推动农村产业转型发展的强大引擎。2019 年，在全省乡村产业高质量发展推进会上，提出了重点发展现代种植业、现代养殖业、农副产品加工业、乡土特色产业、农资农机产业、乡村资源环保产业、乡村商贸流通业、乡村休闲旅游业、乡村信息产业、乡村综合服务业十大产业。以产业融合推动乡村产业发展，以绿色生态引领乡村产业发展，以创新创业驱动乡村产业发展，以政策措施促进乡村产业发展，奋力打造繁荣兴旺的浙江乡村产业样板。

2024 年，中共浙江省委、浙江省人民政府印发《关于坚持和深化新时代“千万工程”打造乡村全面振兴浙江样板 2024 年工作要点》，对全省乡村产业发展的特点和趋势做了总体判断和部署。一方面要强基固本，推进农业现代化，夯实粮食安全根基，持续深化农业“双强”行动，打造具有浙江特点的农业新质生产力；另一方面要促进产业融合，挖掘开发乡土资源，打造特色优势产品，推动产业集群延链。

（一）农业为本：探索转型新路径，推进农业现代化

2007 年，浙江省提出“走高效生态的新型农业现代化道路”，强调要把高效生态农业作为浙江现代农业的主攻方向，努力走出一条“经济高效、产品安全、资源节约、环境友好、技术密集、凸显人力资源优势的新型农业现代化道路”。省第十三次党代会以来，浙江积极顺应新常态下消费需求升级、生态文明绿色发展的新要求，扎实推进农业供给侧结构性改革，致力于改善农业供给体系的质量和效益，推动农业转型升级发展，取得了令人瞩目的新成就。农村居民人均可支配收入从 2012 年的 14552 元增长到 2016 年的 22866 元，连续 32 年保持全国省区农民收入第一；农业发展在全国创造了多项第一，成为全国唯一一个现代生态循环农业试点省、首个畜牧业绿色发展示范省、首个农业“机器换人”示范省、首个推行生产、供销、信用“三位一体”农合联组织改革建设的试点省、首个

完成“三权”到人（户）农村产权制度改革的省份，为中国特色的新型农业现代化提供了浙江样本。

1. 推进农业集聚发展

持续提升农业“两区”建设水平。到 2016 年，浙江省已累计建成粮食生产功能区 9131 个，总面积 760 万亩；累计建成现代农业园区 818 个，总面积 516 万亩；两区合计总面积 1276 万亩，占全省耕地面积的 1/2。

大力开展高标准农田建设。通过积极增加政府投入，统筹农业综合开发、土地整理、农田水利等项目，开展高标准农田和千万亩标准农田质量提升工程，形成了一大批高产稳产的高标准农田，目前标准农田一等田占比已达 40% 以上。

着力打造农业集聚区和特色农业强镇。目前全省已经形成了以茶叶、丝绸、黄酒、中药等 16 个农业相关历史经典产业为基础的“产、城、人、文”融合的特色农业小镇，正积极培育 30 个左右农业产业集聚区和 100 个左右特色农业强镇。

2. 推进农业绿色化、品质化、数智化

大力发展生态循环农业。浙江省 2015 年已全面完成全国唯一一个现代生态循环农业试点省创建，并成为全国首个畜牧业绿色发展示范省。按照“场区建设美、环境生态美、品牌文化美、设施配套优、生产管理优”的要求，建设了一批省级美丽生态牧场。积极推广“主体小循环、园区中循环、区域大循环”的多层次、多形式生态循环模式，推动农业废弃物无害化处理、资源化循环利用。

部署推进“打造整洁田园、建设美丽农业”行动计划，推进农业“视觉美、内涵美、持续美”。持续深入开展田园环境整治行动，整体改善视觉效果，全面提升美丽农业的“颜值”。

大力推进农产品质量安全体系建设。积极发展“三品一标”农产品，实施农产品绿色品牌战略。全省拥有无公害农产品、绿色食品、有机农产品 7281 个，列入国家地理标志产品 44 个，“三品”产地认定面积累计 1662.87 万亩。大力推动在主导产业全面构建全程可追溯的安全生产体系和监管体系，严格农产品市场准入条件，在全国率先启用食用农产品合格证。

大力推进农业机械化、设施化、智能化应用。深入实施农业领域“机器换人”，通过加快先进适用农业技术装备推广应用，进一步提高农业装备覆盖率、渗透率。

3. 坚持品牌引领，增强竞争实力

土地资源等的内在制约以及发展绿色农业、品质农业的大趋势，决定了品牌战略是浙江农业发展的必然选择。浙江省通过“一村一品”等品牌引领模式的实施，从源头上保障了农产品的质量，提升了品牌影响力。近年来，浙江省通过对杭州径山茶、塘栖枇杷、慈溪葡萄、常山胡柚等特色农产品进行系统化整合形成区域品牌，截至 2018 年末，共培育浙江名牌农

产品（含区域）238 个，以产品质量赢得好评，建立起自身的品牌效益，使农业与第二、第三产业巧妙地融合与运用。

（二）特色彰显：推进美丽乡村景区化建设，大力发展全域乡村旅游

浙江省乡村旅游注重发展农家乐，先后印发了《浙江省人民政府办公厅关于加快发展农家乐休闲旅游业的实施意见》《浙江省人民政府办公厅关于提升发展农家乐休闲旅游业的意见》《浙江省人民政府办公厅关于全面推进农家乐规范提升发展的意见》等指导文件，建立较健全的领导体系、工作体系和专项扶持资金。浙江省以农家乐为代表的乡村休闲旅游业经历了 10 多年的黄金发展期，形成了以农民为主体、以乡村为载体、村点结合的发展模式和农旅结合、文旅融合的发展特色，实现了从“点上萌芽”向“遍地开花”、从“单一吃住”向“多元经营”、从“各自为战”向“抱团发展”的转型升级。至 2017 年底，全省累计创建省级农家乐重点县 16 个、特色乡镇 45 个、农家乐休闲旅游特色村 1155 个、特色点 2328 个，农家乐经营户 20463 户，接待游客 3.4 亿人次，营业总收入 353.8 亿元。

2017 年后，浙江省系统性推进景区村建设，将乡村旅游建设范围扩展到村域。浙江省第十四次党代会提出“推进万村景区化建设”，并在《中共浙江省委 浙江省人民政府关于深化农业供给侧结构性改革加快农业农村转型发展的实施意见》中明确“到 2022 年，全省 10000 个村成为 A 级景区村庄”。万村景区化是建设美丽中国、落实乡村振兴战略的具体行动，顺应了全民旅游休闲时代的到来和全域旅游兴起的新趋势，带动了乡村第一、二、三产业融合发展，实现了建设美丽乡村向经营美丽乡村的转型，也实现了“美丽乡村”向“美丽经济”的转化。

1. 坚持政府指导，走出一条“重规划、深融合”的路径

出台一套指南标准。制订《浙江省万村景区化五年行动计划（2017—2021 年）》，出台浙江省地方标准《景区村庄服务与管理指南》，并在此基础上联合省农业农村厅制定景区村庄 2.0 升级版指南，打造金 3A 级景区村。早于国家标准出台地方标准《民宿基本要求与评价》，负责起草民宿行业标准——《旅游民宿基本要求与评价》，制定《浙江省乡村旅游促进办法》，乡村民宿发展走在全国前列。

下沉一批发展要素。坚持走好乡村文化振兴之路，大力实施文化惠民工程，推动高质量文化资源下沉。推进公共文化服务高水平均等共享，实现乡镇（街道）综合文化站和村（社区）文化服务中心全覆盖。全面开展文化和旅游资源普查，实施文化基因解码工程，积极打造乡村博物馆等文化场馆，描绘浙江乡村文化基因图谱，不断提升乡村文化软实力。

2. 坚持创业创富，走出一条“产业强、活力足”的路径

建设一批景区村庄。依托万村景区化工程，绘就乡村旅游新图景，11531 个环境美、产

业旺、文化兴的A级景区村成为中国乡村旅游向世界展示的“重要窗口”，其中3A级2240个，村庄景区化总体覆盖率达56.5%。湖州市安吉县余村荣获“世界最佳旅游乡村”称号，实现村庄与景区共融，2022年村集体经济收入1305万元，其中经营性收入780万元，人均纯收入达6.4万元，有力带动村民共同富裕。

打造一批集聚平台。培育打造长兴水口乡、德清莫干山、天台寒山、磐安尖山等20个乡村旅游产业集聚区，确定丽水乡村旅游产业转型省级试点市、南浔区新时代农文旅融合试验区，打破行政区划限制，谋划联动抱团发展，实现共建共享。

推出一批特色游线。将特色乡村资源串点连线、串珠成链，推动“四市百村”乡村旅游带建设，推出红色旅游、农耕体验、山水生态、温泉养生、海岛风情、民宿休闲、民俗文化、乡村夜游等一批特色主题乡村旅游线路。

发展一批乡愁产业。以文旅消费品牌创建行动为抓手，持续打造“味美浙江 百县千碗”“浙韵千宿”“浙派千礼”“百家千艺”“浙里千集”等文旅融合特色乡愁产品。2022年以来，全省组织开展“百县千碗”“六进”活动600余场，推出“百县千碗”1000道精品菜预选名录并将入驻“游浙里”。全省以9家全国等级旅游民宿、1040家省等级民宿、69家文化主题（非遗）民宿为核心，以1000家“浙韵千宿”为桥梁，联合近2万家民宿，形成多层次、多类型、多品牌的“浙宿”体系。

推进一批改革试点。省文化和旅游厅联合省农业农村厅推出民宿（农家乐）助力乡村振兴改革试点，推进临安月亮桥、宁海汶溪翠谷等14家试点单位改革，激发景区村庄发展活力。全省乡村民宿近2万家，总床位超20万张，年总营业收入超80亿元，民宿行业就业人数超15万人。实施“精微提升”改造试点，丰富乡村旅游文化内涵，提升服务品质。

建成一批乡村博物馆。浙江省文物局作为乡村博物馆建设责任单位，坚持高站位、强统筹、激活力、促发展，全域化、高水平推进乡村博物馆建设，现已建成乡村博物馆549家，覆盖11个设区市、85个县（市、区）。突出了“一村一馆一品”的地方特色，具有鲜明的在地性，涵盖红色根脉、名人故居、非遗技艺、乡村记忆、民俗风情、村史乡贤、科普教育、书画艺术、民间收藏、工业遗产、特色产业、文化遗迹等多种主题，逐渐成为区域内地标性的乡村文化窗口和文化品牌。

3. 坚持运营为王，走出一条“专业化、效能高”的路径

探索一批发展模式。坚持“政府主导、市场参与”，以“工商资本+村集体”模式，引进有理念、有实力的投资业主，利用村集体闲置土地、房屋参与村庄旅游开发。实行“政府+村集体”模式，由政府、村集体合作成立股份制公司，共同建设经营。推行“两进两回”模式，运营商当主角、村集体和村民当主人、政府当“店小二”。

培育一批专业队伍。推动景区村庄从以建设为主的1.0版本迈步跨向建设运营并重的2.0时代，实施乡村旅游运营团队培育计划。以人为本，将乡村运营，尤其是整村运营作为推动

乡村旅游发展的重中之重。实施乡村文旅运营“五百计划”，培育首批 100 个乡村文旅运营团队。举办乡镇干部培训班、乡村运营专题研讨会，累计培训村党支部书记、农创客、乡镇干部等万余人。

树立一批典型标杆。总结推广各地经验，充分发挥示范引领作用。长兴县顾渚村等 54 个景区村成功获评全国乡村旅游重点村，数量位列全国第一。山区 26 县发挥生态优势，实现 3A 级景区村全覆盖。出版《一村光色一村景——浙江省百个景区村庄雅集》，编印《浙江民宿蓝皮书》，将全省景区村及精品民宿打包串线，打通宣传“最后一公里”，让乡村不再“养在深闺人未识”。

（三）融合创新：多元业态融合，科技赋能创新

1. 发展乡村新型业态

浙江省以产业融合化、多功能化来推进农业结构全面优化，提高农业一二三产融合发展和综合效益水平。

推动农业全产业链建设。全省已建成畜牧、水产、竹木等示范性农业全产业链 29 条，实现产前产中产后、产加销、一二三产融合，年产值超过 1000 亿元。

拓展多功能农业新业态。浙江省以“农业 +”的新思路培育发展农业新业态，不断推进农业与旅游业、健康、教育、文化等产业的深度融合，催生了一大批农业新业态，休闲农业、养生农业、创意农业、庄园经济等新型农业业态异军突起，成为农业农村经济的新增长点。

用“互联网 +”培育发展新动能。发挥互联网大省的先发优势，推进生产方式自动化、智能化，经营方式网络化、品牌化，农产品电商蓬勃发展。

2. 建设特色平台，提升农业科技水平

深入挖掘资源优势，开展农业产业平台建设。浙江省积极推进省级现代农业园区、农村产业融合发展示范园区等建设，统筹推进农业产业强镇、特色农产品优势区、优势特色产业集群建设，完善基础设施与公共服务平台，提升乡村产业发展水平。实施乡村产业“十业万亿”行动，创建 10 个国家级特色农产品优势区、114 个省级特色农产品优势区和 9 个国家级现代农业产业园、35 个国家级农业产业强镇。实施农业全产业链“百链千亿”工程，建成 82 条产值超 10 亿元农业全产业链，总产值 2575 亿元，辐射带动 478 万农民就业创业。

充分实施多方位的科技助农。实施一批“双领双尖”计划重大项目，建设省现代农机装备技术创新中心，创建一批省级农业科技园区和省级重点农业企业研究院，实施农业科技协作计划，推进农业科技应用场景建设；实施“三农六方”科技协作项目、产业团队技术项

目和农业重大技术协同推广计划；鼓励科技特派员带项目、资金、技术和成果服务乡村产业发展，开展万名高级农技专家联村强科技行动，推动新品种、新技术、新机具、新成果进乡村；组织“希望之光”服务乡村振兴、专家博士生科技服务团进乡村、农村实用技术对接、科普大讲堂等活动。推进农业生产设备智能化，注重生产基地宜机化改造，合理配置大型机械设施，加快农业“机器换人”，加快推动 5G 平台、物联网、智能控制、卫星定位等技术的应用。

二、积极发展壮大新型农村集体经济

发展壮大新型农村集体经济是推动乡村振兴、实现共同富裕以及中国式农业农村现代化的必由之路。村集体充分发挥带动作用，调动各方主体积极性，通过体制机制和政策体系的创新探索，积极引导企业、村民个人参与集体经济建设，不断提升村民人均收入，完善乡村“一老一小”等基础公共服务设施供给，助力和美乡村建设。

“千万工程”以来，浙江省大力实施以集体经济为核心的强村富民乡村集成改革，全力打好“市场化改革 + 集体经济”“标准地改革 + 农业‘双强’”“宅基地改革 + 乡村建设”“数字化改革 + 强村富民”四套“组合拳”，推行“飞地”抱团、片区组团等模式，实施“飞地”抱团项目约 1100 个，培育推广大下姜、大余村等一批强村带弱村、先富带后富的片区组团典型模式，实现集体经济发展与乡村产业振兴深度融合。二十年来，浙江省高效生态农业加快发展，现代农业、农产品加工、乡村旅游等一二三产不断融合，乡村旅游、电商、民宿、运动休闲等新兴业态蓬勃发展，乡村美丽经济不断壮大。全省农村居民人均可支配收入由 2003 年的 5431 元提高到 2023 年的 40311 元，连续 39 年位居全国之首。2023 年，全省村级集体经济总收入 791 亿元，集体经济年收入 30 万元以上且经营性收入 15 万元以上行政村占比达 94%，村集体经济年经营性收入 50 万元以上行政村占比达 56%。

（一）浙江富民强村集体经济改革举措

为进一步缩小地区、城乡的收入差距，推动新型农村集体经济发展壮大，高质高效促进农民农村共同富裕，浙江省启动了强村富民乡村集成改革。

一是深化“市场化改革 + 集体经济”模式。培育“强村公司”，促进村公司健康发展，增强联村带户致富能力。构建全省产权流转交易体系，实施农民农村“提低”帮富行动，深化新型帮共体建设，推动共同富裕。

二是深化“标准地改革 + 农业‘双强’”。实施标准地改革，优化营商环境，吸引和集聚先进要素，推进现代农业发展。有序开展土地综合整治和深化集体林权制度改革，推动现代农业园区、农产品冷链物流升级。实施“双强”赋能兴业链富行动，加强农业科技创新突破与转化，提高农业劳动生产率。

三是深入推进“宅基地改革 + 乡村建设”。实施点亮乡村活权创富行动，盘活闲置宅基地和农房，增加村集体和农户收入，审慎试点集体经营性建设用地入市。实施和美乡村引领奔富行动，提升县域承载能力，深化“千万工程”，构建“千村引领、万村振兴、全域共富、城乡和美”新图景。

四是深入推进“数字化改革 + 强村富民”。实施乡村数字经济提质聚富行动，推动数字乡村引领区建设。发展直播电商、订单农业等新模式。实施“浙农”系列数字应用促富行动，优化数据分析和监测预警功能，提升改革效能。迭代“浙农经管”应用，推动集体资产实时监管。

（二）以立法保障集体资产管理有法可依

2005 年，浙江省农业厅联合省监察厅、省财政厅出台《关于加强村级集体资金管理的意见》，提出严格规范银行存款账户管理，建立健全资金审批、领用制度，加强资金使用监管，全面推行工程项目招标投标制度，加强对村级集体经济的监管，确保资金透明运行等内容，成为省级层面规范集体经济管理的重要开端。经过阶段性实践，2011 年发布了《浙江省人民政府办公厅关于进一步加强农村集体资金资产资源管理的意见》，进一步完善优化了集体资产管理机制。提出管理范围由“资金”拓展至“三资”（资金、资产、资源），重点加强村经济合作社组织建设，健全农村集体“三资”管理制度与监管系统，加强农村集体“三资”管理队伍建设等，着力构建“管理规范、监督有力、运行高效、富有活力”的农村集体“三资”管理工作体系。

2015 年 9 月，《浙江省村级集体资产和财务管理公开规定》进一步优化农村集体“三资”管理。补充了需要明确向本集体经济组织成员公开的事项，完善管理与监督制度。2015 年 12 月 30 日通过《浙江省农村集体资产管理条例》，集体资产管理进入法治化阶段。

2021 年，《浙江省农业农村厅关于加强农村集体资产管理的意见》进一步规范农村集体资产管理。从集体资产产权体系、集体经济组织体系、集体资产运行体系、集体资产监管体系以及集体资产数字化改革等方面，进一步加强农村集体资产管理，到 2025 年全面建成农村集体资产规范管理体系，各项内容阳光公开实现全覆盖。同步出台《浙江省农村集体经济数字系统管理办法（试行）》，积极推动农村集体经济数字化管理，对用户与权限、数据维护、系统更新与接口、应用管理、系统安全方面提出相关要求，规范农村集体“三资”数字管理系统的使用、运行、维护。

浙江省集体经济管理政策文件如表 4-1 所示。

表 4-1　浙江省村庄集体经济管理政策文件梳理一览表

阶段	政策文件	重点内容
“千村示范、万村整治”阶段（2003—2010 年）	《关于加强村级集体资金管理的意见》	（1）**严格规范银行存款账户管理。**全面清理村级集体经济组织银行账户，每个村级集体经济组织原则上只能选择一家银行的一个营业机构开立一个基本存款账户，集体经济组织除了按规定留存一定的库存现金，所有货币资金都必须存入银行；土地补偿费实行公积公益金管理。（2）**建立健全资金审批、领用制度。**预算内不超过定额和权限的开支，由村集体经济组织负责人在授权范围内实行一支笔审查制度；预算外和预算内超过定额或权限的开支，金额较小的由集体经济组织负责人会同村两委负责人同时审批，金额较大的，由村级班子成员集体审批；村级集体经济组织银行存款印鉴实行村出纳与乡镇代理中心分开保管制度；村级集体资金不得用于商业性保险、不得出借，不得为任何个人和单位提供担保。（3）**全面推行工程项目招标投标制度。**5 万元以下的项目或工程须在乡镇的监督下，由村按照民主程序组织招标投标，也可委托乡镇组织招标投标；5 万元以上 50 万元以下的项目或工程须经乡镇以上组织招标投标程序；50 万元以上的重大项目发包或工程建设，须由县（市、区）级以上组织招标投标。（4）**切实加强对村级集体资金的监管。**农业、监察、财政等部门要加强对村级集体资金监管的组织领导，各司其职、紧密协作
“千村精品、万村美丽”阶段（2010—2020 年）	《浙江省人民政府办公厅关于进一步加强农村集体资金资产资源管理的意见》	加强村经济合作社组织建设；开展农村集体“三资”清产核资；健全农村集体“三资”管理制度；建立农村集体“三资”监管系统；大力发展村级集体经济；加快推进农村集体资产股份制改革；加强农村集体“三资”管理队伍建设。此外，在保障层面，加强对农村集体“三资”管理工作的监督，包括推行社务公开，强化民主监督；完善村级会计委托代理制，强化会计监督；推进“万村审计”工程，强化审计监督等
	《浙江省农村集体资产管理条例》	**进入立法阶段的标志性文件。**明确了适用范围、领域、人群、各项主体等内容；明确了农村集体资产的范畴；明确了村集体资产的运营主体、要求、流程等内容；提出了村集体经济组织财务管理的账户开设、制度建设、公开公示等要求；明确了村集体经济组织股份合作、产权交易等内容，确立了对于集体经济组织的审计监督工作制度
	《浙江省村级集体资产和财务管理公开规定》	明确了村级集体经济组织集体资产和财务管理公开的内容，包括收入、支出、资产、资源、债权债务、收益分配、重要事项七项内容；明确了集体资产和财务管理的公开时间、公开程序；提出了监督主体、渠道和方式方法
	《浙江省农村集体资产管理条例》（修正文本）	落实新时期新要求，对《浙江省农村集体资产管理条例》各项内容进行优化调整、完善补充
“千村引领、万村振兴、全域共富、城乡和美”阶段（2021 年至今）	《浙江省农业农村厅关于加强农村集体资产管理的意见》	重点规范浙江省农村集体“三资”数字管理系统的使用、运行和维护行为，推进农村集体经济管理服务数字化改革。对用户与权限、数据维护、系统更新与接口、应用管理、系统安全方面提出相关要求
	《浙江省农村集体经济数字系统管理办法（试行）》	旨在 2025 年，全面建成农村集体资产规范管理体系，各项内容阳光公开实现全覆盖。重点对完善农村集体资产产权体系、规范农村集体经济组织体系、优化农村集体资产运行体系、健全农村集体资产监管体系提出具体要求，并提出要强化农村集体资产管理数字化改革

（三）壮大集体经济，推动城乡共富

积极推广“共富工坊”模式。促进共同富裕最艰巨最繁重的任务仍然在农村，建立更加稳定的利益联结机制，确保贫困群众持续稳定增收。近年来浙江省充分发挥党组织政治功能和组织功能，推动党建引领“共富工坊”建设。“共富工坊”是浙江深化强村富民乡村集成改革的创新探索，“共富工坊”由村（社区）、企业等党组织结对共建，畅通村企合作渠道，依托跨区域、跨领域党建联建机制，将相关产业的产业链、生产加工等环节布局到乡村，利用党群服务阵地、闲置房屋土地创办工坊式创业就业平台，促进农民就近就地灵活就业，推动农民增收、企业增效、集体增富，形成“组织起来、一起富裕”的良好氛围。按照生产方式、产业特点和组建形式，一般将“共富工坊”分为来料加工式、定向招工式、电商直播式、农旅融合式、品牌带动式、产业赋能式六大类型。2023 年，国家发展改革委印发的《浙江高质量发展建设共同富裕示范区第一批典型经验》中，将“共富工坊”模式列为十大典型经验首位。到 2023 年底，全省共建成“共富工坊”8821 家，累计吸纳农民就业 40.1 万人，人均月增收约 2600 元，合计年增收约 125 亿元。

合力培育“强村公司”。“强村公司”是指依照《中华人民共和国公司法》的有关规定，依法向登记机关申请设立登记，以助推村级集体经济发展壮大和农民增收为目的，由农村集体经济组织通过投资、参股组建公司实体或入股县、乡级联合发展平台等，以项目联建等形式统筹辖区内农村集体资产资源，实行公司化运营兼顾社会效益的企业。“强村公司”聚焦共同富裕和“扩中”“提低”，鼓励吸纳集体经济相对薄弱村和低收入农户参股，吸纳农民专业合作社、家庭农场、农创客、青创客参股经营，鼓励“强村公司”与其他所有制的龙头企业组建混合所有制企业。

“强村公司”探索始于新昌、平湖等地，经过十余年的发展逐渐成熟，是浙江自下而上探索出的做强村集体经济的创新举措。2010 年前后，浙江新昌、平湖等地区开始探索在县、乡政府牵头下，由村集体共同出资组建经营实体，按照现代企业经营理念组团式发展集体经济。湖州市以集体经济市场化改革为方向，在全省率先创办“强村公司”，围绕资产盘活、产业发展、村庄经营、物业服务、工程承揽、劳务派遣等方面打造“强村公司”。2022 年底，全市已组建“强村公司”398 家，覆盖行政村 805 个，分红近 2 亿元，分红额占集体经济经营性收入的 10.6%，全市村级集体经济年经营性收入 80 万元以上行政村占比达到 85%。

2020 年，“强村公司”写入省委、省政府“集体经济巩固提升三年行动”，在全省全面推广实施。“强村公司”有单村组建的公司、多村联建的公司、多村参股国有平台的公司等形式，从层级看，有村庄、乡镇、县、市四级。为促进“强村公司”健康发展，2023 年，《浙江省农业农村厅等 10 部门关于促进强村公司健康发展的指导意见（试行）》，要求各地要以

增强村集体经济造血功能为目标，以市场化经营为导向，积极培育“强村公司”，规范公司运行机制，增强发展安全性、稳定性，扎实推进“强村公司”高质量发展。提出要构建健康有序、规范高效的运行体系，规范公司组建，规范财会管理，加强人员风险管控，推进多元稳健经营，规范利润分配。构建全链闭环、精准严实的监管体系，落实监管责任，形成监管闭环。构建综合集成、直达快享的支持体系，持续优化营商环境，优化乡村投融资一站式服务，加大项目支持，加大资金、土地要素支持，加强人才支撑。截至 2023 年 6 月，浙江已成立 2278 家“强村公司”，入股行政村达 11280 个，2022 年实现总利润 21.7 亿元，村均分配收益 15.4 万元。

“强村公司”带动了集体经济发展，如杭州市余杭区目前有各类“强村公司”90 余家，2022 年，余杭区集体经济经营性收入村均 660 万元，所有村都在 100 万元以上。永安村 2017 年村集体经济收入只有 28.5 万元，成立“强村公司”后，通过发展农文旅融合产业，2022 年永安村集体经济经营性收入超过 500 万元。永安村又积极发展抱团共富，与周边村组建了新的“强村公司”，推动区域发展。

创新探索“飞地”抱团。2018 年，《中共浙江省委办公厅 浙江省人民政府办公厅关于推进村级集体经济“飞地”抱团发展的实施意见》发布，推动跨市、县、乡、村“飞地”抱团发展模式，将集体经济薄弱村扶持资金与用地指标集中配置到条件相对优越的地区，采取异地共建项目、联合发展物业经济等方式，增强“造血功能”，促进资源最大化整合和要素最优化配置，带领薄弱村创出了一条融合发展，持续增收的新路子。

2005 年，平湖市 2/3 以上的村集体经常性收入不足 15 万元，2006 年起，平湖市从活化资源要素，激发集体经济发展内生动力着手，全省首创“飞地”抱团发展模式，探索形成了从村域自建、镇域联建、县域统建、山海协作、东西部协作、帮扶脱贫的 1.0 至 6.0 版迭代跃升，走出共富新路子。2017 年创新“‘飞地’抱团 + 山海协作”模式，实行跨县（市、区）联手消薄，每年为青田等地提供“飞地消薄”和“飞地消困”固定收益 3200 万元。2018 年进一步探索实践“‘飞地’抱团 + 低收入家庭持股增收”模式，将“飞地”抱团的股东从村集体经济组织拓展至低收入家庭，累计惠及 4021 户、实现分红 7600 多万元。平湖 · 青田山海协作飞地产业园“消薄”模式成为浙江省推进村集体经济“飞地”抱团发展的标杆。2022 年，平湖市村集体经营性收入 2.37 亿元，所有行政村经营性收入率先在嘉兴达到 120 万元以上，农村居民人均可支配收入 46573 元，低收入家庭户均年增收达 5400 多元。

联动形成片区组团发展。如湖州市“十四五”农业农村现代化规划就提出“片区打造、组团发展、共建共赢”理念，建设 60 个以上新时代美丽乡村样板片区，组团发展未来乡村；下姜村、余村等村庄近年来都采取联动周边村庄发展的“大下姜”“大余村”等经营发展方式。

片区组团发展有四方面的意义。一是资源整合。片区组团发展有助于将特定区域内的各类组团进行整合，包括人力、物力、财力、技术等，进而实现资源的优化配置和共享，提升资源利用的效率及效益。二是规模效应。片区组团发展能够实现规模化经营，扩大生产及市场规模，提升生产效率和经营效益。同时，规模化经营有助于降低成本、增加收入，提高农民的收益水平。三是产业协同。片区组团发展可以促进各产业的协同发展，将不同产业有机串联，形成产业链和产业集群，增强产业整体竞争力和市场影响力。四是共同富裕探索。支持乡村振兴联合体和示范片区建设，打造一批共同富裕新时代美丽乡村示范带，鼓励先富村带后富村。

探索村级留用地机制。浙江省在村级留用地指标保障方面形成了一套特色做法。留用地是指政府在征收集体所有土地时，以村级集体经济组织为单位，在国土空间规划确定的建设用地范围内，按照一定比例（一般为 10%~15%）核定用地指标，专项用于发展村级集体经济的土地。

2002 年，《浙江省人民政府关于加强和改进土地征用工作的通知》首次在省级层面提出留用地政策，提倡按一定比例留地安置被征地农民，各级规划部门要搞好被征地农村留地的规划，划定的安置留地由农民自建自用的，按农村集体用地性质处置；土地所有权转为国有的，收益全额归集体经济组织所有，市、县政府给予免收出让收入和配套费用等扶持。2006 年，浙江省国土资源厅印发《关于进一步规范村级安置留地管理的指导意见》，对留用地的范围和标准进行了明确，要求各地要将村级安置留地指标纳入当地土地利用年度计划，与年度农用地转用指标的安排使用相挂钩。

杭州、温州都在 20 世纪 90 年代末，探索留用地补偿安置政策体系。杭州市 1995 年在建设绕城公路和萧山机场时提出了留用地安置失地农民的思路，1998 年全市开展“撤村建居”加快城镇化进程的工作后，杭州市政府开始制定相关政策，探索实施村留用地制度，进一步明晰了留用地的概念。1999 年，《杭州市政府办公厅转发市土地管理局关于杭州市撤村建居集体所有土地处置补充规定的通知》，首次明确在杭州市土地利用总体规划确定的建设留用地范围内留出部分土地作为村留用地，村留用地面积控制在可转为建设用地的农用地的 10%以内。2001 年，《杭州市人民政府关于贯彻国务院国发〔2001〕15 号文件进一步加强国有土地资产管理的若干意见》发布，开始推行留用地政策，并在 2005 年正式成型。2005 年 8 月杭州市出台《关于加强杭州市区留用地管理的暂行意见》，至此首个关于杭州村级留用地的政策正式问世。文件涉及村留用地的用地取得途径、用地比例、规划要求、土地用途、开发利用方式、产权登记方式等各个方面。

2008 年 4 月，杭州市出台《关于加强村级集体经济组织留用地管理的实施意见》，进一步明确受让主体、产权转让、最小产权单元等内容，凡合作开发的项目，合作方累计所占土地（股份）的比例不得超过 49%。

2014 年，杭州市人民政府关于印发《杭州市区村级留用地管理办法（试行）》，标志着杭州留用地政策形成较完整、全面、系统的体系。该管理办法延续了指标卡台账管理制度、10% 的核发比例、不低于 51% 的产权分配比例、产权转让等政策，并将留用地的开发模式增加至五种：自主开发、合作开发、统筹开发、项目置换物业方式开发或留用地货币化处置。

2023 年，进一步优化完善留用地开发建设管理流程，杭州市发布《杭州市人民政府办公厅关于进一步完善杭州市区村级留用地开发建设管理工作的通知》，更加注重发挥规划引领作用，分别从合理确定规模、总体规划布局、推进差异化发展、提高土地利用效率等方面，提出具体措施，支持留用地更好更快建设；更加注重发挥区级统筹作用，因地制宜推进项目建设，发挥区级统筹作用，鼓励各地对留用地开发实施“优先序”引导，切实防止项目烂尾等情形出现；更加注重强化后续开发监管，系统构建留用地开发责任体系，厘清各环节工作职责。重点强化各个环节资金监管，防止出现廉政问题。强化产权管理，允许留用地项目按规定在区政府监管下实施抵押，支持村集体经济发展壮大。

三、实施村庄经营点亮乡村行动，激活乡村经济

（一）从建设美丽乡村向经营美丽乡村——探索村庄经营的战略转型

“千万工程”造就了万千美丽乡村，也激发出乡村经济价值、生态价值、文化价值，形成了美丽乡村转化为美丽经济的重要路径。“千万工程”二十年，浙江乡村整体到了由建设美丽乡村向经营美丽乡村的转变阶段。

早在 2006 年，在浙江省“千万工程”现场会上就特别强调“千万工程”实施的“两个结合”：工程实施要把整治村庄和经营村庄结合起来；把改善村容村貌与发展生产、富裕农民结合起来。从建设美丽乡村向经营美丽乡村转变，大力推进一二三产融合，拓展农业新功能，积极发展农村新兴美丽产业。

2017 年，浙江省启动“消除集体经济薄弱村三年行动计划”，力图壮大村集体经济，增强村庄自我发展能力和造血功能。2019 年，浙江省委提出要“树立经营村庄的理念”。浙江省通过“飞地”抱团、村企结对、党建融合、产业带动等模式，高质量做好“消薄”工作，激活乡村内生活力，增强村级综合实力。

2021 年 9 月 1 日，《浙江省乡村振兴促进条例》开始施行，条例中首次明确提出了“村庄经营”这一官方词语。2023 年 6 月 7 日，在“浙江省村庄经营点亮乡村工作推进会”上，对开展村庄经营，续写“千万工程”新篇章作了详细讲解。2023 年，中共浙江省委、浙江省人民政府印发的《关于坚持和深化新时代“千万工程”打造乡村全面振兴浙江样

板2024年工作要点》明确提出，要实施乡村点亮行动，因地制宜开展村庄经营，加速拓宽“绿水青山就是金山银山”转化通道，推动浙江万千美丽乡村加快发展美丽经济，更好造福农民群众。

（二）村庄经营的深刻内涵

1. 村庄经营的内涵解析

村庄经营是指以村集体为主导的多元经营主体，根据村庄功能对村庄环境的要求，充分利用政府的支持政策，运用市场经济手段，对村庄各种可经营资源进行市场运作，通过生态产业化和产业生态化等途径，将社区公共品转化为市场品，打通“绿水青山”向“金山银山”的转化通道。村庄经营基于村庄自然条件、产业基础和文化资源禀赋，以盘活利用村庄资源和资产为抓手，以市场化经营为手段，激活村庄经营主体、市场、要素，推动村强民富，加快宜居宜业和美乡村建设。

村庄经营倡导的不仅是对乡村环境的整治提升，更是深层次的乡村资源优化配置与价值挖掘，旨在通过科学规划与创新实践，实现乡村从单一建设向建设与经营并举的战略转型。浙江各地乡村在政府引导与市场驱动下，纷纷探索各具特色的经营模式，如特色农业创孵、农旅融合、田园综合体、共享农庄、乡村电商等，将乡村的生态优势、文化资源、闲置资产有效转化为经济效益，激活了乡村经济的内生动力。

2. 村庄经营的主要内容

村庄经营的主要内容包括产业选择、特色产业创孵、产旅一体化项目策划包装、在地资源与外部资源的整合、政策对接、项目招商引资、创新资源导入、产业链整合运营、村集体经济壮大与富民模式创新、品牌创建、品牌推广、品牌经营与管理、乡村经营智慧服务平台策划与建设等方面，其核心任务是明确乡村的定位和发展路径，挖掘村集体经济与富民机制的特色优势，构建具有竞争力的乡村经济体系。

3. 村庄经营的典型理念

一是经营前置理念。在开展和美乡村未来乡村规划时，坚持规划对村庄建设、管理、经营、服务的全周期定位，前期就充分考虑产业布局、业态招商、设计运营等工作，根据村庄品牌定位和市场需求，因地制宜腾挪空间、布局产业、设置项目。萧山区横一村以粮食生产和古柿群为依托，定位乡村研学，通过“运营前置 + 需求定制”，打造独具话题流量的乡村品牌。

二是品牌村庄理念。充分挖掘村庄特色资源，以市场化为导向，把村庄品牌的打造作为村庄运营的重要着力点，通过差异化定位吸引人气。安吉县白杨村依托自然山水，聚焦“旅游 + 民宿”和“旅游 + 研学”，创建“春风 · 白杨”村庄品牌，将品牌价值诠释为“诗意栖居之地”、品牌定位为“心灵原乡”，推动绿水青山向金山银山转化。

三是片区组团理念。浙江美丽乡村建设，通过片区经营、组团发展，能够更好整合村庄间资源，推动风景带旅游带建设。衢州市依托美丽乡村诗画风光带建设，带动衢江段、龙游段 7 个村实现流量互导，村均集体经营性收入增幅超过 50%。

（三）村庄经营典型经验做法

积极培养乡村职业经理人。2023 年，浙江省实施“浙江千名乡村 CEO 培养计划”，系统培养乡村经营人才队伍。乡村人才成为点亮乡村的重要支撑。到 2020 年底，浙江省已建成 A 级景区村庄 10083 个，其中 3A 级景区村庄 1597 个，为乡村职业经理人和村庄经营提供了广阔的舞台。乡村职业经理人（CEO）与普通干部相比，有专业知识、技能，在市场化经营实战经验方面具有优势。采用让专业人才干专业事的市场化经营方式，引进外部职业经理人开展村庄经营活动，取得了较为明显的效果。如杭州市余杭区小古城村职业经理人用两年时间帮助村里打造了彩虹滑道、古精灵乐园、苕溪营地等一批项目，成功引入客流 28 万人次，村集体营业收入达到 152 万元，直接旅游总收入达 3800 余万元。杭州市淳安县“大下姜”乡村职业经理人销售经营“下姜村”百花蜂蜜、啤酒、土麦面等农特产品，规划筹办“墅上花开大下姜音乐美食节”“大下姜红高粱旅游文化节”等乡村节庆活动，增强了“大下姜”品牌知名度和影响力。

实施“百县千碗”行动。随着文旅融合发展，浙江省通过美食带动乡村振兴，实现共同富裕。“百县千碗”是浙江省委、省政府重点打造的一项品牌工程，也是新时代浙江特色美食文化的一张“金名片”。该行动旨在深入挖掘浙江美食文化资源，推动放心消费，助力乡村振兴。自 2018 年 8 月启动以来，“百县千碗”行动已连续 3 年写入浙江省政府工作报告，并纳入省委“十四五”规划和高质量发展建设共同富裕示范区范畴。浙江省文化和旅游厅联合省商务厅、省市场监督管理局等 6 部门共同发布了《做实做好“诗画浙江 · 百县千碗”工程三年行动计划（2019—2021 年）》，组织全省各县（市、区）评选出最有代表性的当地“十大碗”美食，指导全省各地从体系标准、文化内涵、市场布局、服务质量、宣传推广、技术传承等维度入手，打造“诗画浙江 · 百县千碗”品牌。2021 年，在原有基础上，推动各县（市、区）评选出当地十碗热菜、十碗冷盘、十碗小吃，形成“1+1+1”美食体系。

做好“土特产”文章。2022 年中央农村工作会议强调产业振兴是乡村振兴的重中之重，要落实产业帮扶政策，做好“土特产”文章。“土”讲的是基于一方水土，开发乡土资源。要善于分析新的市场环境、新的技术条件，用好新的营销手段，打开视野，用好当地资源，注重开发农业产业新功能、农村生态新价值，如发展生态旅游、民俗文化游、休闲观光游等。

“特”讲的是突出地域特点，体现当地风情。要跳出本地看本地，打造为广大消费者所认可、能形成竞争优势的特色产业带。“产”讲的是真正建成产业、形成集群。

到 2023 年，浙江省共有“土特产”1040 个，总产值 2467 亿元，其中产值达 1 亿元以上的有 353 个，涵盖 695 个品牌、48 万家生产经营主体，从业人员达 599 万人，带动人均增收 2000 元以上。浙江省将坚持走“特色化、品牌化、融合化、绿色化、数字化”的发展路子，优化资源要素配置，加快产业集群成链，完善联农带农机制，推动乡村“土特产”发展走在全国前列。

打造农产品区域公用品牌。农产品区域公用品牌是在一定区域内被相关机构、企业、农户等共有的品牌，这些机构、企业、农户在生产地域范围、品牌使用等方面有共同诉求与行动，通过联合打造农产品品牌，提高区域内外消费者评价，促进区域产品与区域形象共同发展，包括单一产品模式、单一产业模式、全区域产业整合模式、联合品牌创建模式、乡村全域品牌化模式 5 类农产品区域公用品牌模式。以区域资源为基础，以市场竞争为导向，以品牌为引领，赋能乡村振兴。

如“丽水山耕”农产品区域公用品牌的产生和运用。据统计，丽水全市农产品经营主体有 7000 多家，近 3000 个农产品品牌，“散兵游勇”式的经营导致丽水农产品陷入优质不优价、叫好不叫座的尴尬境地。丽水市运用农产品区域公用品牌——“丽水山耕”进行品牌定位，对品牌理念、符号系统、渠道构建、传播策略等全面策划规划。丽水市已有 866 家当地农业经营主体、1122 个合作基地、1000 余种产品加入“丽水山耕”品牌，产品销往国内 20 余个省份，累计销售额突破 130 亿元，品牌产品平均溢价率超过 30%。“丽水山耕”区域公用品牌以 97.89 的品牌指数荣获 2019 中国区域农业品牌影响力排行榜区域农业形象品牌（地级市）类别第一位。

（四）杭州市临安区村庄经营的成功经验

杭州市临安区在探索村庄经营方面走在前列。2021 年，杭州市临安区出台了全国首个乡村运营地方标准——《乡村运营（村庄经营）导则》，对乡村运营的基本定义、乡村运营师的基本要求等都进行了详细规范。杭州市临安区“村庄经营探索未来乡村运营机制”实践案例成功入选 2023 年浙江省高质量发展建设共同富裕示范区最佳实践（第三批）名单。

临安区的村庄经营实践总结了一系列成功经验。村集体出资源：村集体招募运营商签约成立运营公司，村集体不出资，以游客中心、停车场等使用权入股。村委会除年底分红外，每年可获得 5 万 ~30 万元保底回报。市场出运营：运营团队遵循市场规律，与村集体签订 10~30 年运营协议，运营商以资金入股并承担日常费用，驻村进行运营。政府出规则：在运营过程中，出台乡村运营导则，建立考核奖励办法，实施专家问诊制度，开具“问诊单”提出专业意见。“能人”出智慧：吸引在外求学、创业成功后返乡的当地人，把他们汇集到村庄经营平台，为乡村发展贡献智慧。村民出力量：村民作为股东可将资源及房产等入股或租给运营商经营，作为劳动者可在家门口就业，从而通过租金、薪金等，多渠道实现增收。改革出动力：实施土地改革，夯实村庄经营基础；推进“强村公司”3.0 版改革；推动产业“数字化”改革，全面赋能乡村振兴。

以临安区太湖源镇的白沙村为例，村集体成立村落景区运营公司，充分挖掘乡土文化，推出“嬉水节”“野猴节”“菊花节”等农事节庆活动，吸引大量游客前往体验。2018 年，全村 72% 的经济收入来源于旅游服务业，带动全村 75% 的劳动力和 500 多个外来人口就业，年接待游客 32 万人次，年经营性收入 9000 余万元，村民人均收入超 6 万元。

截至 2023 年 7 月，临安区共有 26 个市场化运营团队进驻 31 个村落开展运营，实现旅游收入 7.4 亿元，村民收入增加 2950 万元，村集体收入增加 9919 万元。“村庄经营”临安模式入选市共同富裕第一批试点和市共同富裕机制模式创新推广清单。

第二节　文化传承，全面彰显乡村历史文化特色

一、村庄保护技术工作体系

（一）全局闭环的村庄保护政策技术体系

浙江省对历史文化（传统）村落的保护进行了较好的制度建设和顶层系统性设计，搭建了较为完善的法规体系、政策体系和技术标准体系，对历史文化（传统）村落的保护发展形成了全局性、闭环式的指导和保障。

浙江作为全国第一个在全省范围内部署实施历史文化（传统）村落保护利用工作的省份，自 2012 年起部署开展历史文化（传统）村落保护利用工作，通过整体保护、活态传承、活化利用，在村庄人居环境整治提升、传统文化发掘传承、乡村产业有序发展等方面取得显著成效。既使一大批传统村落风貌的完整性和原真性得到保存，也让传统村落有了生命的延续性和可持续性。目前共有六批次、701 个村庄列入中国传统村落保护名录，636 个村庄列入省级传统村落保护名录。

法规体系方面，浙江省于 2012 年 9 月发布了《浙江省历史文化名城名镇名村保护条例》，从省级层面明确了历史文化名城、街区、名镇、名村的保护与管理的相关规定。部分

地市出台针对传统村落保护的相关法律文件，加强了地方的传统村落保护和利用工作，例如《金华市传统村落保护条例》《台州市传统村落保护和利用条例》《丽水市传统村落保护条例》等。

政策保障支撑方面，2016 年 7 月，浙江省发布了《浙江省人民政府办公厅关于加强传统村落保护发展的指导意见》，部署了全面普查建档行动、实施分级名录保护行动、规划设计全覆盖行动、风貌保护提升行动、实施特色产业培育行动 5 大行动。2021 年 11 月，《浙江省住房和城乡建设厅关于在实施城市更新中加强历史文化保护传承防止大拆大建的通知》，明确对于历史文化要素需要加强资源普查，保留历史记忆等。2022 年 9 月，浙江省发布《关于在城乡建设中加强历史文化保护传承的实施意见》，提出实施历史文化（传统）村落保护利用行动，深入实施“千村示范、万村整治”工程，高标准打造“百镇样板、千镇美丽”工程，将历史文化（传统）村落保护利用与新时代美丽乡村建设有机衔接，推动集中连片保护利用等要求。

技术工作方面，2019 年 11 月，浙江省住房和城乡建设厅发布《浙江省传统村落保护发展规划编制导则》，明确保护发展规划和传统村落档案编制的内容和格式。2023 年 5 月，浙江省住房和城乡建设厅发布了《浙江省历史文化名城名镇名村街区保护规划编制导则（试行）》，针对历史文化名城、名镇、名村、街区等特点，提出保护规划编制内容与要点，统一保护规划编制深度、表述格式等要求。同时，浙江省住房和城乡建设厅组织编制《浙江省省域历史文化（传统）村落保护利用规划》，从省域层面构建历史文化（传统）村落保护利用格局并进行规划引导。

浙江省村庄保护相关文件如表 4-2 所示。

表 4-2　浙江省村庄保护相关文件梳理

类型	发布时间	等级	文件名称	关于村庄保护的重点内容
法规文件	2012 年 9 月	省级	《浙江省历史文化名城名镇名村保护条例》	明确浙江省内的历史文化名城、街区、名镇、名村的保护与管理的相关规定
	2019 年 4 月	市级	《金华市传统村落保护条例》	明确金华市内传统村落的申报、认定、规划、保护和利用的相关规定
	2018 年 10 月	市级	《台州市传统村落保护和利用条例》	明确台州市内的传统村落的保护和利用的相关规定
	2019 年 8 月	市级	《丽水市传统村落保护条例》	明确丽水市传统村落的申报认定、保护发展规划编制、保护利用措施的相关规定

续表

类型	发布时间	等级	文件名称	关于村庄保护的重点内容
政策文件	2016年7月	省级	《浙江省人民政府办公厅关于加强传统村落保护发展的指导意见》	实施5大行动：全面普查建档行动、实施分级名录保护行动、规划设计全覆盖行动、风貌保护提升行动、实施特色产业培育行动
	2020年12月	省级	《中共浙江省委办公厅　浙江省人民政府办公厅关于进一步加强历史文化（传统）村落保护利用工作的意见》	突出规划引领、梳理历史遗存、强化建设管理、提升环境品质、挖掘文化内涵、发挥多重价值、激发多方活力
	2021年11月	省级	《浙江省住房和城乡建设厅关于在实施城市更新中加强历史文化保护传承防止大拆大建的通知》	认真学习文件精神，切实增强保护意识，严格拆除管理，控制大规模搬迁，加强资源普查，保留历史记忆
	2022年9月	省级	《关于在城乡建设中加强历史文化保护传承的实施意见》	实施历史文化（传统）村落保护利用行动，深入实施"千村示范、万村整治"工程，高标准打造"百镇样板、千镇美丽"工程，将历史文化（传统）村落保护利用与新时代美丽乡村建设有机衔接，推动集中连片保护利用
技术文件	2019年11月	省级	《浙江省传统村落保护发展规划编制导则》	明确了传统村落保护发展规划编制的主要内容与形式
	2020年11月	省级	《浙江省省域历史文化（传统）村落保护发展规划》	通过定性方法分析村落现状格局特征、梳理省域自然文化资源、特色路径与特征线路，并探讨村落与自然文化资源空间整合方法路径、进行村落空间影响力评价、构建省域历史文化（传统）村落保护利用格局并进行规划引导等内容
	2023年5月	省级	《浙江省历史文化名城名镇名村街区保护规划编制导则（试行）》	针对历史文化名城、名镇、名村、街区等各自特点，提出了具体的保护规划编制内容与要点，统一保护规划编制深度、表述格式等要求

（二）全流程、规范化的村庄保护工作体系

浙江省基本形成了"历史文化名城—名镇名村街区—文物保护单位和历史建筑"多层次城乡历史文化保护传承体系。村庄保护领域，浙江省按照"保护有方向、实施有计划、政策有实招、推进有力度"的要求，形成了调查建库、申报审核、规划编制、底线管控、有序建设、评估督导等一整套全流程、规范化工作体系。

在调查建库方面，强调全面调查登记的工作，确立规范建档立案的要求，建立省市县三级名录保护机制；在申报审核方面，明确历史文化（传统）村落的申报主体；在规划编制

方面，明确各类规划的编制程序、编制内容和规划公示的要求；在底线管控方面，强调对于历史文化（传统）村落的建设管控要求；在有序建设方面，强调对于建设行为的程序要求和社会公示的重要性；在评估督导方面，明确各级政府相应的管理主体和相关资金保障措施。

二、历史文化村落和传统村落保护

浙江省委省政府一直高度重视传统村落保护发展，在 2003 年部署实施“千村示范、万村整治”工程时就明确提出，注意保护古树名木和名人故居、古建筑、古村落等历史遗迹。2012 年，把历史文化村落保护利用作为“千万工程”重点工作之一，出台《中共浙江省委办公厅　浙江省人民政府办公厅关于加强历史文化村落保护利用的若干意见》，全面启动历史文化村落保护工作。党的十九大提出实施乡村振兴战略后，更是把传统村落保护发展作为乡村文化振兴重中之重的内容。

（一）加强顶层设计

一是出台政策法规。《中共浙江省委办公厅　浙江省人民政府办公厅关于加强历史文化村落保护利用的若干意见》《浙江省人民政府办公厅关于加强传统村落保护发展的指导意见》《关于在城乡建设中加强历史文化保护传承的实施意见》等一系列重要的政策文件，确定了全省传统村落保护发展的原则、目标和具体任务。台州、金华、丽水等市专门制定了传统村落保护条例，为传统村落保护提供了有力的制度保障。二是完善管理体制。在长期实践中形成了住房和城乡建设部门牵头抓总，文物部门负责文保单位保护修缮，文化部门负责非遗保护传承，财政、自然资源、旅游等部门按照各自职责密切配合，既分工明确又相互协同的工作机制，形成推动传统村落保护发展的合力。三是建立标准体系。浙江省组织编制了《浙江省传统村落保护发展规划编制导则》《浙江省传统村落保护发展技术指南》《浙江省传统村落和历史文化名城名镇名村白蚁防治导则》等标准规范，科学指导保护规划编制、保护项目实施和民居改造利用。

（二）完善保护体系

一是创新历史文化村落分级负责制度，2012 年，浙江省创新提出分级负责的策略，将历史文化村落分为历史文化村落保护利用重点村和一般村，分别由省、市负责引导建设。2013 年起，浙江每年启动 43 个重点村和 217 个一般村，截至 2022 年底，浙江省共发布了 10 批次历史文化村落保护利用重点村 423 个，一般村 2105 个，抢救性保护了古韵古风的历史建筑，彰显了内外兼修的古村气质，有效促进了历史文化村落的保护和利用。二是建立保护名录。2012 年开始组织开展传统村落调查；2016 年，按照《浙江省人民政府办公厅关于加强传统村落保护发展的指导意见》的要求进一步扩大调查覆盖面，努力发掘有保护价值的传统村落，按照“一村一档”要求组织登记调查成果，编制村落档案，累计调查登记传统村落近 2000 个。全省 11 个设区市全面开展了市级传统村落认定工作。“国家—省—地方”三级传统村落名录保护体系已基本建立。三是坚持规划先行。积极推动传统村落规划编制，重点突出浙派民居韵味。到 2020 年底，省级以上传统村落全部完成保护利用规划编制。通过规划引导和管控，对现有建筑按照风貌协调原则进行合理改造，对新建建筑加强风貌管控确保协调。

（三）加大资金保障

一是资金方面。积极争取中央资金补助，全省 397 个中国传统村落和 3 个传统村落集中连片保护利用示范县，共计获得中央资金补助 13.18 亿元。除了中央补助资金外，浙江省还发布了全国首只专项用于传统村落活态保护与历史文化传承利用的“浙江省古村落（传统村落）保护利用基金”，并借助美丽宜居示范村相关政策资金对传统村落开展保护工作，并将传统村落保护利用纳入县域城乡风貌样板区考核体系。从 2012 年起至今，省财政每年安排美丽宜居示范村专项资金 3 亿元，每个村补助 200 万元左右，重点用于传统村落保护。从 2013 年开始，省财政累计投入 20 亿元用于历史文化村落保护，一类市县重点村每村补助 700 万元，二类市县重点村每村补助 500 万元。

（四）加强人才保障

成立由规划、建筑、园林、文化、文物等领域专家组成的专家委员会，为传统村落保护提供决策咨询和实践指导。每年组织开展以传统村落保护为主题的“大学生再下乡”社会实践活动，从全省高校选拔一批规划建设专业优秀大学生，利用假期深入传统村落驻村实习，帮助开展保护工作，为传统村落保护和乡村规划建设作战略人才储备。积极培育乡村建设工匠队伍，推动优秀传统建筑技艺挖掘与传承，逐步建立浙江省农村建筑工匠库。2022 年，浙江省全年培训乡村工匠 1.5 万人次，在全国率先探索制定乡村工匠职业标准。

（五）开展多种形式的宣传活动

浙江省住房和城乡建设厅与金华市人民政府、松阳县人民政府联合举办首届传统村落保护全国征文大赛、中国传统村落保护研讨会、中国传统村落保护发展研讨会等活动。各地也开展了形式多样的宣传活动，全景式地展现浙江传统村落风貌，如金华组织开展了“海外名校学子走进传统村落”活动，吸引美国等 20 多个国家海外名校学子参加，开启了传统村落宣传的“世界之窗”；2021 年松阳举办了第五届全球科技创新大会数智科技赋能非遗产业高峰论坛。

（六）搭建村庄保护利用“一张图”数字治理平台

一是建立数字平台进行村庄资源普查、建档；二是新建城乡房屋全生命周期综合管理系统、搭建“三名保护”的历史文化保护管理信息平台、探索传统村落的数字治理平台等，形成浙江省域全要素的空间信息及管理“一张图”；三是通过数字化手段集成建设政务管理、市场营销、非政府组织（NGO）活动与村民团体建言等多方利益相关互动的平台。利用数字化手段，实时完整了解村庄情况，推进村庄治理现代化和延续性保护。各地在村庄保护利用方面，涌现了众多具有创新性和本地实操性的数字治理实践模式。如松阳县“拯救老屋行动”，构建老屋“监管—修缮—利用—体验”全链条保护利用格局为切入口搭建应用系统，各部门、乡镇和群众可以通过“浙里办”App 了解相关房屋资源、最新修缮及租赁优惠政策、日常管理运行等信息。如临安区指南村，作为中国传统村落，建立了数字乡村数据中心，集成了村民积分微自治、幸福码乡村旅游、耕地保护、生态红线管控、农业全链条生产、智慧便农服务、乡村休闲服务、村庄精细管理等应用数据，实现“乡村管理一张图”，提升了指南村全域乡村管理和服务水平。

三、历史文化遗产保护和活化利用

浙江省注重活态保护、活态传承、活态发展。从生产、生活、生态的“三生”融合，进一步演化为培育和激活村庄生命力的“四生”传承（表 4-3）。在保护和挖掘村落历史人文根脉的基础上，通过文化传承、业态转化、产业发展等不同措施，打造村落多元的生命有机体，使历史文化（传统）村落在新型城镇化中与时俱进，提升村庄生活品质，留住原乡民，助力城乡融合发展，实现共同富裕。让村民成为历史文化传承中的自生传播者，成为“文化遗产”组成要素，形成村庄有机体生长的原生动能。

（一）模式一：生产传承模式

生产传承模式是指村庄通过发挥自身产业优势，推进产业升级转型，带动村庄整体发展，包括农文旅融合和新兴业态发展两种方式。农文旅融合是指村庄盘活乡村资产，吸引社会资本，推进产业转型升级。新兴业态发展是指村庄与多元的社会力量共同合作，打造精品民宿、

表 4-3 “四生”传承的村庄保护模式创新

传承模式	传承方式	具体说明	代表案例
生产传承	农文旅融合	发挥独特的在地产业优势，持续推进“两进两回”，盘活乡村资产，吸引社会资本，推进产业转型升级，形成“农文旅融合”的发展模式。挖掘宗族、非遗等文化资源，结合古建修缮、旅游项目，开展多维多样的展示与宣传，营造“古今融合”的文化氛围	德清县燎原村、新昌县梅渚村、江山市清湖三村、玉环市上栈头村
	新兴业态发展	借助多元的社会力量，推进“内化外引”机制，打造精品民宿、主题研学等具有辨识度的新兴业态，突显品牌牵引作用，构建“浙里风韵”乡村品牌	南浔区荻港村、莲都区下南山村、吴兴区义皋村
生活传承	古建活化利用	发挥传统建筑资源优势，通过修缮与整治建筑风貌、改造更新建筑功能，植入多元业态，提升古建利用效益，形成“以用促保”的建设模式	富阳区龙门村、浦江县新光村、武义县坛头村
	片区联动发展	发挥相邻村庄区位优势和差异化资源条件，优化公共服务和配套设施，推进项目共建资源共享、产业共促的村落集群发展，扩大“互利共赢”的联动机制	桐庐县江南镇、温岭市石塘镇、衢江区杜泽镇、嵊州市崇仁镇
生态传承	山水村居融合	依托优美的生态自然环境，通过保持与维护村落自然格局、改善与协调村落风貌肌理，提升自然环境品质，构建“山水村筑”融合的人居系统	泰顺县徐岙底村、上虞区东澄村、开化县下淤村
	红绿融合发展	依托丰富的红色革命遗迹，深挖、传承革命精神，发挥培根铸魂、红色赓续、特色引领促进村落“四治融合”，探索“红绿结合的”示范模式	余姚市横坎头村、长兴县仰峰村、遂昌县桥东村桥西村
生命传承	民俗传承	挖掘独特的民俗文化资源，通过保护、传承及活化各类文化遗产要素，彰显村落民俗风情特色，创新“融陈拓新”的民俗传承路径	平阳县鸣山村、桐乡市马鸣村、三门县杨家村
	艺术赋能	立足浓郁的文化艺术禀赋，实施艺术人才与活动的内培外引，激活艺术特质，解码文艺基因，培育、发展村落文化艺术产业，形成“艺术乡建”的有效模式	柯城区余东村、嵊泗县花鸟村、龙泉市溪头村

主题研学等新兴业态，突显品牌牵引作用，打造乡村特色品牌。例如新昌县梅渚村积极探索“国企 + 村”合作模式，确定“新昌旅游集团 + 梅渚古村”的建设运营方式，坚持“生态化改造、数字化引领、市场化运作、品牌化打造”理念，为古村发展注入了新鲜活力，塑造了新时代古村精品，相继建成“三街八园八馆八坊”景观带，逐步打响了省内外知名的“古村风情游”品牌（图 4-1）。

图 4-1　新昌县梅渚村文旅融合特色场景

（二）模式二：生活传承模式

图 4-2　温岭市石塘镇村庄生活传承特色场景

生活传承模式主要是指村庄通过保持原真生活场景，活化历史文化资源，提高村民获得感，包括古建活化利用和片区联动发展两种方式。古建活化利用方式是指村庄发挥传统建筑资源，形成“以用促保”的建设模式。片区联动发展是指村庄间发挥区位优势和差异化条件，扩大“互利共赢”的联动机制。以温岭市石塘镇的村庄为例（图 4-2），通过精准旅游发展定位，运用“国资 +”“文创客 +”“原住民 +”等多元化的开发模式，引导激发社会资本、人才下乡，积极盘活闲置农房，有机嫁接石屋元素、石屋文化与旅游业态，形成石塘石屋休闲度假民宿产业群，探索农（渔）民增收新途径。2019—2020 年，石塘镇共接待各地游客约 422 万人次，实现旅游收入约 6.5 亿元。

（三）模式三：生态传承模式

图 4-3　上虞区东澄村生态传承特色场景

生态传承模式主要是指村庄通过发挥生态环境优势，促进人居环境提升，探索绿色发展路径，包括山水村居融合和红绿融合发展两种方式。山水村居融合是指村庄通过保持与维护村落自然格局，构建“山水村筑”融合的人居系统。红绿融合发展是指依托红色革命遗迹，引领促进村落“四治融合”发展。以上虞区东澄村为例，村庄以共同富裕为目标，因地制宜充分挖掘资源潜力，推动东澄村由传统落后村向高质量未来乡村的华丽蝶变，大大提升其未来乡村辨识度（图 4-3）。该村通过党建引领、产业融合、先行带动、数智赋能等多途径，高水平、跨场景、立体式打造“乡里人的美好家园、城里人的向往乐园”，走出了一条全域提升的乡村振兴和共同富裕新路径。

（四）模式四：生命传承模式

生命传承模式主要是指村庄通过特色文化传承发展，激活民俗艺术特征，带动村庄生命力提升，包括民俗传承和艺术赋能两种方式。民俗传承是指村庄通过挖掘民俗文化资源，彰显村落民俗风情特色。艺术赋能是指村庄实施艺术人才与活动的内培外引，形成“艺术乡建”的有效模式。以平阳县鸣山村为例，村庄以“怀古”为主题，打造“北塘古驿”景观，对河道沿岸房屋结合鸣山的“孝”文化、历史人文等进行美化，以突出塘河文化和农耕文化，展现水乡特色。村庄把提高村民生活水平作为工作的出发点，谋求经济发展的好路子。以省级历史文化村落保护利用重点村项目及美丽乡村“月亮工程”为契机，大力发展乡村旅游，积极引入鸣山陶院、茶道花艺、书画培训、旗袍摄影等文化相关产业（图 4-4）。

图 4-4　平阳县鸣山村生命传承场景

第三节　建设支撑，高质量特色化推进新村建设

一、分类推进新村建设

（一）浙江省新村建设的推进机制

浙江省新村建设突出机制创新，主要形成了统一建设标准、注重试点引领、奖励工作成效等三大机制创新。

1. 统一建设标准

浙江省新村建设注重省级统筹工作部署，明确相应阶段的新村建设标准。例如《中共浙江省委办公厅　浙江省人民政府办公厅关于加快培育建设中心村的若干意见》《美丽乡村建设规范》《浙江省住房和城乡建设厅 浙江省农业农村厅　浙江省自然资源厅关于全面推进浙派民居建设的指导意见》《浙江省人民政府办公厅关于开展未来乡村建设的指导意见》均明确了对新村建设的相应标准和要求。

2. 注重试点引领

通过以点带面、先行先试的方式，在省内形成了一批有影响力、有示范价值的新村建设标杆。例如杭州市通过打造东梓关村、大竹园村等一批高品质新村，形成了浙派民居建设的特色示范。

3. 奖励工作成效

浙江省住房和城乡建设厅、省农业农村厅等定期公布浙派民居建设典型案例、浙江省美丽宜居示范村等新村建设荣誉。省级相关部门也会根据建设成效对地方直接给予资金奖励，大大提高了地方工作的积极性。

（二）浙江省新村建设的模式特征

浙江省新村建设的发展模式大致可以分为中心村重点培育型、美丽乡村系统提升型和未来乡村理念探新型三类，如表 4-4 所示。

表 4-4　浙江省新村建设的模式特征

模式	中心村重点培育型	美丽乡村系统提升型	未来乡村理念探新型
目标要求	村庄拆迁安置；公共服务配置；公共环境提升	生态优良；村庄宜居；经济发展；服务配套；民生保障；治理有效	乡村主导产业兴旺发达；乡村主体风貌美丽宜居；乡风文化繁荣兴盛
政策文件	《浙江省美丽乡村建设行动计划（2011—2015 年）》 《中共浙江省委办公厅　浙江省人民政府办公厅关于加快培育建设中心村的若干意见》等	《美丽乡村标准化示范村建设实施方案》等	《浙江省人民政府办公厅关于开展未来乡村建设的指导意见》 《浙江省未来乡村创建成效评价办法（试行）》
试点示范	中心村、重点培育示范中心村	美丽乡村、美丽宜居示范村	未来乡村试点

1. 模式 1：中心村重点培育型

主要依托中心村重点培育工作展开，重点是推进村庄拆迁安置、公共服务配置和公共环境提升等工作，形成一批富有建设成效的中心村和重点培育示范中心村。

2010 年，中共浙江省委办公厅、浙江省人民政府办公厅印发《浙江省美丽乡村建设行动计划（2011—2015 年）》，提出了“四美三宜两园”总体目标，明确了待整治村环境综合整治、中心村建设和历史文化村落保护与利用的三大任务，同年发布了《中共浙江省委办公厅　浙江省人民政府办公厅关于加快培育建设中心村的若干意见》，启动了 1500 个中心村的培育建设，同时还明确对重点培育示范中心村给予每村 40 万元到 60 万元的补助。

新村建设依托中心村培育工作开启建设热潮，各地还积极创新社会管理机制，完善农村信贷担保体系，推进社区股份合作制改造，为人口集聚、农房建设创造了条件。中心村建设在推进基本公共服务均等化、统筹城乡发展中发挥了重要作用，成为支撑农民下山搬迁、村庄拆并等重要工作的有力载体。同时，各地还涌现出了一批特色鲜明的新村建设精品，例如湖州市吴兴区的八里店社区通过引导周边 9 个行政村、48 个自然村的农民到社区居住，同步高标准推进统筹规划和农民公寓建设，安置了拆迁农民 2127 户，共涉及人口 9235 人，节约土地 725 亩，形成了充分体现人、建筑与自然融为一体的水乡人居特色（图 4-5）。

图 4-5　湖州市吴兴区八里店社区掠影（现为吴兴区八里镇）

2. 模式 2：美丽乡村系统提升型

这类模式的新村建设在中心村建设的基础上进一步拓宽了目标内涵，主要依托美丽乡村建设工作，重点推进村庄实现生态优良、村庄宜居、经济发展、服务配套、民生保障、治理有效六位一体的综合目标，形成一批省级美丽宜居示范村。

2014 年起，浙江省持续发布各类美丽乡村建设的标准规范，从生态、宜居、经济、公共服务、治理等角度对新村建设提出了更高的要求，推进新村品质不断提升（表 4-5）。2014 年，浙江省发布《美丽乡村建设规范》DB33/T 912—2014，这是全国首个美丽乡村建设的省级地方标准，对美丽乡村建设进行了统一规范和量化，如提出污水治理、垃圾分类和厕所整治等具体标准。2019 年，浙江省发布《新时代美丽乡村建设规范》DB33/T 912，在生态优良、村庄宜居、经济发展、服务配套、民生保障和治理有效六个方面设置了 100 多项指标，并增加了垃圾分类、数字乡村、就业服务等新项目；还要求根据山区、平原、海岛等不同地形地貌，按照村庄功能定位、区位条件、产业特色、人文底蕴、资源禀赋，对村庄建设进行分类指导。此外，浙江省陆续发布《美丽乡村标准化示范村建设实施方案》《美丽乡村建设考核指标及验收办法》《浙江省农村文化礼堂建设示范县（市、区）示范乡镇（街道）评价办法（试行）》《浙江省美丽宜居示范村创建验收办法（试行）》等，形成了完整的美丽乡村建设的标准体系、考核体系和验收体系，让浙江的新村建设有标准，考核有指标、验收有办法（表 4-5）。

表 4-5 浙江省美丽乡村建设相关文件梳理

时间	发布部门	文件名称	主要框架	主要内容
2014 年 4 月	浙江省质量技术监督局	《美丽乡村建设规范》	基本要求、村庄建设、生态环境、经济发展、社会事业发展、社会精神文明建设、乡村组织建设与常态化管理	引用了新农村建设方面现有的国家、行业及地方标准 21 项，主要从村庄建设、生态环境、经济发展、社会事业发展、精神文明建设 7 个方面 36 个指标为美丽乡村建设提出可操作的实践指导
2019 年 8 月	浙江省市场监督管理局	《新时代美丽乡村建设规范》	生态优良、村庄宜居、经济发展、服务配套、乡风文明、治理有效	制定了 100 项指标，其中否决性指标 10 项，基础性指标 60 项，发展性指标 30 项。新增垃圾分类、数字乡村、就业服务、文化保护、乡村治理等内容，为新时代美丽乡村提供了建设指引和评价依据
2019 年 7 月	浙江省“千村示范、万村整治”工作协调小组办公室	《浙江省新时代美丽乡村认定办法（试行）》	总则、认定指标、等级认定、认定程序、长效管理	办法用于衡量单个行政村在生态保护、宜居建设、经济发展、公共服务、乡风文明、乡村治理等方面建设发展水平。坚持定性与定量，守底线、保基本与促提升，抓共性与显特色相结合的认定指标分类原则。兼顾全面达标与精品引领，实行两级分等认定，即新时代美丽乡村与新时代美丽乡村精品村
2022 年 5 月	浙江省农业农村厅、浙江省乡村振兴局、浙江省“千村示范、万村整治”工作协调小组办公室	《浙江省新时代美丽乡村示范县评价办法》	总则、培育建设、评价程序、评价指标、激励政策	规定浙江省新时代美丽乡村示范县创建要围绕全域共美、环境秀美、数智增美、产业壮美、风尚淳美、生活甜美 6 个方面及满意度调查和实地评估 9 大类 38 项指标开展申报。先由每个设区市审核推荐 1~2 个县（市、区）参加省评审，再根据指标得分评选产生不超过 11 个新时代美丽乡村示范县

3. 模式 3：未来乡村理念探新型

这类模式的新村建设重在凸显浙江特色，打造地域文化特征鲜明的新村示范。该模式以未来乡村建设理念为引领，突出乡村主导产业兴旺发达、乡村主体风貌美丽宜居、乡风文化繁荣兴盛三大特色要求。

2022 年 1 月，《浙江省人民政府办公厅关于开展未来乡村建设的指导意见》提出深入实施乡村振兴战略，以党建为统领，建设“人本化、生态化、数字化”为价值导向的未来乡村，达到乡村主导产业兴旺发达、乡村主体风貌美丽宜居、乡风文化繁荣兴盛的总目标要求。

2022 年 5 月，浙江省农业农村厅、省财政厅、省城乡风貌整治提升工作专班办公室联合印发《浙江省未来乡村创建成效评价办法（试行）》，明确了未来乡村创建的评价组织、评价程序、评价内容等。文件明确，九大场景是一级指标，再根据基础性和发展性将其细分为2~4 个二级指标（图 4-6）。浙江省将根据评价结果对未来乡村创建成效较好的县（市、区）给予奖励，每个优秀村、良好村分别给予所在县（市、区）300 万元和 180 万元奖励资金，奖励资金由县（市、区）统筹安排用于未来乡村建设。

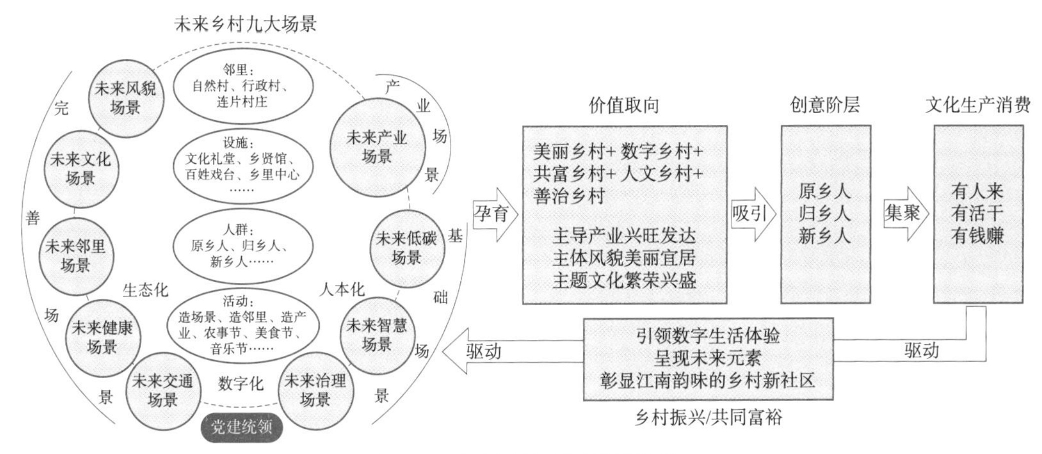

图 4-6　未来乡村理念与目标示意图

截至 2024 年中，浙江省相继确定了四批次的未来乡村建设试点村名单，预计到 2025 年全省将建设 1000 个以上未来乡村，这标志着未来乡村建设正式成为新时期乡村建设的重要抓手。浙江省各地结合资源禀赋、文化基因和传承发展，因地制宜推进未来乡村建设，逐渐探索出了具有浙江特色的十大建设模式（表 4-6）。

表 4-6　浙江省未来乡村建设十大模式

序号	模式名称	模式特色	案例	照片
1	厚植生态的绿色发展模式	秉持“绿水青山就是金山银山”理念，厚植绿水青山的生态底色，将“生态资源”转化为“生态资本”，“生态优势”转化为“经济优势”，在人与自然和谐共生中实现美丽生态、美丽经济、美好生活有机融合。	杭州市余杭区径山村	
2	数字赋能的智慧引领模式	加快推进乡村新基建，积极推动“浙农”系列、“浙有善育”“浙里康养”等多种应用场景在乡村落地，不断探索数字赋能促进乡村振兴、迈向共同富裕的新赛道，加快缩小城乡“数字鸿沟”，促进协调发展。	湖州市德清县五四村	

续表

序号	模式名称	模式特色	案例	照片
3	强村富民的产业振兴模式	积极培育主导产业，因村制宜发展乡村新业态，构建地域特色鲜明、创新创业活跃、业态类型丰富、利益联结紧密的乡村产业发展格局，实现村集体经济增效和村民增收齐头并进，激荡产业兴、村庄强、农民富的强劲律动。	金华市婺城区下张家村	
4	产村融合的乡村经营模式	积极践行“经营乡村”理念，探索投、建、管、运一体化管理新机制，通过村企合作、股份众筹等多种方式，打造投资主体多元、运营团队专业、利益连接紧密的村庄经营新模式，激活一方产业、富裕一方百姓、振兴一方乡村。	绍兴市新昌县梅渚村	
5	组团联动的片区推进模式	突出跨村联合、连片建设，突破单村建设发展困境，积极探索地缘相近的多个村片区化联合建设，实现优势互补、资源共享、产业共谋、项目共推，变“一村富”为“村村富”，“一处美”为“一片美”。	衢州市龙游县溪口村	
6	城乡一体的服务优享模式	聚焦“一老一小”，统筹推进公共基础设施城乡一体建设和优质服务下沉，打造乡村高品质生活圈、服务圈，推动乡村从“美丽”“富裕”迈向“宜居”“幸福”，让共同富裕看得见、摸得着、真实可感。	宁波市鄞州区湾底村	
7	改革创新的要素激活模式	注重改革与创新联动，打通要素流动通道，让闲置资源“动”起来、沉睡资产“活”起来、外来资本“引”进来、新兴业态“融”起来，形成“人、地、钱”良性循环和综合集成，实现共富共美。	温州市瓯海区纸源村	
8	共建共享的引凤筑巢模式	招引部门、高校、企业、金融机构、社会组织等多方资源，凝聚乡贤、青年、科技人才、专家学者等多方力量，探索建立管理治理机制，协调各方主体共建美丽幸福家园，共享改革发展红利。	台州市黄岩区沙滩村	

续表

序号	模式名称	模式特色	案例	照片
9	韵味彰显的文化兴村模式	深挖特色文化内涵，保护历史文化村落，传承乡土人文精神，延续优秀农耕文化，让农民群众身有所憩、心有所寄、梦有所圆，实现物质与精神共富，为乡村发展注入持久力量。	丽水市青田县龙现村	
10	党建统领的四治融合模式	充分发挥基层党组织的战斗堡垒作用，推动“县乡一体、条抓块统”和“141”体系在未来乡村落地，变“任务命令”为“主动参与”，让“村里事”变成“家家事”，激发乡村发展“原动力”，筑牢乡村善治“好基础”。	嘉兴市海宁博儒桥村	

二、浙派民居特色引领

（一）浙派民居建设工作的组织与推进

针对面大量广的新村建设工作，如何避免“千村一面”成为浙江省各地工作者的新命题。浙江省住房和城乡建设厅在 2018 年前后系统开展了“浙派民居”专题研究工作，组织包括“浙派民居风貌塑造技术指引”在内的课题研究。2022 年，发布了《浙江省住房和城乡建设厅　浙江省农业农村厅　浙江省自然资源厅关于全面推进浙派民居建设的指导意见》，提出全面推进浙派民居建设的“六个一”举措，即编选发布一批具有指导性的浙派民居典型案例，制定农房设计导则等一批技术规范，举办一次有影响的浙派民居设计竞赛，建立一套高质量的全省农房设计通用图集，创建一批彰显浙派民居特色的美丽宜居示范村，培育一支职业化的乡村建设工匠队伍。2023 年，浙江省公布了首批 10 个浙派民居建设典型案例，为全省浙派民居建设提供了优秀样本（表 4-7）。

表 4-7　浙江省第一批浙派民居建设典型案例（2023 年 8 月发布）

城市	县（市、区）	乡镇（街道）	案例名称	建设特色
杭州市	富阳区	场口镇	东梓关浙派民居	村庄沿富春江水岸呈带状分布，因郁达夫同名小说而著名。村居设计运用白墙黑瓦、错落布局等方式来体现水墨江南的韵味，对传统要素进行了现代转换，对浙派民居的风格进行了抽象表达

续表

城市	县（市、区）	乡镇（街道）	案例名称	建设特色
杭州市	富阳区	大源镇	大源村望仙浙派民居	村庄通过设置村口节点、村民广场、人水相亲、房景相融等“小桥流水人家”生态景观，既尊重农村居民的居住习惯和生活需求，又彰显江南民居的传统风格和杭派建筑特色
	建德市	乾潭镇	胥江村浙派民居	村庄是“坡地村镇”民居建设新典范，体现了村庄与自然环境协调共生的特征。在保护耕地和生态环境的同时，破解了耕地占补平衡困境，也为产业发展提供了新动力
	桐庐县	桐君街道	麻蓬村吴家坞浙派民居	村庄是浙江省第二批“坡地村镇”建设用地试点项目之一，有着依山就势、高低错落的地形特点，整体打造了 23 幢白墙灰瓦、独具韵味的特色民居
温州市	洞头区	东屏街道	洞头海霞云村金岙 101 项目	村庄保留了清代住宅建筑风格，秉承“石墙石阶石头房、种花种果种文化”的传统理念，依山而建，错落有致，在保留海岛风貌特色的同时，实现了空间重塑及功能活化
湖州市	安吉县	灵峰街道	大竹园村浙派田园新农居	村庄定位“稻田蔬香、悠然人居”主题，按照粉墙黛瓦、古朴自然的新农居定位，有机融合原村落的自然肌理进行总体建设布局，使得大竹园新老区自然地衔接成一个整体
绍兴市	柯桥区	柯岩街道	柯岩“红未庄”	村庄位于柯岩风景区东侧，是鉴湖渔歌风貌带的起点，建有仿清代民居 471 幢，具有浓郁的水乡文化韵味，整体建筑风格是石桥、流水、马头墙、白墙、黛瓦、乌毡帽，充分展现古越石文化、水文化、桥文化和民居文化
金华市	浦江县	虞宅乡	新光村新民居	村庄现存 16 幢 160 余间古建筑，彰显杭派与徽派建筑特色，石雕砖雕木雕工艺精湛，壁画壁书碑刻内涵丰富
舟山市	嵊泗县	花鸟乡	花鸟岛浙派民居	村庄位于舟山群岛的最北端，以岛建乡，由花鸟岛及其周围 11 个岛屿组成，岛上村居依照山势而建，统一粉刷成蓝白色，与周围碧蓝的海水浑然一体，在山坡上错落有致地排列，形成了特色滨海风貌
台州市	温岭市	石塘镇	海利村浙派民居改造	村庄南朝大海，东面环山，背山面海，地处石塘半岛旅游区核心区块内，沿海绿道穿村而过，海岸资源十分丰富。海利村石屋鳞次栉比，建筑布局皆依坡而建，建筑色彩与山体协调，以二、三层为主。石屋历百年沧桑，但旧貌依然，形成极具浙派民居风格的滨海小镇风貌

2023 年 3 月，为深化推进城乡风貌整治工作，打造一批辨识度高、示范性强的浙派民居设计样板，省住房和城乡建设厅、省城乡风貌整治提升工作专班办公室主办了浙派民居设计大赛。大赛共收到 138 组设计团队报名、参赛作品 74 个，有近 30 万人参与投票，社会影响面广，群众积极性高，浙派民居受到越来越多的关注。

（二）浙派民居的实践探索

浙派民居具有鲜明的地域性特征，不同分区内的民居具有较为相似的风貌特征。总体上可以根据浙江五大文化地理分区，即分为浙北、浙东、浙中、浙西、浙南五大片区。各地结合本土特色均开展了具有示范性的浙派民居建设工作。

1. 浙北地区优秀民居建设探索

安吉县灵峰街道大竹园村充分传承了双坡硬山顶、人字线山墙、“一”形前后院和白墙黛瓦等浙北民居特征，同时还创新融合了金属栏杆、大片玻璃墙等现代建构手法（图 4-7）。

图 4-7　浙北民居案例：安吉县灵峰街道大竹园村

2. 浙东地区优秀民居建设探索

象山县贤庠镇青莱村充分结合浙东民居双坡硬山顶、无马头墙、三合院、以白墙黛瓦为主点缀棕红色系等特征，并创新采用了砖砌格栅、飘窗等现代民居建筑建构手法（图 4-8）。

图 4-8　浙东民居案例：象山县贤庠镇青莱村

3. 浙中地区优秀民居建设探索

浦江县中余乡冷坞村充分结合浙中民居双坡组合屋顶、人字线有垂脊、使用灰蓝色系点准综色、结合山地走势布局等特征，创新采用砖砌窗台、砖砌门头等现代民居建筑建构手法（图 4-9）。

图 4-9　浙中民居案例：浦江县中余乡冷坞村

4. 浙西地区优秀民居建设探索

建德市乾潭镇胥江村充分结合浙西民居双坡组合屋顶、人字线、L 形庭院、用砖石为基础、多用棕红色系，创新采用砖砌窗台、砖砌门头等现代民居建筑建构手法（图 4-10）。

图 4-10　浙西民居案例：建德市乾潭镇胥江村

5. 浙南地区优秀民居建设探索

永嘉县大若岩镇楠溪云岚充分结合浙东民居双坡悬山顶、多重檐、一字形前后院、多用砖石为底座等特征，创新采用木制杆件外露、创意石材贴面等现代民居建筑建构手法（图 4-11）。

图 4-11　浙南民居案例：永嘉县大若岩镇楠溪云岚

三、农房建设管控支撑

（一）农房建设管控政策体系总结

2018 年 5 月，浙江省出台《浙江省农村住房建设管理办法》，明确提出了对于农房设计的相关管理要求。《浙江省农村住房建设管理办法》共二十六条，主要从农房建设管理职责、农房设计、建设施工、质量安全管理等方面进行了明确规定，着重提高农房质量并加强风貌特色管控。

各地结合自身发展实际探索完善农房建设管理措施。以永嘉县为例，该县农房建设项目分散、规模小、路途远，建筑施工企业基本不愿承接，同时县内 2000 多名工匠又无工可做。为切实解决上述实际问题，永嘉县先后出台了《农村住房建设“四到场”监督管理实施细则》和《农村住房建设管理办法（试行）》，鼓励建筑企业与建筑工匠合伙承接非低层农房建设，建筑企业必须安排固定项目负责人履行“四到场”职责，为每一个农房建设项目提供专业技术指导。具体现场施工和施工安全管理由持证的建筑工匠负责。同时，永嘉县建立了农房管理系统平台，明确各部门职责，将农房审批、施工备案及“四到场”监管等信息统一录入系统平台，建立“一户一档”线上管理、闭环操作。为方便建房户找到信用好的施工人员和中介机构，将 2000 多名持证建筑工匠和 30 多家建筑企业以及相关中介机构录入系统平台，供建房户自行选择，并对建筑企业、建筑工匠及相关中介机构诚信评价以红色（立案处罚）、黄色（整改阶段）、蓝色（正常运行）“三色”预警机制在系统平台显示信息。

（二）农房建设管控工作机制创新

1. 建立系统集成的协同落地机制

2021 年起，浙江省推进浙江省村庄设计与农房设计联合试点推进工作。2022 年 9 月，公布了 2021 年度全省美丽宜居示范村创建、传统村落风貌保护提升、村庄设计与农房设计落地试点验收结果，并公布了村庄设计与农房验收的 8 个优秀村庄和 19 个合格村庄（表 4-8）。

表 4-8　2021 年度浙江省村庄设计与农房验收结果

序号	地市	优秀村庄	合格村庄
1	杭州市	—	建德市杨村桥镇岭源村
2	宁波市	象山县涂茨镇旭拱岙村	宁海县深甽镇南溪村
			奉化区尚田街道鹊岙村
3	温州市	瓯海区仙岩街道渔潭村	文成县玉壶镇东樟村
		瑞安市马屿镇儒阳村	
4	湖州市	—	安吉县鄣吴镇鄣吴村
			长兴县吕山乡圩门村
5	嘉兴市	海宁市许村镇科同村	桐乡市乌镇镇民合村
6	绍兴市	—	诸暨市浬浦镇马郦村
			嵊州市长乐镇小昆村
7	金华市	浦江县中余乡冷坞村	东阳市东阳江镇八达村
			浦江县白马镇嵩溪村樟严自然村
8	衢州市	衢江区黄坛口乡黄坛口村牛头湾自然村	柯城区石梁镇白云村
			常山县芳村镇芳村村
		龙游县詹家镇浦山村	开化县林山乡禄源村
			江山市保安乡保安村
9	舟山市	—	普陀区虾峙镇东晓村
			岱山县岱东镇涂口村
10	台州市	路桥区新桥镇华章村	仙居县淡竹乡下叶村
11	丽水市	—	松阳县水南街道新溪村

2. 构建农房“浙建事”系统，数字化改革打通农房全生命周期管理机制

浙江省紧抓互联网产业的发展契机，大力推进数字化农房管理改革。以杭州为例，杭州市建委抓住农村住房建管体制改革契机，在农村建房审批“一件事”基础上，创新打造并迭代农房智慧管家系统，全面实现农房审批、监管、服务“一站式”；建立了以临安区为代表的“农房全生命周期综合管理服务”省级试点，和以建德市、萧山区为代表的市级试点。

杭州市试点的农房智慧管家系统可以根据建房审批要求和农户建房实际需求设置主要功能。不同年龄段、不同喜好的用户，均可通过 App、Web 端等不同路径进入智慧管家系统，一个后台运作即可实现各类审批事项的在线办理。此外，系统推出带图、带工匠审批服务，提高审批效率，规范农房建造标准。针对建房过程中定点放样、基槽验收、中间验收、竣工验收等关键阶段，用户可在线申请踏勘验收，踏勘人员可在线完成定位、拍照、登记等一系列业务。同时，系统还开发了工匠管理模块，实现“建筑工匠培训→合格→认证（颁发工匠证，系统自动录入）→带图带工匠审批”闭环。

3. 建立数智化农房设计图集和带方案审批机制，实现农民建房“一村一风貌”管控

浙江省农房设计通用图集作为开展农房设计的重要途径，各地基本上形成了本土的农房设计通用图集，大部分县（市、区）也都有相应的农房设计图集。

为了方便农户挑选方案，浙江省积极开展数智化探索，推出“农房浙建事”这一农村住房建设和改造服务项目，旨在提高农村居民生活质量和促进环境美化。在“农房浙建事”上，有 800 多套由专业设计人员设计的风格各异的农房设计通用图集，部分还有 VR 版本。如淳安县住房和城乡建设局将编制的图集共享至杭州市建委“幸福房”App，实现农户线上自助挑选方案。系统中不仅有淳安县编制的图集，还整合了全杭州 700 余套平面图集和 VR 图集。图集内容丰富，包含 90~160 平方米的大、中、小户型，建筑风格有田园风光型、山地宜居型、现代宜居型等，建房农户可以在手机应用商店里搜索“幸福房”App，下载登录后在“建房图集”版块中查看、下载、使用（图 4-12）。

图 4-12　淳安县数字化农房设计图集界面

各地持续深化和完善农房建设带方案审批流程和实施机制，实现农民建房“一村一风貌”管控。如杭州市临安区先后发布了《农房建设管理实施细则（试行）》和《农房建设规划技术规定》等文件，明确了农房建设的基本原则、建房申请条件、建房户人口认定、建房审批标准、流程等，对农房建设的建筑高度、建筑层数、架空层、地下室、建筑占地的控制和计算标准等都进行了严格规定。同时，规定新批农房必须“建新拆旧”，需“三带图”（带图审批、带图放样、带图验收），建立了规资、住房城乡建设等部门

联合审批机制，确保新建农房按图按规施工。

4. 加强乡村建筑工匠动态管理，浙派民居建设营造机制

早在 1997 年，浙江省就根据当时建设部公布的《村镇建筑工匠从业资格管理办法》制定出台了《浙江省村镇建筑工匠资格管理实施细则》，明确规定了农村建筑工匠资质标准和管理、承建施工管理和相应处罚措施等内容。但随着简政放权改革的深入及《中华人民共和国行政许可法》的施行，上述办法与细则于 2004 年宣布废止，农村建筑工匠的管理模式也发生转变，农村建筑工匠处于管理真空的状态。

为解决农村工匠管理难题，浙江各地纷纷推出农村建筑工匠的管理措施，如杭州市富阳区推出工匠积分制；温州市永嘉县着重施工现场管理；杭州市余杭区推出智慧建房的方式管控工匠建房；湖州市等依托工匠培训提升工匠素质；嘉兴市推出市、县、镇三级工匠评价；嘉善县推出工匠班组的管理模式；诸暨市推出工匠参与小额工程的工匠管理模式；衢州市出台《农房建设管理条例》，以立法的形式推动工匠建房责任等。

浙江省级层面结合地方管理经验，结合前期出台的管理制度和相关法律法规，通过对基础信息分、良好信息分和不良信息分的分类，以及不同信用等级标准的制订，提出工匠诚信激励和失信惩戒的措施，通过建立工匠诚信体系，促进农村建筑工匠行业良性发展。浙江省于 2015 年 12 月成立了浙江省农村建筑工匠协会，尝试通过行业自律管理的方式，把农村建筑工匠管理起来，成为农村建筑工匠诚信体系评价落地实施的基础。2018 年，浙江省出台《浙江省农村建筑工匠管理办法（修订）》，对农村建筑工匠的管理提出要求，其中第十条："市、县（市、区）住房城乡建设主管部门应当配合乡（镇）人民政府、街道办事处对农村建筑工匠施工活动实施监督检查，依法查处农村建筑工匠违法行为，并依照《浙江省公共信用信息管理条例》的规定作为不良信息记入其信用档案，依法予以惩戒"，首次对农村建筑工匠管理诚信管理提出要求。

2021 年浙江省开始数字化改革，浙江省住房和城乡建设厅牵头农房全生命周期综合管理服务系统（以下简称"浙建事"）开发实施，农村建筑工匠也作为其中一个重要的场景进行串联，工匠诚信评价需要数据持续更新和真实的数据来源，"浙建事"提供了很好的工匠评价平台基础，也提高了主管部门的评价效率。浙江省人社部门和工会组织联合开展了省、市、县三级农村建筑工匠技能比武大赛，形成了除培训、规范现场施工等以外表现良好诚信的途径（图 4-13）。2022 年 7 月，浙江省住房和城乡建设厅发布《关于开展农村建筑工匠信用评价工作的实施意见》，农村建筑工匠的诚信评价体系工作全面展开。

图 4-13　浙江省农村建筑工匠比武现场

第四节　治理增效，深化乡村“四治”融合发展

一、“四治”融合

1.“四治”融合的内涵及发展历程

2006 年，浙江省提出注重法治与德治相结合的重要性。

2013 年初，桐乡市在越丰村开展基层社会治理创新试点，旨在进一步提升基层社会治理水平，妥善化解社会矛盾，推动经济社会和谐发展。试点成功后，“三治”融合经验得到推广，“三治”建设成为浙江省创新社会治理的六大机制之一；2017 年，“三治”经验被写进党的十九大报告。2019 年，中共十九届四中全会明确“三治结合”的城乡基层治理体系。

2021 年 2 月，《浙江省国民经济和社会发展第十四个五年规划和二〇三五年远景目标纲要》明确提出，健全党建统领自治、法治、德治、智治“四治”融合的城乡基层治理体系；2021 年 11 月，中共浙江省委十四届十次全会报告指出，大力推进自治、法治、德治、智治“四治”融合；2023 年 2 月，《中共浙江省委　浙江省人民政府关于 2023 年高水平推进乡村全面振兴的实施意见》着重强调“完善‘四治融合’乡村治理体系”。

培育多元治理组织。浙江省引导农民积极参与乡村治理，加强村民议事会、理事会、监事会等村民自治组织建设，推广“村民说事”、民主恳谈、村民票决制等制度。大力培育乡村振兴促进会等社会组织，规范发展乡贤理事会、参事会等乡贤组织，构建乡村治理共同体。

加强乡村善治核心。浙江省积极做好村级组织换届工作，加强村党组织领导的村级集体经济组织建设，开展村经济合作社换届选举，并组织开展村党支部书记乡村振兴专题大培训，整体提升农村基层干部治理能力和水平。

提升农村法治水平。浙江省加强农业农村立法工作，制订《浙江省乡村振兴促进条例》《浙江省渔业捕捞许可办法》《生猪屠宰管理条例》等实施办法，加强农业综合执法机构规范建设，加强乡村法治宣教，规范农村小微权力运行。

增强乡村智治能力。浙江省积极开发涉及乡村社会治理、资源管理、生态环境、公共服务 4 个领域全省通用的业务应用系统，实现乡村治理数字化平台与“基层治理四平台”、公共信用、地理信息、“雪亮工程”等基础平台对接。

2.“四治”融合的机制建设

浙江省持续优化推进“千万工程”治理生态，聚焦激发乡村治理动能活力，健全党组织领导的“四治”融合乡村治理体系，打造共建共治共享的乡村善治格局。

一是完善村级阳光治理机制。适应“一肩挑”带来基层治理体系变革，坚持和深化新时代“后陈经验”，一揽子出台村级组织工作规则、加强村社干部管理监督等“1+1+4”政策

体系，全面推行小微权力清单、村级工程项目规范管理等制度，推动村级班子高效运行。

二是夯实网格基层治理底座。创新推行党建统领网格智治，优化调整网格 8.5 万个、微网格 45 万个，充实配强“1+3+N”网格力量 84.5 万人，细化基层治理颗粒度，形成“村—网格—微网格”治理架构，实现民情在网格掌握、服务在网格开展、问题在网格解决。

三是发挥群众治理主体作用。健全县级领导干部“包乡走村”、乡镇干部“走村不漏户、户户见干部”“民情日记”等机制，推广“村民说事”“圆桌议事会”等做法，推动党员干部深入群众做好思想发动、政策宣传等工作，让众人的事情众人商量着办，调动广大群众共建美好家园的积极性和创造性。

二、乡村自治

乡村自治是“四治”融合的核心。在“千万工程”实施过程中，浙江省各县（市、区）着力探索村民自治的有效实现形式，坚持民主集中制，积极完善和健全村民自治制度，以自治为基础凝聚“共治合力”，提高村民“自我管理、自我服务、自我教育、自我监督”能力。

浙江省乡村自治彰显了以人民为中心的根本立场和人民至上的价值理念。通过深入群众开展调查研究，掌握民情，了解民意，搭建沟通民意诉求的平台，妥善处理基层社会矛盾。从人民利益出发谋划发展思路、制定具体举措、推进工作落实，真正让人民群众成为基层治理的受益者、参与者、评判者，使基层治理深深扎根于人民群众之中。

1. 加强村民自治组织建设

浙江省深化村民自治实践，完善村民（代表）大会制度，健全村务监督机构，将民主决策、民主管理、民主监督落到实处。大力培育服务性、公益性、互助性农村社会组织和群众组织，发挥基层社会组织在农村公共事务和公益事业办理、社情民意通达、治安维护协调、民间纠纷调解等方面的作用。推动村党组织书记通过法定程序担任村民委员会主任和村级集体经济组织、合作经济组织负责人，提倡村民小组党支部书记（党小组长）兼任村民小组长，强化农村基层党组织领导地位。

德清县在实践中通过发展乡贤参事会调动社会各方面积极参与乡村治理，乡贤参事会组建“德清嫂”美丽家园行动队、“新财富”兴业帮扶指导队、“老娘舅”平安工作队、“喜洋洋”文化社 4 支乡贤服务队，在家园建设、创业指导、平安稳定、文化生活等方面给予村民帮助和指导，通过激活乡贤资源，发挥乡村精英在社会治理、公共服务中的作用，增强基层多元参与、协商共治能力，形成人人共建、人人共享的社会治理新格局。

2. 丰富村民自治形式

浙江省全面推行民情恳谈会、事务协调会、工作听证会、成效评议等村民自治形式，由基层政府和基层党组织搭建平台，引导村民关心、支持本村的发展，有序参与本村的建设和管理，增强村民主人翁意识，增强群众性自治组织的凝聚力和战斗力。

坚持“村里的事情大家商量着办”，因地制宜出台安吉乡村治理标准、余姚邵家丘“道德银行”、农村文化礼堂等制度规范；创设嵊州“民情日记”、杭州小古城村“樟树下议事”“乡间议事亭”等“村民说事”基层民主协商机制；迭代创新“枫桥经验”，以村民自治制度为本，推广民主恳谈、“五议两公开”、村民票决制等民主自治形式等，充分调动农村基层干部和群众的积极性、主动性和创造性。

宁波市象山县“村民说事”品牌。传统的民主协商面临着“对话无平台，磋商无基础”的现实困境，象山县的“村民说事”形式，让村民一起动脑筋、出点子，建立起“一图三表五清单”的运作模式和“一中心四平台”的商议模式，形成集管理、服务、监督、反馈于一体的闭环运行结构，丰富自治内涵。

经过持续 10 年的深入实践，“村民说事”形成了一整套标准化、长效化工作机制，构建起“以党组织为引领，以说、议、办、评为核心内容，集民意疏导、科学决策、合力干事和效果评估于一体”的农村基层治理体系，走出了党建引领基层治理现代化的特色路径。

“千万工程”实施以来，象山县全面推广“村民说事”制度。每个村成立了由村支书和两名支委组成的说事组，每月设立 1~2 个固定说事日，围绕村庄建设、经济发展、社会稳定、党群关系和党风廉政建设，在田头地角、村庄庭院、街道商店及纠纷现场等一线说事议事。

截至 2023 年底，象山县召开类似的说事会 8700 余次，累计收到各类议题 1.2 万多项，解决率达到 93.7%。象山县创成省级善治村 142 个，信访“四无村”覆盖率达 99.1%，象山群众对基层组织满意率高达 93.9%。

云和县街乡共治模式也是村民自治形式的一大创新。为破解“小县大城”发展战略带来的进城农民市民化、山区留守农民关爱服务、农村资产盘活利用等难题，云和县以全国乡村治理体系建设试点为契机，建立以农民流入地和流出地共同服务进城农民的“街乡共治”基层治理模式。该模式通过建立“街乡共管”机制，推进街乡共同治理，聚焦进城农民融入难、管理难等社会治理难题，建立城市与农村、街道与乡镇协同治理机制，加强对下山转移农民的服务与管理。

云和县整合“街乡共助”力量，服务农村留守人员，聚焦农村留守人群尤其是老年人的关心关爱服务，保障山区留守农民的生产生活。坚持“街乡共享”导向，实现“同城同待遇”。聚焦农民进城后权益保障问题，探索“同城同待遇”系列措施，激活农村产权要素和市场，使农民权益得到“增值”。铺设“街乡共调”网络，保障基层和谐稳定。聚焦基层矛盾纠纷调处，统筹街乡调解力量，为群众集中提供咨询、调解、执行全流程“一站式”服务。

3. 健全村民自治制度

加强农村群众性自治组织建设，健全和创新村党组织领导的充满活力的村民自治机制，完善基层治理民主制度化、规范化、程序化（简称“三化”），保障村民的知情权、参与权、表达权和监督权。如温岭于 1999 年首创的“民主恳谈会”是实现“三化”的有效模式。2004 年该模式获得了第二届中国地方政府创新奖，2014 年入选“中国社会治理创新范例 50 佳”。2004 年，浙江省绍兴新昌县诞生了全国首部村民自治法——《石磁村典章》，内容包含村级组织的职能范围、财务管理、村务决策、村务公开等，遵循了“还权于民”的理念，这一“典章”从具体规则到一般原则都类似传统社会的乡约，在消解农村矛盾方面起到了积极作用。2004 年，武义县后陈村首届村务监督委员会挂牌并出台了《村务管理制度》《村务监督制度》。“一个机构、两项制度”模式延续至今，2010 年被纳入《中华人民共和国村民委员会组织法》，2019 年入选全国乡村治理示范村。2014 年首创于宁海的“小微权力清单制度”被写入 2018 年的《中共中央　国务院关于实施乡村振兴战略的意见》。

这些制度符合乡村基层工作实际，随着制度执行力和效率的进一步提高，浙江省不断实现民事民议、民事民办、民事民管。

三、乡村法治

“千万工程”强化了法治保障体系，引领干部群众树立起自觉守法、全民普法、遇事必寻法的乡村法治新风尚。充分发挥法律在捍卫农民权益、规范市场经济秩序、高效化解农村社会矛盾中的核心保障作用。

浙江省建立“一村一法律顾问”制度推动乡村法治建设。通过律师、公证员、法律服务工作者等专业人员组成的专业团队，将法律咨询、矛盾纠纷调解、法律诉讼等服务深入农村基层，公共法律服务初步形成实体、热线、网络平台“三位一体”的融合发展。对于矛盾纠纷较为集中的婚姻家庭、劳动争议、医患纠纷、环境污染等方面的调解工作，专业的法律服务发挥着越来越重要的作用，法治成为农村社会治理的基本途径和根本保障。如桐乡市围绕依法决策、依法行政水平，率先创立“依法行政指数”和法律顾问制度，发布《依法行政指标体系》，对行政机关决策、执行、监督、纠错等方面提出规范性要求，建立 100 个市、镇、村三级法律服务团，平均每个服务团服务 2~3 个村，重点加强基层法治宣传、法治文化宣传、法律服务，着力推进各级政府和基层组织依法决策、依法行政。

浙江省通过持续深入的法治教育，有效引导农民在日常生活与事务处理中，遵循法律路径，遇事依法解决，纠纷化解依靠法律力量，实现法治思维在乡村社会的深植与践行。杭州市萧山区瓜沥镇梅林村在法治文化阵地建设中，注重将法治元素融入村民日常生活，创作法治院景、法治漫画等，让群众在休闲娱乐中感受法治的熏陶和教育。依托法治宣传栏、法治长廊等载体，以及新媒体平台推送法治短视频、音频等，将普法宣传生活化、特色化、生动化。同时，通过“法治 + 文艺”模式举办法治文化汇演等活动，丰富群众精神文化生活，提升了乡村治理效能和村民法治素养，促进了乡村经济的持续发展和村民收入的稳步增长。

吸收与发扬“枫桥经验”，即通过建立健全民主议事决策机制，巧妙化解群众与干部之间的潜在矛盾，确保“小事不出村、大事不出镇、矛盾不上交”，构建和谐稳定的乡村治理新格局，为“千万工程”顺利推进提供了坚实的法治支撑与社会基础。杭州市余杭区小古城村在“枫桥经验”的基础上，探索出“四议六步”的民主议事工作法。这一工作法以“议什么”“谁来议”“怎么议”“议的效力”为基础，以“提、议、决、干、督、评”为关键步骤，确保村民能够广泛参与村庄治理的各个环节。在村庄景观提升项目中，小古城村通过召开村民大会、民主恳谈会等形式，广泛征求村民意见，最终形成了统一意见并顺利实施。小古城村坚持“小事不出村，大事不出镇，矛盾不上交”的原则，建立完善的矛盾纠纷调解机制。村里成立了由老干部、老党员、乡贤等组成的调解队伍，他们利用丰富的群众工作经验和人脉资源，有效化解了多起矛盾纠纷。在村庄改造过程中，部分村民对拆围墙等表示不满。通过调解队伍的耐心劝导和协商，最终达成了共识，确保了改造工程的顺利进行。小古城村注重法治宣传与教育，通过举办法律知识讲座、法治文艺演出等形式，提高村民的法律意识和法治素养。同时，村里还建立了法律图书角、法治宣传栏等，为村民提供便捷的法律学习途径。通过学习运用“枫桥经验”，小古城村成功营造了尊法学法守法用法的良好氛围，为乡村治理提供了坚实的法治保障，实现了乡村治理的显著提升。

注重矛盾调解中心的建设，为构建和谐乡村法治秩序提供了重要平台。矛盾调解中心秉持公正、专业、高效原则，依托民主议事决策机制，汇聚多方力量参与矛盾调解工作，进一步引导干部群众形成自觉守法、全民懂法、遇事找法的良好风尚。这些调解中心不仅作为法律服务的延伸，更是矛盾纠纷化解的前沿阵地，确保了法律在维护农民权益、规范市场运行、化解农村社会矛盾中的规范保障作用得到充分发挥。矛盾调解中心还积极开展法治宣传教育，通过举办法律知识讲座、发放宣传资料、提供法律咨询等方式，提高村民法律意识和法治素养，引导村民在遇到问题时能够主动寻求法律途径解决，形成遇事找法、解决问题用法、化解矛盾靠法的良好法治氛围。这一系列的举措不仅有效维护了乡村的和谐稳定，也为“千万工程”的深入推进奠定了坚实的法治基础。

四、乡村德治

“千万工程”充分激活德治内生动力，巧妙融合优秀传统文化精髓，深刻影响并引领村民行为风尚，凭借崇德向善的强大力量，极大激发了民众参与的热情与活力。“千万工程”聚焦乡风文明的提升，大力倡导并实践移风易俗，完善以村规民约、村民议事会等为代表的“一约四会”治理机制，开展道德大讲堂、各种道德模范评比、道德墙、道德榜等各种形式的宣传活动，用道德引导和约束村民个人行为，促使农村成为传承乡村文化和社会主义核心价值观的阵地。

浙江省高度重视村规民约在乡村地区自我管理中的作用，村规民约已经成为浙江省推动“千万工程”，促进乡村振兴和健全乡村治理体系重要抓手。浙江省 2015 年起全省范围内全面推动修订村规民约，并将其纳入 2018 年度各地的平安综治考核之中。2021 年 8 月，浙江省在实践基础上，发布了《村规民约制修订工作规范》DB/33T 2354，从术语和定义、总体原则、组织管理、工作程序和监督等方面对村规民约进行了具体明确。浙江省各地结合县域乡情，坚持问题导向，推出符合本地实情且实在管用的工作举措，有效推动了村规民约规范化建设和农村协调发展。如衢州市常山县球川镇黄泥畈村从完善村规民约入手，围绕社会公德、职业道德、个人品德、家庭美德等内容，以户为单位实行“诚信考评”，每月考评结果经村民代表大会通过后在村口大屏幕、村务公示栏、公众号上公布，正向激励与反向约束结合，有效解决了村民主体意识不强、“村务事”不好管等难题，推动实现“有事不出村、矛盾不上交、服务不缺位”。

浙江省通过村规民约、家规家训“挂厅堂、进礼堂、驻心堂”，推动乡村文明提升与环境整治互促互进。加大环境保护、生态文化宣传力度，通过村规民约、卫生守则等宣传倡导老年协会、妇女协会等开展教育劝导，增强群众节约意识、环保意识、生态意识，形成人人爱护设施、保护生态、崇尚文明的社会新风。如温州市洞头区霓屿街道下社村通过深入落实村规民约，聚焦基层治理精细化、现代化，全面建立德治、法治、自治、智治“四治”融合的乡村治理体系，重点推进“霓来治村”四五机制和智慧下社建设，创新“霓有话说”民主议事、乡风文明红黑榜、智能垃圾分类等，通过村规民约引领、文明城市创建、和美乡村创建，群众共创和美人居环境。2020 年 3 月，衢州市柯城区花园街道上洋村修订“主题版”村规民约，增加“村民要积极响应‘衢州有礼’品牌建设，在日常生活中，要使用公勺公筷、行作揖礼、不随地吐痰”等内容，让村规民约成为推进乡风文明建设的有力抓手。为了把使用公勺公筷落到实处，上洋村村委会专门成立了“巾帼有礼团”，把全村 343 户家庭分成 10 组有礼网格，督促村民每餐线上打卡，连续打卡满 7 天的家庭就可以到村里的“有礼亭”兑换肥皂、洗洁精、口罩等生活用品。活动开展一年内，全村已有 180 余人进行了有礼兑换，打卡行动参与度达 95%。湖州市长兴县指导辖区内各村修订村规民约，简化办酒流程，减少办酒项目，节俭办酒场面，引领村民形成良好行为规范，促进文明新风尚。

另外，浙江省注重提升乡村文化活动空间的建设，建设文化礼堂、文化长廊、村史馆、新时代农民讲习所、新时代文明实践中心等文化阵地。2013 年，《中共浙江省委办公厅　浙江省人民政府办公厅关于推进农村文化礼堂建设的意见》发布，提出以创新为引领，全面加速推进农村文化礼堂的建设进程。浙江省聚焦多个核心维度，精准发力，以确保农村文化礼堂建设的高质量发展：一是明确标准建。制订浙江省《农村文化礼堂建设标准》，对选址与规模、总体布局与室外环境、建筑设计与设施设备等关键环节进行了全面而细致的规范，为农村文化礼堂的建设提供了清晰明确的指导和依据。二是提高标杆建。明确“五有”（有场所、有展示、有活动、有队伍、有机制）、“三型”（学教型、礼仪型、娱乐型）的建设要求。三是突出特色建。鼓励各地结合实际，突出“一堂一色”，建设书香、红色、墨香、古韵、活力等多种特色文化礼堂。如衢州市柯城区着力挖掘南孔文化、节气文化、围棋文化、农民画等特色资源，以农村文化礼堂建设助力文化特色村建设；开化县围绕高跷竹马、满山唱、目连戏等独具特色的艺术形式，积极打造红色文化、移民文化、农耕文化、民俗文化等农村文化礼堂“一村一品”内容。同时，浙江省财政厅积极谋划研究专项扶持政策，通过省基层宣传文化专项资金积极支持农村文化礼堂建设。从 2013 年到 2024 年，浙江省累计安排建设资金 23.31 亿元，支持实现“500 人以上行政村全覆盖”的建设目标，农村文化礼堂进一步提档升级。

五、乡村智治

2021 年 2 月，浙江省在全国率先开展数字化改革。《浙江省数字乡村建设“十四五”规划》明确提出，完善智慧融合的社会治理，创新以数据资源为基础、多方参与的社会治理模式，健全“四治”融合城乡基层治理体系，深化“基层治理四平台”和社会矛盾纠纷化解数字化应用建设。2021 年，浙江省提出“未来乡村”战略，以人本化、生态化、数字化为建设方向，打造未来产业、风貌、文化、邻里、健康、低碳、交通、智慧、治理等场景，集成“美丽乡村 + 数字乡村 + 共富乡村 + 人文乡村 + 善治乡村”建设，未来乡村突出数字赋能，依托“乡村大脑”平台，进一步深化乡村智慧治理，打造未来治理场景。2024 年 2 月，中共浙江省委、浙江省人民政府印发的《关于坚持和深化新时代“千万工程”打造乡村全面振兴浙江样板 2024 年工作要点》中提出，要提高乡村智治水平，深化党建统领网格智治，迭代提升“141”基层治理体系，完善“线上线下实时联动、常态化管理和应急管理动态衔接”的数字化治理机制。打造“基层智治”综合应用，推广村级“线上村民说事”“智慧印章”“财务票据电子化”等模式。推进党务、村务、财务等公开事项与“浙农码”关联，实现“一村（社）一码”“一户一码”。推进乡村数智服务普惠共享，建设乡村数智生活馆 400 个以上。2021 年以来，浙江省以数字化改革为引领，充分运用大数据、云计算、区块链、人工智能等现代科技与治理现代化的深度融合，开发涉及乡村社会治理、资源管理、生态环境、公共服务等领域全省通用的业务应用系统，加快乡村治理数字化平台与“基层治理四平台”“公共信用地理信息、雪亮工程”等基础平台积极对接，形成线上线下事件处置联动体系，推进乡村基层治理走向清晰化、智能化、多元化、开放化。

治理内容的清晰化。乡村智治通过数字治理平台，将乡村社会生产生活方方面面的海量数据，进行汇集、运算和读取，实现人口、土地、资源、环境、经济等多方面数据的整合，打通各项数据间的壁垒，形成一幅清晰可视的治理图景。德清县五四村以“整村景区”为定位，以数字引领乡村振兴为主线，率先在全省探索出了“一图全面感知”乡村数字化治理平台，以电子地图、遥感影像等空间数据为底，叠加农业、水利、交通等 200 多个数据，实现了村里生产、生活、生态的动态信息实时更新，推动数字经济赋能乡村产业、数字智联重塑乡村时空、数字管理助力乡村智治、数字党建引领乡村振兴。

治理过程的智能化。借助数字化治理平台的“智慧大脑”，整合各部门海量历史数据资源，模拟并分析乡村社会事件发生的时空机理和整体趋势，系统优化乡村社会治理过程，克服乡村事件处理过程碎片化问题。在这个过程中，充分利用人工智能、大数据、云计算等前沿技术，将传统的经验治理模式转变为数字化、智能化的现代治理模式。通过对数据的挖掘、分析和预测，更好地了解乡村社会的需求和问题，制定出更加科学、精准的治理策略和措施。构建村情民意、遥感监测等“问题事件工单”流转处置机制，形成乡村治理全过程数智化监管。比如，衢州在浙江省率先探索建设“超级大脑”——“基层智治大脑”，通过数字化改革为基层治理赋能提效。衢州市“基层智治大脑”是全市基层智治系统建设的重要组成部分。“基层智治大脑”依托浙江省一体化智能化公共数据平台，创新打造“一网一域一中心”，“一网”即全时空多维度采录感知网，“一域”即多维集成域，“一中心”即日常履职与战略决策赋能中心。重点打造城市级智能事件中枢，实现事件跨部门、跨领域、跨层级的汇聚、融合、调度，并对全量事件任务进行多维度监测、分析和管理，构建完整、高效、协同的事件、任务闭环运行体系。通过“基层智治大脑”赋能基层治理，实现智能感知率占比上升 19.6%，办件量上升 34.6%，基层月均处置时长下降 19.3%。“基层智治大脑”获评 2022 年浙江省数字化改革“最强大脑”，全面赋能衢州市基层智治改革，该项改革获评 2022 年度浙江省改革突破奖金奖。

治理主体的多元化。乡村治理的主体通常包括基层政府、乡村组织、市场力量和村民等，这些多元化的主体在数字化治理平台上，可以进行直接有效的协商和对话，建立一种即时互动的治理模式，有助于提高治理的效率，也提升了治理的民主性和透明度。比如，建德市作为全国首批乡村治理体系建设试点示范单位，积极探索乡村治理数字化实践，针对基层治理中村民诉求解决慢、村级事务参与少、信息沟通耗时长等问题，与阿里巴巴集团合作，在全国首先全面推行“乡村钉”（也称“建村钉”），建立“市、镇、村、组、户”五级管理的数字乡村架构体系，搭建乡村数字治理大平台，并敞开大门让农民群众人人参与乡村治理。“建村钉”是集宣传发布、在线沟通、协同办公、便民服务、功能集成和农村干部群众共建共治共享的乡村治理数字平台，基本实现村户全覆盖，获得 2020 年度中国十大社会治理创新奖。

治理路径的开放共享。数字化治理平台以包容、开放的整体性思维，驱动多元治理主体跨界协作、合作生产及共享成果，打破传统乡村治理体系相对封闭的藩篱，形成开放共享的整体治理生态。这种治理模式不仅可以提高乡村治理的效率和质量，还可以促进乡村经济的发展和社会的进步。比如，诸暨市坚持和发展新时代“枫桥经验”，打造“浙里兴村共富”应用，构建镇村联动、创先争优、多维评价的基层工作体系，加快形成党建统领的基层整体智治新格局，驱动乡村各领域全方位变革，探索共同富裕实践新路径。

第五章　城乡联动，高品质推进宜居宜业和美城乡建设

第一节　小城镇环境综合整治

一、小城镇环境综合整治背景

浙江近年来先后作出中心镇改革发展、小城市培育试点、特色小镇规划建设等一系列重大决策，但大多围绕一些经济基础好、发展水平相对较高的城镇，没有覆盖全省所有乡镇。总体来看，浙江的小城镇仍存在着环境脏、秩序乱、风貌差等问题。2016 年 9 月，浙江把小城镇人居环境作为切入口，聚焦消灭“脏乱差”的底线目标，以“乱占道、乱停车、乱拉线、乱摆摊、乱倒垃圾、乱建房屋”为突破口，开展小城镇环境综合整治专项行动。通过三年时间，顺利完成全省小城镇的整治任务，累计拆除违章建筑 1.3 亿平方米，整治小城镇道路 9700 千米，新增公园绿地 1822.28 万平方米，小城镇的人居环境明显改善，老百姓从抵触到理解、再到支持、再到主动参与，走出了一条乡村振兴背景下的小城镇建设之路。

二、构建“一加强三整治”的整治模式

（一）总体框架

构建“一加强三整治”的总体框架，明确“环境综合整治规划 + 专项整治设计方案”的小城镇环境综合整治规划设计模式，按照中心镇、一般镇、乡集镇三类，提出相应的整治内容与措施。同时，在风貌整治专项内容方面将小城镇分为平原、山地丘陵、水乡、海岛等类型，集中精力重点整治环境卫生、城镇秩序、乡容镇貌三方面内容，突出重点节点、重点街巷、重点片区等重点空间的整治。通过明确整治要求、整治标准与整治目标，全面改善小城镇的外部形象，努力实现干净整洁。

浙江省小城镇环境综合整治主要任务图如图 5-1 所示。

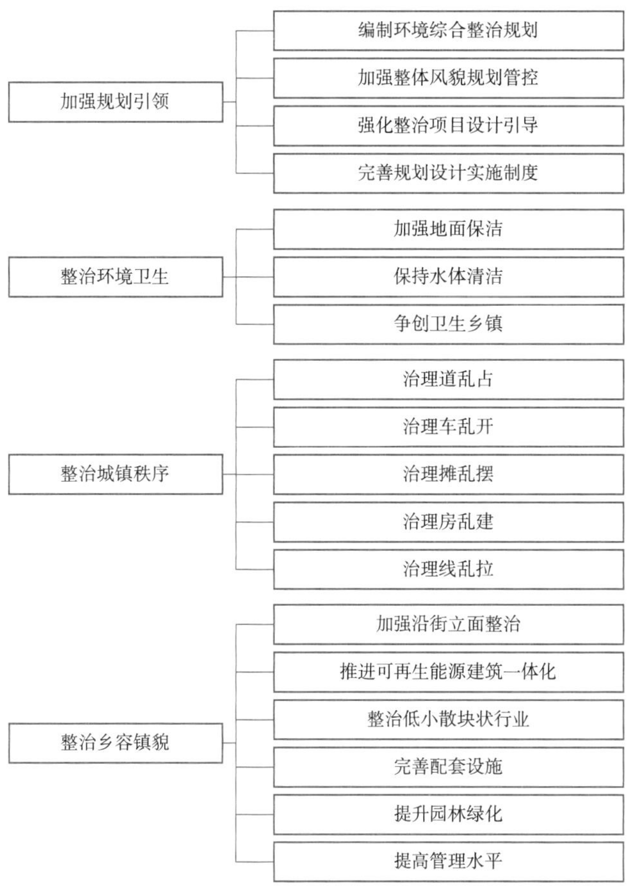

图 5-1　浙江省小城镇环境综合整治主要任务图

(二)加强规划引领

小城镇环境综合整治规划明确总体层面的环境综合整治内容与措施，主要包括环境卫生、道路交通、乡容镇貌等方面的综合整治和提升要求。环境卫生方面要求明确城镇重点区域的环境卫生整治方案、水域环境卫生整治方案及重点环卫设施建设提升方案。道路交通方面要求明确交通秩序整治及道路交通设施的整治提升措施。乡容镇貌方面要求提出风貌管控措施、沿街立面整治方案、老旧住宅区改造方案、低小散块状行业整治方案、园林绿地整治提升方案等。

专项整治设计方案重点对重要片区道路交通、街道立面、重要节点等进行详细设计。道路交通方面明确主要道路（走向、红线、横断面、路面）、交通设施（信号灯、无障碍设施、交通标识）、停车位、客货运停靠点等的整治提升方案。街道立面方面重点确定整体式太阳能、沿街广告、遮阳棚、空调等整治方式，协调街道整体风格。重要节点方面主要明确城镇入城口、重要公共空间等的整治策略及相应的整治提升方案，塑造良好的景观形象。

整治规划成果包括规划文本、说明书及主要图纸。规划文本及说明书要求对规划背景、整治思路、总体布局、重点整治提升内容、整治建设项目库等进行明确；主要图纸方面要求根据小城镇环境综合整治的主要技术要求提供总体层面的城镇现状图、城镇环境综合整治规划图、城镇环境卫生整治图、道路交通整治规划图、城镇整体风貌景观规划图及重点区域层面的道路交通整治设计方案图、城镇重点区域（地段）的风貌景观整治图等（表 5-1）。

表 5-1　小城镇环境综合整治方案主要内容

成果	规划文本及说明书	主要图纸
主要内容	规划背景、规划范围、规划总则等；小城镇概况、整治优势特色、问题短板等；整治思路、整治目标等；整治空间总体布局、分区整治引导等；小城镇“一加强、三整治”的重点内容等；投入成本、产出效益估算等；组织领导、要素保障等	城镇现状图；城镇环境综合整治规划图；城镇环境卫生整治图；道路交通整治规划图；城镇整体风貌景观规划图；城镇重点区域（地段）风貌景观整治图；有需要的整治规划图

（三）整治环境卫生

整治环境卫生以卫生乡镇创建为抓手，重点做好地面保洁、水体清洁等环境卫生整治工作，争创国家级、省级卫生乡镇。

地面保洁方面，加强主次干道、集贸市场、公园广场、车站码头、建筑工地等重点区域的卫生保洁，做好背街小巷、镇中村、镇村接合部、居住小区、学校、医院、餐饮店等区域的环境卫生整治工作，定期清理积存垃圾，定时清扫；集贸市场垃圾袋装化、桶装化，公园广场绿地、铺装、附属设施干净整洁，居住小区路面、屋顶和楼道无堆放杂物、无积水。分级推进路长制、街长制，实现分片包干、责任到人、整改跟踪。鼓励采用市场化运作的保洁模式，加强保洁员队伍建设和经费保障，不断健全卫生保洁长效管理机制。

水体保洁方面，彻底清理河流、湖泊、池塘、沟渠等各类水域的留存垃圾，保持水面无污水排放口，无垃圾、粪便、油污、动物尸体、枯枝败叶等废弃漂浮物，无“黑河、臭河、垃圾河”。逐步恢复坑塘、河湖、湿地等各类水体的自然连通，推进清淤疏浚，保持水体洁净。水域两岸蓝线范围内禁止堆放、倾倒各类物品和垃圾，不得从事污染水体的经营活动。同时，建立水体保洁长效管理机制。做好人、财、物等的综合保障，优化布局环卫设施、建立专业保洁员队伍、做好经费保障等。

（四）整治城镇秩序

整治城镇秩序重点围绕整治道路交通秩序、整治经营秩序、整治建房秩序以及整治杆线秩序等方面展开，规范乡镇秩序，提升乡镇环境品质。

道路交通秩序方面，重点整治乱占道、乱停车、乱开车等现象。加强道路路域环境综合治理，逐步实现田路分家、路宅分家，改善道路交通功能，取缔占道经营、堆物、违建等现象，全面整治公路桥下空间违法堆物、违法施工和违法建筑等，严禁擅自增设平交道口、敷设管线、占用或挖掘各类道路，基本消除街面“僵尸车”；整治客货运市场秩序，合理划定客运停车场点，严禁客运车辆乱停乱靠等不文明行为，规范货车通行；加强道路交通违法行为查处，重点整治车辆不按规定停放、车辆和行人不按交通信号灯规定通行、车辆逆向行驶、机动车占用非机动车道行驶、车辆违反规定载人、酒后驾驶机动车、无证驾驶机动车、驾驶无牌无证机动车、骑乘摩托车不按规定戴头盔以及机动车非法运营和出租车拒载等行为。

经营秩序方面，加强联合执法，规范经营秩序，合理划定街道摊贩设置点，全面取缔违规经营、乱设摊点等行为。加大乡镇集贸市场改造提升力度，整治改造集贸市场及市场秩序脏乱差等现象，实现每个乡镇至少拥有 1 个一星级以上集贸市场，中心镇拥有 1 个二星级以上集贸市场。

建房秩序方面，加强老旧小区提档整治，积极推进镇中村、镇郊村和棚户区改造，优化住宅功能布局，改善居住环境。加大对违法建筑的查处和整治力度，坚决遏止和打击违法建设行为。结合“三改一拆”“四边三化”等工作，消除“赤膊墙”和“蓝色屋面”；规范户外缆线架设，按照强弱分设、入管入盒、标识清晰、牢固安全、整齐有序、美观协调的要求，着力解决乱接乱牵、乱拉乱挂的“空中蜘蛛网”现象。有条件的地方借鉴城市地下综合管廊建设的做法，积极实施架空线入地改造。

（五）整治乡容镇貌

尊重原有的山水格局、脉络肌理、历史人文，保护和挖掘地方特色。

首先，加强小城镇格局和山水林田湖保护和管控，通过丰富的地形地貌特征展现小城镇特色景观。地形平坦的平原类小城镇体现布局紧凑的平原风貌；地形起伏的山地丘陵类小城镇营造因山借景的丘陵风貌；水乡类小城镇营造近水亲水的水乡风貌；海岛类小城镇营造沿岸线带状内聚的风貌。

其次，加强对建筑风貌特色和小城镇公共空间的塑造。建筑风貌特色方面，以满足现代生活需求为前提，加强传统建筑文化传承与时代创新，在建筑尺度、色彩、风格、形式等方面与传统建筑相协调。传承优秀传统建筑技艺，建设具有地域特征、民族特色、时代风貌的“浙派民居”及具有地域特色的建筑精品。公共空间方面，整治提升小城镇主次入口，提升小镇门户景观；利用街头巷尾、宗祠戏台、宅前屋后、道旁桥边、水系河塘等零散空间灵活布置街头广场，营造宜人街巷尺度，构建内涵丰富、开放多元、特色鲜明的公共空间体系。

最后，加强对历史文化的保护与传承，管控历史文化遗产核心保护区及风貌协调区，严格落实祠堂庙宇、亭榭牌坊、戏楼（台）、道路围墙等各类物质文化遗产的保护和修缮措施，保护利用传统街区、传统民居及老厂房设施，挖掘和保护市井文化、民俗风情、地方特色，落实工艺、工法及其传承人的保护举措。

三、小城镇环境综合整治模式与机制

（一）环境卫生整治特色模式

1. 加强提前谋划，系统推进环境整治工作。例如，青田县编制《青田县创卫生乡镇重点部位整治》（简称《实战技法》）。《实战技法》明确了社区有关单位要求，还为各乡镇创建卫生乡镇量身定制了单位卫生“四位一体法”等 6 大块 33 项内容。各乡镇可根据该《实战技法》对居民健康知晓率等各项指标逐个进行达标。各乡镇将根据《实战技法》相关内容，结合乡镇特色创建有特色的卫生乡镇，全面发动广大农村群众积极参与和监督创卫工作。

2. 统一整治标准。例如，德清县提出“一把扫帚扫到底”，成立县级层面的工作小组和运营单位，及时解决推进中出现的问题，落实标准，推动城、镇、村保洁一个标准、一套机制。全县 12 个镇（街道）都已全面铺开并建立长效机制，运用数字城管、智慧治水等手段实现动态监管。各镇落实保洁、绿化、河道、公厕、垃圾分类等各项具体作业队伍 2800 余人，提高队伍专业化水平加强环境整治。

3. 重点整治房前屋后环境。例如，温岭市石塘镇改造房前屋后水缸，对废旧轮胎进行彩色喷绘，在彩绘好的轮胎内种上藤蔓植物，变废为宝，融物于景。结合石塘建筑特色，合理开展公厕外墙立面改造，做到“一厕一景”。

4. 多种方式保障水环境品质。例如，金华市建立生态洗衣房，方便农民洗衣，改善河塘水质，沿溪沿塘沿井建设，充分考虑引水入房、污水处理及方便实用等因素，内设洗衣槽、水龙头、搓衣板、分类垃圾桶等设施，实现洗涤废水统一处理，并采用亭廊式设计，使之与周边人文自然景观相协调，同时具备遮阳避雨等功能，受到农民的普遍欢迎。

5. 注重长效管理。例如，开化县在公共厕所管理方面注重落实农村公厕管理的主体责任，完善管理制度，明确管理人员，做好农村公厕的日常管理、维护和保洁工作。将农村公厕管理纳入农村清洁工程考核内容，实行“一月一督查，一月一通报”，督查结果作为年终考核依据，与以奖代补资金相挂钩。鼓励各乡镇、村探索建立市场化、社会化的建设、管理机制。

（二）城镇秩序整治特色模式

道路交通秩序整治方面，通过构建综合治理体系清除“六乱”现象，健全交通安全“两站两员”等方式，综合破解交通秩序整治难题。例如，台州市实施“一路一策”制度。针对每一条街（路）不同的区位、布局、功能和存在的主要问题，由街（路）长牵头深入调研，全面排摸，因地制宜，制定个性化的解决方案，落实优化完善路网建设、提升路面养护质量、合理完善配套设施、规范整合交叉道口、整治“六乱”行为等内容。绍兴市部署开展小城镇道路“道乱占”集中整治攻坚行动，摸排并整治小城镇道路 380 余千米，累计整治问题点位近 2 万处，形成柯桥绍大线、福漓线、嵊州市上竹线等省、市、县级穿镇公路示范路。金华市公安交警部门构建“党委领导、政府主导、部门主管、基层主抓、群众参与、社会联动”的农村交通安全工作群防群治模式，通过利用社会综合治理“四个平台”，完善机制体制，推出农村交通安全“两站两员”管理模式，即村（交通劝导站—交通劝导员）—乡镇（交通管理站—交通协管员）。

经营秩序整治方面，通过“鲜花公约”“流动红旗”等方式提升城镇经营秩序，提高城镇品质。例如，海宁市率先开展“鲜花公约”，在每家商户门口统一设置星级经营户公告牌，分一星级、二星级和三星级，分别代表守法经营星、环境卫生星和文明停车星。根据星级经营户考评结果，分别奖励一至三盆鲜花，一颗星对应一盆花，即守法经营之花（指无越门经营、无乱堆乱放、无乱搭乱建等）、环境卫生之花（指无卫生死角、无散落垃圾、无污迹油垢等）、文明停车之花（指带头做到文明停车并向顾客做好文明停车宣传）。奖励鲜花统一设置在门前柱上，每季更换一次。每家商户经营环境一目了然，更换后的鲜花由经营户自行保管，根据检查结果增减鲜花数量，达到邻里约束、自我管理等激励效果。

建房秩序方面，注重规范农房的审批管理、建设管理以及风貌管控。例如，衢州市以“五化”管控为引导，加强农房建设风貌的规范化管控，提出了“规划体系化、审批标准化、监管全程化、建设规范化、服务精准化”的农民建房服务管理新体系，立体推进“农房 + 空间、农房 + 庭院、农房 + 配套、农房 + 田园、农房 + 文化”的风貌管控提升，规定农房建设必须符合“四必须”，即必须块状集中建房、必须限制建筑高度、必须统一建筑风貌、必须美化绿化庭院。农房建设方面实行清单式管理，梳理农民建房风貌管控的正面清单和负面清单。农民建房原则上采用坡屋顶，严格控制建筑高度，不超过 3 层，檐口高度一般不超过 10 米，历史区块、核心区等有具体村庄设计的区块，建筑样式按详细设计确定；鼓励位于山区、滨水等区域的农户建房适当减少层数；合理控制建房体量，鼓励农房二、三层的建筑面积相对首层适当缩减；农房外立面要与自然环境相协调。

杆线整治方面，通过“多线合一”“ 多箱合一”“共线共杆”“上改下”等方式推动杆线序化美化，提升城镇环境品质。“多线合一”指将光纤交接箱（或光纤分配盒）至用户之间线缆由不同运营商分别布放的多根合并为一根，用户在选择不同运营商时，仅需在光纤交接箱（或光纤分配盒）中进行光纤跳接即可，不需要重新布放线缆。例如，开化通过“多线合一”巧破“线乱拉”治理难题。“多箱合一”采用“四合一”多用途光分箱，将四大运营商线缆统一归纳。“共线共杆”指全面优化整合部分背街小巷的道路杆件，实现多杆合一。逐步实施“上改下”线路切割整治，管线入地、预留空间。

（三）乡容镇貌整治特色模式

在乡容镇貌整治方面，注重加强整体技术指引，通过立面修补、立面美化、庭院美化等方式对城镇风貌开展整治提升，塑造各具特色的城镇风貌。

在立面修补、立面美化方面，嘉兴市编制《立面整治改造技术指南》，从太阳能、外墙面、防盗保笼、空调外机、店招雨棚、卷帘门等立面整治要素着手，详细列举了实际整治中遇到的问题，通过实际案例分析，为立面整治提供技术指导。浦江县在立面整治中形成了整治“四法”，通过清洁法、粉刷法、补型法、拆建法，精准提升小城镇的镇容镇貌。清洁法：对美观协调性较好的墙面，采用清除墙面附着物、清洗污点和霉斑等方法；对瓷砖修饰的墙面，采用深度清洁法，恢复干净亮丽。避免了立面整治走入“一概提升”“大手大脚”“千篇一律”“否定过去”的误区，达到了“花小钱办好事”“尊重历史”的效果。粉刷法：结合规划和当地特色对“赤膊墙面”、水泥墙面进行全面粉刷，对整体完好但部分有污损的墙面，进行修饰粉刷，对与周边风貌严重不协调的墙面进行重新粉刷。有效地将有碍视觉观瞻、风貌出格出奇的立面进行美化修饰，达到了美观协调、色彩搭配的效果。补型法：对田园小镇、诗画小镇、水晶小镇等特定区域的立面，结合当地建筑特色，增修马头墙、文化墙，对露天阳台装补木质栏栅，对空调室外机增添花格箱。科学地将小镇的人文特色、地域特色展现出来，达到了错落有致、雅而不俗的效果。拆建法：对有碍视觉观瞻和破损严重的太阳能热水器、水箱、店招店牌进行整体拆除，对与小镇风貌相冲突的房屋进行“降层整治”，对历史性建筑的危旧房进行提升改造。如郑宅镇通过采用“等一安置，差额找补”（因降层拆迁改造而减少的居住面积，政府以安置房的形式等面积补偿，并且由农户向政府支付差额费用）的整治办法，实现“镇区景区化、景区全域化”目标，达到了轮廓鲜明、风貌协调的效果。

在庭院美化方面，开化县制订《美丽庭院指导手册》，包括庭院景观、庭院菜地、庭院小品、旧物利用、庭院院墙、庭院植物六大部分，融入乡土风情、历史人文、产业特色等元素，并以实景图例进行展示。通过庭院整治，小城镇环境质量全面改善、街容镇貌大为改观、乡风民风更加文明、社会公认度不断提升。

第二节　美丽城镇建设

一、美丽城镇建设背景

经过小城镇环境综合整治，浙江省小城镇的卫生环境、城镇秩序、空间面貌等方面取得了长足进步，但仍存在着功能结构不完善、公共服务欠缺、产业经济薄弱、风貌特色不显著、综合治理水平不高、战略节点作用发挥不够充分等问题。小城镇同时也面临着发展模式升级、发展导向转变以及发展目标进阶等要求，需要系统统筹美丽城镇的建设发展，开展深入探索和系统实践，全面提升小城镇建设发展品质。为更好地推动小城镇高质量发展，浙江省委、省政府于2019年作出实施“百镇示范、千镇美丽”工程，推进高质量建设新时代美丽城镇决定，持续深化“千万工程”。全省小城镇以“环境美、生活美、产业美、人文美、治理美”建设目标为引领，实施“十个一”标志性工程，推动美丽城镇建设从一处美到全域美、外在美到内在美、环境美到发展美、形象美到制度美的转型升级。美丽城镇建设将有利于全面补齐小城镇发展短板，全域推进美丽浙江建设；有利于深入实施新型城市化与乡村振兴战略，充分发挥小城镇对城市的承接疏导和对乡村的辐射带动作用；有利于城乡资源要素双向流动，创新共建共治共享机制，加快形成城乡深度融合发展新格局。为系统指导全省美丽城镇建设，浙江省住房和城乡建设厅组织构建美丽城镇建设技术指引体系，通过制定《浙江省美丽城镇建设指南》《浙江省美丽城镇集群化建设指南》《浙江省美丽城镇建设指标体系》等技术指引体系，有力指导了全省美丽城镇建设工作，带动了全省1010个小城镇整体发展水平的提升。通过三年时间，全省小城镇环境面貌、基础设施水平和公共服务能力进一步提升，363个城镇创建为美丽城镇省级样板，占全省的36.0%。

二、浙江美丽城镇的类型特征

小城镇分都市节点型（为大湾区大花园大通道大都市区服务，可发展成都市区或省域中心城市的卫星城）、县域副中心型（具有较强的区域中心功能，相当于县级副中心地位）、特色型（具有较强特色优势资源，可提供较强的产业带动和就业支撑）、一般型（为周边乡村服务，承担基层管理职能）四种类型。前三类为示范创建对象。其中，特色型又分为文旅特色、商贸特色、工业特色、农业特色4个子类。

（一）都市节点型城镇

都市节点型城镇主要分布在宁波市（15 个）、杭州市（10 个）、嘉兴市（8 个）、金华市（7 个）、台州市（6 个）、绍兴市（6 个）等杭州都市区、宁波都市区、金义都市区等都市区周边，人口数量多、经济产业发达，正在向都市区卫星城方向发展（图 5-2）。

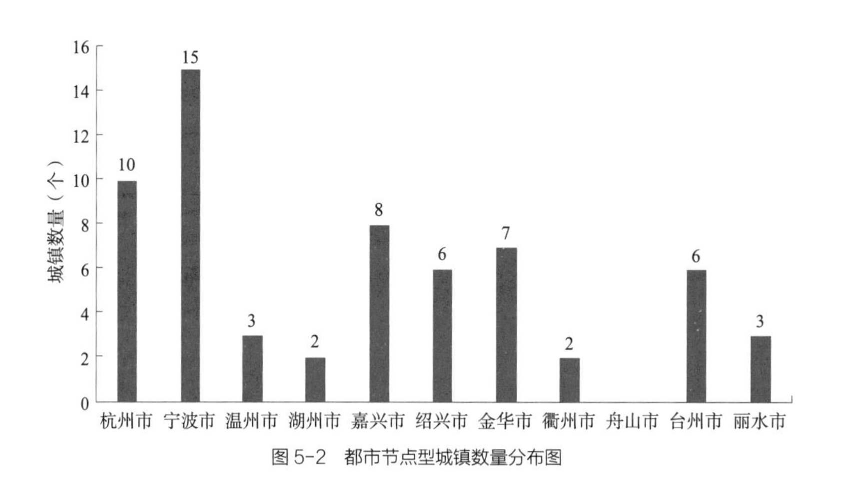

图 5-2　都市节点型城镇数量分布图

（二）县域副中心型城镇

县域副中心型城镇为县域范围具有强大辐射力与影响力的城镇，全省分布比较均衡，杭州市（12 个）、温州市（12 个）数量最多，为第一档，台州市（9 个）、衢州市（8 个）、湖州市（8 个）、宁波市（7 个）、绍兴市（7 个）、金华市（7 个）、丽水市（7 个）为第二档。通过县域副中心型城镇进一步做大做强，示范带动县域其他城镇高质量发展（图 5-3）。

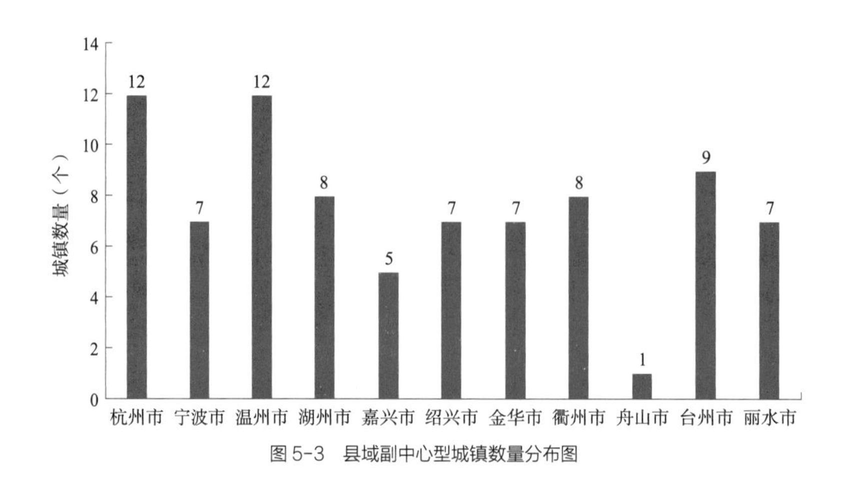

图 5-3　县域副中心型城镇数量分布图

（三）特色型城镇

1. 文旅特色型

文旅特色型城镇为全省各类型城镇中占比最高的城镇，主要分布在大花园地区，包括杭州市、衢州市、丽水市，金华市、温州市等，其文旅特色型城镇数量在全省文旅特色型城镇数量中占比超过 10%；宁波市、台州市、湖州市、绍兴市文旅特色型城镇数量在全省文旅特色型城镇数量中占比为 5%~10%（图 5-4）。文旅特色型城镇空间分布与大花园分布格局基本一致，总体表现为衢州—丽水—金华—杭州西部山区—温州西部山区为主要特征的山地休闲型文旅特色型城镇，绍兴—杭州—湖州—嘉兴平原水网地区文旅特色型城镇以及宁波—舟山—台州—温州滨海休闲型文旅特色型城镇。

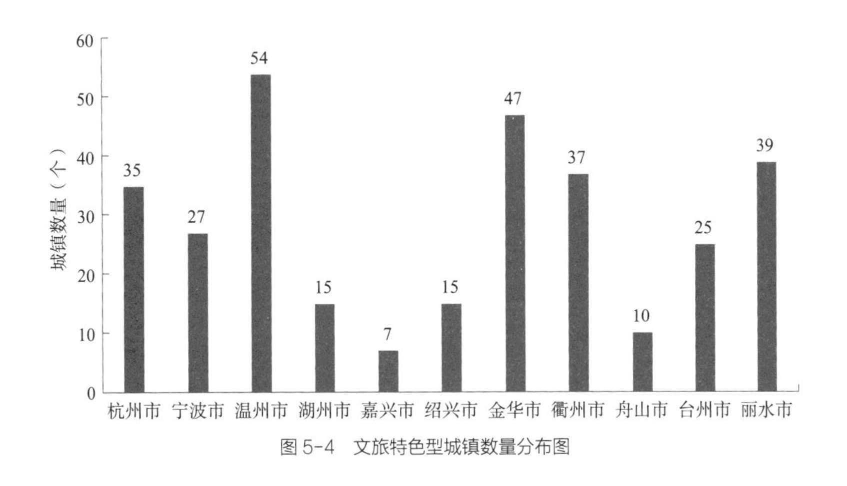

图 5-4　文旅特色型城镇数量分布图

2. 商贸特色型

商贸特色型城镇主要集中在省、市、县大型商贸市场所在城镇，与商贸市场或新兴商贸平台密切相关，如杭州市新街街道的花木市场、绍兴市诸暨市山下湖街道的珍珠市场、义乌市城西街道小商品市场、温州市永嘉县桥下镇玩具市场等。商贸特色型城镇以商贸市场建设提升为载体，以商贸产业链完善提升为导向，持续推动商贸产业与其他产业融合发展。全省商贸特色型城镇主要分布在绍兴市、杭州市、温州市、金华市等地市，其数量占比在 10% 以上，宁波市（2 个）、湖州市（2 个）、衢州市（2 个）、台州市（2 个）、舟山市（1 个）、丽水市（1 个）都有一定数量商贸特色型城镇（图 5-5）。

3. 工业特色型

工业特色型城镇与全省块状经济空间分布密切相关，工业特色型城镇多为制造强镇，主要分布在杭州市（16 个）、宁波市（16 个）、温州市（15 个）等大都市区以及沿海工业经济

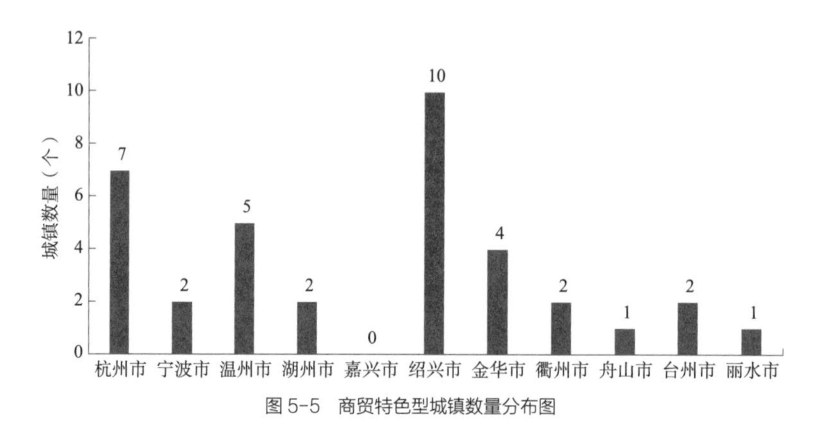

图 5-5　商贸特色型城镇数量分布图

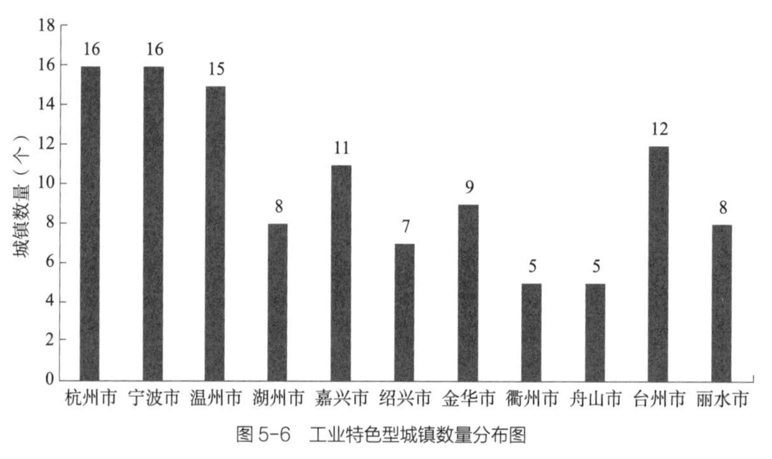

图 5-6　工业特色型城镇数量分布图

发达地区的台州市（12 个）、嘉兴市（11 个），金华市（9 个）的义乌、永康、东阳也是传统工业经济强镇，绍兴市（7 个）柯桥区、越城区、诸暨市工业经济发达，丽水市（8 个）积极发展山区型工业，衢州、舟山工业特色型城镇相对较少（图 5-6）。

4. 农业特色型

农业特色型城镇主要分布在四大都市区的杭州市（22 个）、宁波市（19 个）、温州市（20 个）、金华市（16 个），大花园核心区的衢州市（10 个）、丽水市（28 个）以及沿海发达地市台州市（12 个）、绍兴市（12 个），其中丽水市农业特色型城镇数量最多，与丽水地形地貌、资源禀赋密切相关，发展过程中也出现了丽水山耕农产品品牌。丽水、衢州等地农业特色型城镇多为传统农业类型，如衢州市衢江区高家镇荷鹭牧场为牛奶等产业，青田县阜山乡是重点粮食功能区，粮食播种面积 8000 亩以上，杭州市、宁波市等都市区周边发展都市型农业，如杭州市临平区运河街道、萧山区浦阳街道、宁波市海曙区古林镇、鄞州区横溪镇等，发展休闲农业，推动农文旅融合。除此之外，嘉兴（5 个）、湖州（4 个）、舟山（2 个）也有一定数量的农业特色型城镇，舟山农业特色型城镇为渔农结合特色（图 5-7）。

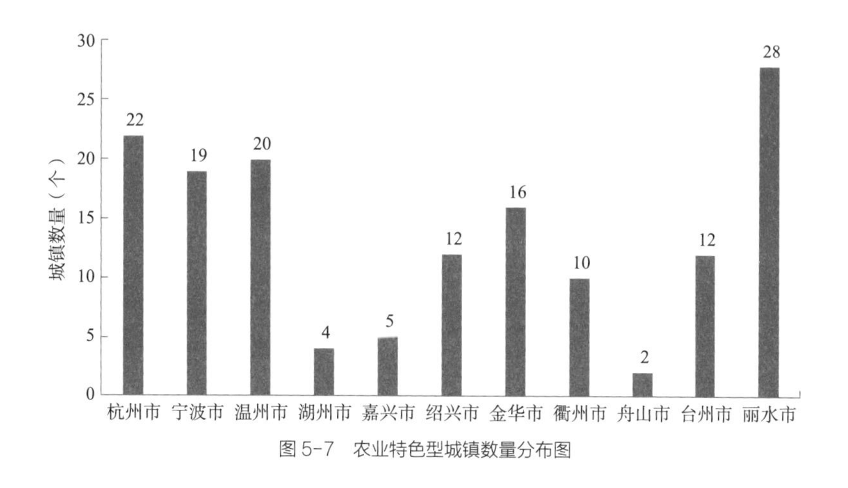

图 5-7　农业特色型城镇数量分布图

三、构建“五美”融合发展机制

（一）以提升人居环境品质引领环境美

浙江省系统修复与综合治理生态环境，按照镇景融合的理念打造小城镇，凸显自然山水格局、城镇肌理风格与历史人文特色，推动人与自然和谐共生。深化城镇垃圾、污水、厕所“三大革命”，推进有机更新，注重整体风貌设计管控；把美丽城镇建设融入大花园总体布局，突出连接城乡的交通网和绿道网建设，打造现代版“富春山居图”。

（二）用“生活圈”圈出生活美

将问需于民、问效于民贯穿美丽城镇建设、评价全过程，联动打造镇村生活圈，统筹建设 5 分钟社区生活圈、15 分钟建成区生活圈以及 30 分钟辖区生活圈，加快完善城镇“一老一小”公共服务设施，配套建设幼儿园、居家养老服务中心、图书馆、文体中心等设施，保障公共服务城乡全域覆盖，因地制宜建设面向未来生活场景的“未来社区”，实现商贸文体服务开放共享、医养服务优质普惠、教育服务均衡高效，创造既有城市文明，又有田园诗意的小镇品质。

（三）用“产城融合”塑造产业美

将小城镇打造成为块状经济的孵化地，深入抓好传统产业改造提升，对“低散乱”企业坚决整治，对特色产业集群全力扶持改造，统筹推进产业、园区有机更新，高质量建设小微企业园和产业创新服务综合体，走小而精、特而强的产业高质量发展之路。高质量推进特色小镇建设，培育数字经济、先进制造、文化创意、健康养生等新业态，形成新的支柱产业。

（四）用“保护复兴”展现人文美

加强历史文化名镇名村保护利用，保护和利用好历史文化名镇名村，加强历史文化遗产保护，挖掘文化内涵，打造有乡愁的小镇、有记忆的街区。整体保护城镇空间格局、景观风貌、街巷系统和空间尺度，推广“浙派民居”，注重风貌协调，让传统与现代交融共辉。大力建设文明乡镇，弘扬社会主义核心价值观，深化新时代文明实践，丰富群众精神文化生活。引导城镇居民养成良好生活方式和行为习惯，以“最美人物”塑造城镇“最美形象”。

（五）用“整体智治”推进治理美

坚持和发展新时代“枫桥经验”，加快推进基层治理现代化。坚持把加强党建作为贯穿基层治理的红线，完善“党建 +”模式，深入推进“最多跑一次”改革向镇村延伸，全面深化“基层治理四平台”建设，整合基层审批服务执法力量，实现群众化解矛盾、信访“最多跑一地”。构建基层治理长效机制，引导企业、居民参与共治，推进环境整治、秩序维护、乡风文明等城镇管理长效化。提升基层治理智能化水平，积极推进平安乡村、智安小区建设和出租房“旅馆式”管理，促进城镇治理精细化。

四、美丽城镇建设主要特点

（一）示范引领与普惠提升结合

衔接小城镇环境综合整治，兼顾重点与全面，坚持示范引领与普惠提升结合，着眼新型城镇化，重点支持带动作用强的小城镇建设美丽城镇样板，示范一个、带动若干个。示范引领方面，突出 TOD 开发、邻里中心建设、商贸综合体、综合医院、文体中心等综合服务设施的配置和供给，大力推进污水零直排、垃圾分类、公厕建设、5G、4K 等高质量基础设施的利用，因地制宜推动智慧城镇建设，综合体现城镇的引领效应。普惠提升方面，整体提升美丽城镇建设水平，所有美丽城镇都纳入创建范围，按照达标镇和示范镇要求推进美丽城镇建设，达标镇要求达到美丽城镇建设的“十个一”标志性工程的基本要求，包括一条快速便捷的对外交通通道、一条串珠成链的美丽生态绿道、一张健全的雨污分流收集处理网、一张完善的垃圾分类收集处置网、一个功能复合的商贸场所（指便利店、连锁超市、综合市场、商贸综合体或商贸特色街等）、一个开放共享的文体场所（指图书馆、体育场馆、全民健身中心或文体中心等）、一个优质均衡的学前教育和义务教育体系、一个覆盖城乡的基本医疗卫生和养老服务体系、一个现代化的基层社会治理体系和一个高品质的镇村生活圈体系，简称“两道两网两场所四体系”。

（二）特色化推进美丽城镇建设

1. 建立适应城乡要素快速变动的分类指导体系

从区域视角审视小城镇的发展，将小城镇分为都市节点型、县域副中心型、特色型、一般型，重点发挥都市节点型城镇对都市区功能的补充、疏解和优化的作用，将都市区周边城镇打造成具有功能承载力、辐射带动力、综合支撑力的重要功能单元；县域副中心型城镇聚焦县域空间结构的完善，建设对周边城镇与乡村有较强带动力的副中心城镇；特色型城镇聚焦产业发展特色，促进宜工则工、宜农则农、宜商则商、宜游则游，实现特色化发展。

2. 建立与城镇发展水平相适应的分阶推进模式

发展基础较差的乡镇，重点开展环境综合整治，改变城镇“脏、乱、差”的面貌；具有特色资源禀赋的城镇，因地制宜推动城镇特色化发展，培育特色产业，塑造特色风貌；承担综合职能的都市节点型、县域副中心型城镇，全面推动城镇高质量发展，同时带动区域整体协同发展，提升区域整体发展水平。

浙江省美丽城镇建设分阶段推进一览表如表 5-2 所示。

表 5-2　浙江省美丽城镇建设分阶段推进一览表

序号	发展阶段	重点任务	城镇特征
1	环境综合整治	整治小城镇环境卫生，整治城镇道路交通秩序、城镇经营秩序、空中线网秩序，整治沿街立面、重要节点与重要片区	发展基础较差，环境风貌脏乱差的城镇
2	功能服务提升	提升完善城镇交通、市政管线、环卫及防灾减灾等基础设施，优化城镇教育、医疗养老、文化体育以及便民服务功能，建立完善的服务乡镇的生活服务圈体系	发展基础一般，环境风貌较好，功能和服务仍不完善的城镇
3	特色发展塑造	培育特色产业，城镇产业提质升级，传承保护历史文化，塑造城镇特色景观风貌体系，形成有独特城镇记忆的特色城镇	发展基础较好，功能和服务较完善，城镇产业和风貌特色不够显著的城镇
4	高质量发展	全面提升城镇功能、服务、产业及治理水平，同时形成对其他城镇的带动辐射作用，引领带动城乡区域一体化高质量发展	发展基础好，承担中心镇、县域副中心职能的城镇

（三）高质量打造美丽城镇生活圈

1. 构建层级清晰的美丽城镇生活圈

浙江在全国率先提出“小城镇生活圈”的建设理念、内容以及具体要求，并在全省小城镇建设发展中开展了实践，制定了《浙江省美丽城镇镇村生活圈配置导则（试行）》，提出小城镇 5 分钟、15 分钟、辖区 30 分钟生活圈建设内容引导，提出构建面向不同需求层次的精细化供给体系，实现商业服务、文体服务开放共享，医养服务优质普惠、教育服务均衡高效（表 5-3）。同时，本着集约共享和高品质的要求，对美丽城镇邻里中心建设进行引导，明确功能设施、选址建设、服务管理等内容，形成建设技术导则。

（1）构建 5~10 分钟便民生活服务圈，实现保障型便民服务全覆盖

以便民服务为核心，合理设置各类保障型服务设施，建成区实现 5~10 分钟步行范围（300~500 米）内养老服务、幼儿教育、便民服务全覆盖，鼓励提供复合服务。围绕基本居住单元和居住街坊，聚焦老年人需求，配置老年活动室、日间照料中心、老年食堂等设施；聚焦婴幼儿照料，配置托儿所、幼儿园等设施；聚焦居民日常便利生活需求，配置便利店、菜店、药店、洗衣店、餐饮店等便民服务设施以及小型健身场所、绿地、社区医疗服务点等公共服务设施。

（2）构建 15 分钟邻里生活服务圈，实现普惠型公共服务全覆盖

围绕普惠型服务，实现建成区 15 分钟步行或骑行范围（1000~1500 米）内各类普惠型公共服务（教育、医疗、文化、体育、养老）全覆盖。优先考虑社区老年人和儿童的需求，配置居家养老服务中心、小学、幼儿园等服务设施；兼顾本地居民和外地居民需求，提供文体服务（足球场、篮球场）、商业服务（连锁超市、银行网点）、园林绿地（公园、绿地）等设施；短期内难以增补的公益性设施，可通过相应服务补齐短板。

乡村地区居民点分布零散，不局限于 15 分钟服务半径，以中心村等基础较好的村为主要服务载体，因地制宜提供普惠型教育（幼儿园、托儿所）、养老（居家养老照料服务点、老年活动室）、医疗（卫生室）、文化（图书室）、体育（乡村健身广场、健身步道或球场）、商业（便利商店或农村电子商务服务店）等服务设施，提升普惠性公共服务水平。

（3）构建 30 分钟服务区域的生活服务圈，实现提升型服务设施高水平覆盖

都市节点型、县域副中心型城镇立足于区域综合服务职能，提供高品质综合服务。立足于区域教育服务中心的职能，为本地及外地居民提供幼儿园、优质初中、高中教育、职业教育等高质量教育服务；从区域医共体角度出发，通过综合医院为本地及周边乡镇提供高质量诊疗服务，为乡镇卫生院提供技术及培训支持；立足于区域文体服务中心职能，建设图书馆、博物馆、文体中心等文体设施，开展特色文化活动或体育赛事，增强城镇吸引力。如桐庐县分水镇教育、医疗、养老、体育等设施配套完善，辐射周边百江镇、

表 5-3　小城镇生活服务圈设施配置建议

类型	5 分钟便民生活圈	15 分钟邻里生活圈	30 分钟镇域及周边城镇生活圈
教育	托儿所	小学、幼儿园	初中、高中、职业技术学校、成人学校
文化	图书室、阅览室等	书吧	综合文化站、图书馆、博物馆、文体中心
医疗	医疗卫生服务点	社区卫生服务中心	乡镇卫生院、中医院、综合医院
养老	活动室、日间照料中心、老年食堂	居家养老服务中心	养老院、康养中心、护理院
体育	健身设施、健身路径、健身点、健身广场	足球场、篮球场、羽毛球场、门球场	文体中心、游泳馆、健身馆
商业	小商店、邮局或快递服务点、药店、洗衣店、菜店、餐饮店	连锁超市、银行网点、电信、移动等网点	大型超市、商贸综合体
园林绿地	小型绿地、口袋公园	城镇公园	湿地公园
综合服务	社区服务中心	邻里中心	家园中心

合村乡、瑶琳镇，通过居住小区的建设促进周边城镇人口向分水集聚，打造人口与经济产业集聚中心。

2. 构建面向不同需求层次的精细化供给体系

（1）建立面向不同年龄层次的设施服务体系

小城镇老年人、儿童多，应重点聚焦老年人、儿童需求，加大优质服务供给。针对儿童群体突出的优质教育服务难题，提升义务教育服务质量，完善幼儿园、0~3 岁养育托管点布局，都市区、中心城市周边城镇引进科研院所、职业院校、大学分校等高质量教育资源，提升城镇吸引力。聚焦老年医养及日常设施使用需求，医院开设老年专科，建设康养中心、老年医院、护理院等特色医养结合机构，实施家庭病房与上门医疗服务，提升医养融合水平；改造建设无障碍通道、适老化路牌标识、照明等适老化设施，方便老年人使用。同时，针对小城镇对年轻群体吸引力不足的问题，都市节点型、县域副中心型城镇聚焦年轻人消费习惯，建设商贸综合体、咖啡馆、电影院等休闲娱乐设施，吸引人口集聚，提升区域服务品质。如湖州市织里镇针对年轻群体需求建设了十几个商场和商贸综合体，建设综合性文体中心，满足城镇年轻群体社交、商业消费和文体活动的需求。

（2）建立面向不同需求层级的设施服务体系

针对不同群体与不同城镇的发展定位，建立基础服务型与品质提升型相结合的服务设施体系（表 5-4）。所有乡镇都必须配置基础型服务设施，聚焦居民日常生活的服务需求，突出普惠便民及基础保障，包括义务教育、基础医疗养老、便民文化、体育、商业等服务设施；都市节点型、县域副中心型城镇因地制宜配置各类品质提升型服务设施，聚焦居民高品质生

表 5-4　面向不同服务人群的服务设施体系

类型	基础服务型			品质提升型		
	儿童	中青年	老年	儿童	中青年	老年
教育	幼儿园、小学、初中	社区教育	老年教育	养育托管点、幼儿园、高中、职业高校、大学、科研院所	职业培训学校、成人技术学校	老年大学
医疗	乡镇卫生院、社区卫生服务中心			中医院、康复医院、智能医务室	中医院、康复医院、智能医务室	中医院、康复医院、老年医院、护理院、智能医务室
养老	—		居家养老服务中心	—		养老院、康养综合体、日间照料中心、托老所
文化	图书室			书店、图书馆、博物馆		
体育	健身步道、小广场、口袋公园			儿童公园、儿童游乐场	游泳馆、健身房、篮球场、足球场	门球场、游泳馆
商业	各类便民服务设施			儿童游乐园、电影院	KTV、电影院、咖啡馆	康养中心、老年度假公寓、老年度假村

活的服务需求，不仅服务于本乡镇，同时辐射周边乡镇，包括各类特色教育设施、高等级以及特色医疗服务设施、多样化医养结合设施以及高品质文化、体育以及商业服务设施，满足城镇居民的高品质服务需求，提升城镇的综合吸引力和辐射带动力。

（3）建立面向城乡居民的综合服务设施体系

建立面向镇域以及周边城镇的综合服务设施体系，设置分级分类的综合型服务设施，一般城镇构建“社区服务中心＋邻里服务中心”服务模式，特色城镇构建“社区服务中心＋邻里服务中心＋特色服务设施”服务模式，都市节点型、县域副中心型城镇构建“社区服务中心＋邻里服务中心＋家园服务中心”服务模式，因地制宜提升城镇综合服务品质。社区服务中心面向社区提供基础型社区服务（教育科普、法律服务、调解、志愿服务）；邻里服务中心突出日常便民服务（维修、裁衣、干洗、药店、中介、快递）和个性化服务（托育服务、早教）；家园服务中心服务本镇及周边城镇，可结合商业综合体等设置高品质服务设施（电影院、生鲜超市、健身中心、书店、文化艺术活动室、智能医务室）；因地制宜配置农产品批发市场（农业特色）、研发中心（工业特色）、旅游集散中心（文旅特色）、专业市场（商贸特色）等特色服务设施，引导形成特色化产业分工。如湖州市针对邻里中心建设制订了《幸福邻里中心建设与服务管理规范》，整合党群服务中心、新时代文明实践中心、文化礼堂、养老服务等场所，集合居家养老、社区医疗、图书室、体育健身、幼儿教育、社区服务、便民服务等功能，依托幸福邻里中心，因地制宜培育和孵化扶老、助残、救孤和帮困类社会组织，基本实现邻里中心城镇全覆盖。

（四）协同推进“产、镇、景”融合发展

1. 创新产业培育，建设创新型都市节点型城镇

都市节点型城镇的工业园区适应创新产业发展的要求，创新用地管理方式，单一性质工业用地兼容居住、商务办公、研发设计、生活服务等多种功能，建设复合型产业社区。融合研发、创意、设计、生产全产业链，构建具有竞争力和影响力的产业集群，促进产业链向研发、设计等产业链前端延伸，建设创新发展型城镇与都市区重要功能单元。如杭州市仓前街道依托梦想小镇等创新创业平台，与杭州师范大学等高校开展深度合作，建设之江实验室等高端科技研发中心，推动科技成果转化。

2. 农旅融合发展，建设农业与文旅特色城镇

农业特色城镇有序引导土地流转，适度规模化经营，优化农业生产方式；推广全程标准化生产和全产业链安全风险管控，提升农产品品质；培育农业龙头企业，发展农产品精深加工，提高农业产业效益；实施农旅融合，发展特色休闲旅游，促进多产融合发展。

文旅特色城镇重点提升景区镇、景区村及特色景区，拓展商贸、会展、康养、体育、影视等功能，完善宾馆、饭店、旅游集散中心、智慧旅游发布平台等服务设施，通过特色游线串联特色景区与传统村落，发挥文旅产业发展的整合效应。如乌镇推动旅游与互联网产业融合发展，建设北斗产业园，发展互联网会展经济，将互联网运用到日常生活，建设了5G公园、5G公交等设施。

3. 工业产业提质升级，建设工业特色型城镇

分类整治提升，不符合产业政策的产业，实施“退二进三”，充分利用现有旧厂房、旧办公楼、旧码头、旧仓库等设施发展文创产业与创新创业，优化产业结构；土地利用强度低、产出率低的产业采用“零地技改”（原产业用地开展技术改造）、“退二优二”（低产出效率企业置换为高科技企业、高产值企业）等方式提升产出效率，建立与亩均效益挂钩的资源要素优化配置机制，培育制造业精品，建设特色工业强镇。

不同类型城镇产业转型提升策略如表5-5所示。

五、推进美丽城镇集群化建设

浙江率先提出小城镇集群化建设发展技术指引，创新提出集群化发展概念，制订了《浙江省美丽城镇集群化建设评价办法》，明确美丽城镇集群为一定地域范围内山水相连、路网相

表 5-5 不同类型城镇产业转型提升策略

类型	存量产业存在的问题	主要措施	主导产业优化建议	设施配置	多元产业发展引导
都市节点型城镇	用地紧缺，产业有升级要求，受政策限制产业用地缺乏高质量服务设施配套	用地混合、“退二进三”、土地整治	推动工业产业向创新产业方向发展	设计、研发、金融、商务、办公、物流	文创、会展、商贸
农业特色型城镇	产业结构单一，以农业产业为主，以个体分散生产经营为主，产品附加值不高	土地整治、土地流转、家庭农场	开展规模化生产，发展特色农业、精品农业，实施农产品精深加工，完善生产、加工、流通、体验、销售、服务产业链	农业基础设施、农业科研、农产品仓储物流、农产品专业市场、农业培训	旅游
工业特色型城镇	以传统工业为主，用地效率不高，转型升级缓慢	“零地技改”“退二优二”“退二进三”	提升主导产业，开展技术改造，工艺升级与产品优化，在生产的基础上强化研发和中试，以亩均效益为导向，提升用地产出效益	投融资、物流、研发、实验、培训等生产性服务设施	旅游、商贸、会展
文旅特色型城镇	旅游特色不鲜明，旅游接待服务能力欠缺	全域景区化建设，建设景区镇、景区村	文旅融合发展，建设特色旅游项目，健全旅游服务体系，建设智慧旅游服务体系	旅游集散中心、接待中心、宾馆、饭店等接待设施	康养、影视、体育、商贸

通、产业相融、人文相亲、治理协同的若干个美丽城镇组成的发展集合，数量 4 个以内为宜，集群内部公共交通通勤时间半小时内为宜。通过集群化建设推动小尺度、小范围、跨行政区协作发展，全面提升区域发展水平。集群化建设能够有效弥补单打独斗缺陷，通过强强联合、强弱互补、均衡发展、山海协作等方式，全面破解城乡差距、地区差距、收入差距，带动城、镇、村全面实现共同富裕。全省共培育了 32 个集群作为美丽城镇集群化建设案例。

（一）“五共”联动推动美丽城镇建设

集群化建设聚焦“五共”，融合“五美”，充分展示集群的整体性、系统性、协同性和创新性，包括设施共通、服务共享、产业共融、风貌共塑和治理共通五大方面。

设施共通方面，重点强化规划引领，统筹安排集群内部空间布局，加强镇与镇、镇与村、村与村之间“水、电、路、气”等基础设施无缝对接，一体化管护，加速构建标准统一、互联互通的基础设施体系，以基础设施的全面连通促进镇村充分融合。

服务共享方面，完善集群内部 30 分钟生活圈，鼓励优质学校、综合医院、养老院、文体中心、商贸综合体等高品质服务设施共建共享，避免重复投资、低效率建设，变“一地有”

为“全体享有”，加快实现基本公共服务均等化、服务设施品质化。

产业共融方面，优化集群产业布局，加强产业资源整合，推动集群内部乡镇共建产业平台，共享产业配套，共塑产业品牌，壮大产业集群，完善产业生态，提升附加值和知名度；以产促镇，以镇兴产，加快构建产镇深度融合发展格局。

风貌共塑方面，叠加美丽城镇集群与城乡风貌区建设，全面消除集群内部脏乱差现象，打造具有地域特色的标志性景观，集成推进美丽乡村、美丽河湖、美丽公路、美丽田园等美丽载体建设，塑造具有辨识度的文化 IP，加快实现“整体大美、浙江气质”全域美丽格局。

治理共通方面，推动镇村在政务管理、经济产业、民生服务、社会治理等方面的智慧融合，创新构建多跨集成、整体贯通的智慧应用体系；探索建立集群内部长效管理与重大事项协商机制，推动联合执法、便民服务等跨镇村管理，创新构建集群高效治理模式。

（二）推动美丽城镇建设向区域层面拓展

1. 引领发展，打造有全国示范意义的小城镇集群

就近联合独立发展的小城镇，整合优势资源，避免重复投资、低效建设，加强优势互补，推动协商共治，系统提升集群基础设施、公共服务以及产业发展水平，发挥“1+1 大于 2”合力。

2. 协同发展，因势利导提升美丽城镇发展水平

尊重城镇化发展规律，将小镇、弱镇纳入集群化建设，重点保障基本功能，推动优质基础设施、公共服务全面覆盖，同步拓展大镇、强镇辐射腹地，推动做大做强，构建紧密共同体。

3. 融合发展，打通城乡融合的“最后一公里”

聚焦跨镇村整合的痛点与堵点，创新体制机制，持续丰富优质公共服务的共享模式，持续拓展基础设施共构方式，持续探索产业链高效协同机制，变“一地有”为“集群有”，建设融合互通的小城镇集群。

（三）分区分类指引集群化建设

将美丽城镇集群分为极核联动型、辐射带动型、均衡协作型等类型，分类推动美丽城镇集群化建设工作，构建分区分类指引模式。

1. 极核联动型

都市区城镇密集地区重点打造极核联动型城镇集群，都市节点型、县域副中心型城镇联合发展，形成美丽城镇集群。发挥强强联合优势，联合建设产业园区等平台，打通跨市县便民服务事项办理，推动跨镇村基础设施互联互通。如杭州市萧山区瓜沥镇与绍兴市柯桥区安

昌街道都为都市节点型城镇，两者共建极核联动型集群，共同签订区域战略合作框架协议，通过建立体制机制、搭建共建平台、拓展合作领域等方式，努力打破行政区划壁垒，通过安昌路北延工程、钱滨线安昌支线西延萧山成虎路工程等推动了基础设施的全面连通。

2. 辐射带动型

县域经济发达地区重点打造辐射带动型集群，以都市节点型、县域副中心型城镇为核心，辐射带动周边若干个城镇的发展集群。建设一批辐射能力强的功能设施，增强功能产业对周边城镇的辐射带动作用。如临安昌化美镇圈中昌化镇为县域副中心型城镇，河桥、湍口、龙岗、清凉峰为特色型城镇，形成了“一心两翼”发展格局，“一心”即昌化镇，做强基础设施配套，打造交通枢纽中心、旅游集散中心、电子商务中心、文化创意中心等核心功能区，强化昌化镇对周边四镇的辐射带动力；“南翼”在河桥、湍口做好“秀水”文章，做优古镇休闲和温泉康养等产业；“西翼”为龙岗、清凉峰，做好“峻山”文章，做优峡谷秀峰游、耕读文化体验等产业。

3. 均衡协作型

山区海岛县建设均衡协作型集群，以若干个特色型城镇协同发展形成城镇集群，跨镇村建设文旅产业链，打造特色品牌与特色游线，实现一二三产融合发展。如路桥区新桥镇、峰江街道、路南街道为特色型城镇，新桥镇聚焦美丽农业，打造现代化的高端农业产业园；峰江街道集聚高端机电、新能源产业、智能家居等，形成更大的产业集群；路南街道完善基础设施建设，利用原有产业基础打造“工业未来社区＋居住未来社区”发展体系，围绕浙江路桥经济开发区发展汽摩及零配件制造等先进制造业。

（四）城乡一体融合打造集成展示体系

1. 统筹开展城乡环境整治提升

统筹上下游、左右岸、地表地下、城市乡村，联合推进中小河流农村水系水生态保护与修复，连片推进全域土地综合整治和生态修复，共同维护山水林田湖草与城镇山水格局，共建区域生态廊道。开展跨镇、村环境卫生综合整治，重点整治提升主要干道、美丽公路、城乡绿道、城乡接合部、沿山滨水空间、行政交界等区域，整治乱堆乱放、乱搭乱建，保持干净整洁、美观协调、规范有序。

2. 统筹开展美丽展示区建设

加强美丽村镇、景点景区等串点连片，整合人文自然优势资源，构建美丽公路、美丽绿道等串联的美丽游线，跨镇村打造美丽风景带，植入文旅休闲等特色功能，完善公共服务等配套设施，打造主题鲜明、连续贯通的生态经济带、特色产业带、文化休闲带，高品质建设集成展示风貌区。

六、美丽城镇建设模式与机制

（一）环境美

1. 构建内联外畅的交通体系

提升交通设施服务功能，交通设施建设方面注重道路交通体系的完善，加强闲置空间的利用，通过道路基础设施建设，带动文旅休闲经济的发展。如乐清市淡溪镇，通过梳理四都溪沿线可改造利用的农村机耕路、坝顶道路，串联山、水、林、田、湖、路、村等载体，打造 8.1 千米四都溪绿道，建成 4 大休闲驿站，设计趣味灯光步道 3 处，为群众提供垂钓平台、亲水步道等多元游玩体验。

2. 完善市政基础设施

建设绿色低碳的基础设施体系以及坚韧安全的防灾体系，完善市政基础设施建设。如柯桥区安昌古镇原有的排污管道存在老化、损坏、淤塞、异味散发等问题，对古镇居民生活、河道水质、游客观感均造成了不良影响。经过多次专家论证，采用先进的真空负压技术对古镇排污管道进行升级改造，该技术具有施工影响小、使用寿命长、故障率低、节水减碳等优点，解决了传统重力管道在建设及使用过程中存在的各类问题。完成改造后，真空负压管网每日最大排水量 500 立方米，满足古镇排污的需求，居民纷纷点赞。

3. 深化环境综合整治

持续开展生产生活环境整治，加强系统提升，改善环境品质。如嵊泗县枸杞乡开展渔用养殖物资“物业化管理”，通过购买服务形式委托第三方公司对养殖物资场地统一管理，引导养殖户归纳整治苗绳、浮球以及渔船等，改善了养殖区“脏、乱、差”面貌，对收储设施进行美学改造，在保证收储功能的前提下兼有景观功能，形成了“收纳魔方”“旱坞长城”两道独具海岛渔旅融合特色的风景线。

（二）生活美

1. 打造品牌公共服务设施

美丽城镇建设过程中注重高品质公共服务设施建设，通过高质量文体设施、医养设施、商贸设施等设施配置，提升城镇居民生活服务水平。如衢州市在美丽城镇建设中结合“衢州有礼”城市品牌，打造由政府主导、社会参与，并以“南孔书屋”命名的场馆型自助公共图书馆，统一配备数字化设备，设置公共雨具、常用药品、手机充电、无线网络等便民化服务设施，提供线上线下一站式阅读服务。因地制宜打造体现地域特色、个性化的围棋、影视、摄影等不同类型的主题书屋。到 2023 年，全市已有 33 个乡镇建成南孔书屋 35 个，进馆人次 50 余万人，为基层群众提供优质公共服务设施。

2. 提升公共服务水平

美丽城镇建设注重增加优质公共服务供给，拓展公共服务范围，创新服务方式，提升公共服务水平。如苍南县桥墩镇面临着人口老龄化程度高、村社分布散、服务需求杂等问题。桥墩镇大力推进长者食堂建设，累计投入 1000 余万元，辐射辖区 36 个村社，设置 6 个共富型长者食堂，同时提供集中配送餐服务，为行动不便、居住偏远的困难老人提供送餐上门服务，建立二维码门牌“一码到家”系统，将数字化运用于老年人助餐服务工作，老人可通过二维码门牌系统在线申请用餐，打通城镇老人康养服务的“最后一公里”。

3. 加强公共服务设施运营管理

运营管理是公共服务设施的薄弱环节，在美丽城镇建设过程中积极探索公共服务设施长效运营管理模式，通过委托专业运营公司、乡镇管理、购买服务等方式提升设施运营管理水平，充分发挥公共服务设施的使用效益，推动公共服务设施高效运营管理。如宁波市北仑区小港街道围绕居民对文化体育生活的需求，政府提供土地及配套设施，海天集团投入资金 1.6 亿元，共同建设海天文体中心，引入上海翔立方文化体育集团有限公司开展海天文体中心运营，动态优化调整场馆建设和功能布局，增设餐饮服务场所，吸纳专业体育培训团队，引进数字化、智能化管理系统，丰富文体中心服务功能。联合海天集团成立管理委员会和海弘文化体育发展有限公司，制订合作运营考核办法，以量化标准对运营方开展考核监督，保证文体中心运营服务质量。自 2021 年 10 月开馆以来，已成功举办“小港杯”全国男子业余排球邀请赛、“渶江杯”篮球联赛等赛事 1000 余场，年均接待量达 35 万人次。

4. 打造高品质生活圈

将问需于民、问效于民贯穿美丽城镇建设、评价全过程，联动打造镇村生活圈。结合生活圈的打造，引导建设功能复合、便民惠民的邻里中心，提供一站式便民服务。如德清县禹越镇以美丽城镇建设聚力“生活美”为契机，在商业综合体中创新性植入邻里中心，打造小镇客厅、禹悦书房、百姓健身房和禹越成校等功能空间。其中禹悦书房包括借阅零售、研学文创、休闲茶饮等功能，禹越成校提供家政培训、茶艺房、四点半学堂等群众交互空间，完善建成区 15 分钟生活圈，实现“白天邻里中心、晚上成校培训”的高效高频利用。

（三）产业美

1. 提升产业发展水平

美丽城镇建设推动传统产业转型，加强科技研发和品牌建设，提升产品附加值，聚焦产业链关键环节，补齐产业链短板，提升产业发展水平。如诸暨市大唐街道以“人才 +”

“创新 +”“创意 +”“互联网 +”“金融 +”五个生态圈为抓手，推动传统袜业产业转型升级。“人才 +”生态圈方面，设立袜业工程师协同创新中心，与国内外 35 家高校和 10 家行业协会合作，引进袜艺设计、纺织材料、智能设备、品牌运营 4 个领域的工程师 158 人。“创新 +”生态圈方面，建设袜业产业创新服务综合体，为行业企业提供产品设计、质量检验、数字物流等全方位服务。“创意 +”生态圈方面，组建“1+20”高校合作联盟，举办中国“大唐杯”袜业设计大赛，征集创意设计作品 3000 件，吸引 2000 多名创意设计人才加盟。“互联网 +”生态圈方面，建成袜业大数据中心，权威发布“电商实时动态”“袜业价格指数”等行情，帮助企业精准营销。“金融 +”生态圈方面，大唐街道与诸暨农商银行、诸暨市袜业协会签订合作协议，整体授信 16.5 亿元，袜业企业享受无抵押、低利率、分期付款等特定待遇。

2. 产业发展带动共富

通过产业发展为城镇居民提供更多就业，通过创新创业为城镇居民提供更多增收渠道，带动城乡共同富裕。如海宁市袁花镇盘活存量资产，将建材市场部分闲置用房改造为“共富工场”，由民营龙头企业、村社及本地乡贤共同投资建设，由政府牵头对内部进行改造，进一步丰富业态和功能。吸纳海宁华联、诚辉食品等公司入驻，鼓励有创业意愿、项目构想和发展潜力的本地青年、大学生创业者入驻青年创智区，预计解决就业 230 人。

3. 完善产业配套设施

美丽城镇建设过程中注重完善城镇产业服务配套，完善城镇产业链，推动“产镇”融合发展。如长兴县煤山镇针对产业配套设施不足，外来人口服务设施不到位等问题，统筹全镇 24 个行政村，联建蓝领公寓，一期建成 773 间公寓，为 14 家企业的 1600 多名外来员工提供住宿服务，其中高端人才 112 人。蓝领公寓给予企业员工租房价格的 30%~50% 补贴，有效解决外地员工住宿问题，缓解了本地企业招工难、留人难、员工管理难等难题。仅租金一项，给参与的 24 个村每村平均增加近 50 万元收入，成为煤山镇薄弱村“消薄摘帽”的重要支撑。

（四）人文美

1. 加强历史文化传承利用

美丽城镇建设注重传承历史文化，推动历史文化资源活化利用，提升历史文化资源的保护利用水平。如龙泉市宝溪乡探索青瓷文化的深化、物化、转化新路径，投资 100 万元对溪头村 7 支古龙窑进行抢救性修复，投资 30 万元重燃窑火，重现千年技艺，搭建“从瓷开始”主平台，创新推出“窑工小食”“窑乡小礼”等系列伴手礼，持续推出“开盲盒”等特色活动。带动网络直播、民宿、农家乐等产业发展，年网络销售额达到 1200 余万元。2022 年，宝溪乡柴烧龙窑青瓷 15 场次，吸引游客 9 万余人次，实现旅游收入 1000 余万元。

2. 推动千年古城复兴

美丽城镇建设与古城保护利用充分结合，推动古城合理保护、科学利用、功能提升、业态升级。如富阳区推进千年古城复兴和美丽城镇创建，努力把新登古城打造成为“专家可考、旅客可游、群众可居”的美丽城镇新样板。新登古城墙作为我国明清城墙中保存比较完好的县城城墙代表，新登镇编制《浙江富阳新登古城墙保护规划》《新登千年古城复兴综合规划》等规划，引领古城墙科学保护。推进城墙城河修复、古城夜景亮化、区域立面整治等工程，开展秉贤街、新城街共 50 幢房屋的翻修和重建，保护修缮徐玉兰故居、罗隐碑林、城隍庙等，结合非遗、诗词、越剧、宋韵等元素，打造宋韵文化特色街区，举办“古城文化周”系列活动，恢复共和青狮、湘溪竹马等非遗项目，推动文旅融合发展。

3. 打造古村落文化带

美丽城镇建设过程中注重对古村落的保护，打造古村落文化带，推动古村落振兴发展。如武义县履坦镇将打造武义江古村落文化带作为重点任务，串联履一村、履二村、履三村、坛头村、范村、叶长埠村等乡村，修复古村落资源，盘活镇区的生态资源、文化资源，提升乡村发展水平。镇村联动治环境，拆除违章建筑 800 多个、清理河道 11 千米，以湿地为核心，修建串珠成链的沿江生态绿道。把闲置农房、校舍、老旧厂房等资源转化为乡村振兴资产。坛头村引入社会资本发展精品民宿、乡村书吧、农村电商等乡村新业态，2022 年人均可支配收入增长 30%，将叶长埠村古街打造武义首条古玩街，引进经营主体 20 余家，每年可为村集体增收 40 万元。

4. 推进城镇有机更新

美丽城镇建设运用微更新微改造的方式，整治修缮老街区、老宅院，打造具有传统风韵、人文风采、时尚风貌的特色景观。如南浔区练市镇对老粮站及周边环境进行微改造、精提升，最大限度修缮整改建筑群，尽可能保存建筑原样，使用“自带”材料，以地标凸显、入口重塑、运河串联为空间建设重点，塑造可识、可感、可游的文化空间。植入特色品牌、餐饮，打造具有历史遗存特色的品牌酒店、民宿客栈。2023 年“五一”假期日均游客量达到 2000 人次。

（五）治理美

1. 扎实推进基层治理

美丽城镇建设聚焦城乡治理中的难点问题，推进治理模式和治理手段创新，提升基层治理效能。如海盐县澉浦镇创新形成“澉治链”机制，推动城乡一体化高水平治理。在体制链方面，推行“大联动、微治理”网格化管理模式，构建“社区—网格—单元—楼栋—居民”

五级网络组织架构。在共治链方面，发挥睦邻客厅社会组织培育、百姓议事协商、社区微治理、社会微服务“四大平台”作用，引导多元参与。在人文链方面，以社区党群服务中心为平台，有机融合矛盾纠纷调解中心、居家养老中心、智慧书屋等载体，重塑邻里关系，开展多形式的指数评比，实行家庭积分制管理，重塑家庭关系，探索“同心参治”，打造“乡贤 +”工作体系，开展“双为”行动，重塑社会关系。在服务链方面，打造“澉 +”特色服务品牌以及“啄木鸟”工作室和“解铃”调解工作室，围绕“澉爱”“澉享”“澉治”共开展活动 300 余场，涉及居民 7200 多人次，提升了主动服务、精准服务的能力，推动了社区的和谐发展。

2. 积极推动智慧治理

美丽城镇建设综合运用智慧化手段，围绕城镇秩序管理、建房管理、公共服务、巡查巡检等方面，增强基层服务能力，提升治理效能。如衢州市衢江区全旺镇应用数字赋能，开发“全旺镇无人智慧巡检系统”，通过无人机远程控制、自动航拍、多场景 AI 分析等，将巡检发现的问题汇总到指挥室，统一调度，实现了线下多模块、跨层级协同和高效率处理、集成智治。对城镇秩序开展巡检，无人机每天两次定时巡检城镇农贸市场周边秩序，发现问题，执法人员第一时间到现场解决，提高处置效率和质量。重点对省级粮食功能区开展巡检，通过 AI 算法自动识别出“非农化”“非粮化”“双非”问题区域，化解“非粮化”巡检难题。对农民建房开展巡查，建房前无人机绕房子一圈后，自动生成实景 3D 模型，多期拍摄即可形成全施工过程的 3D 实景立体档案，提高了勘测精准度。无人机巡检系统投入使用后，人力成本降低了 30%，减轻了财政压力，同时提升了效率，推动城镇高效智治。

3. 探索共富治理模式

美丽城镇建设积极探索带动城乡居民共同富裕的方式，通过村民持股、发展集体经济、联合经营等方式，持续提升城乡居民获得感。如玉环市干江镇创新“4951”农民持股共富、合资入股模式，村集体注册成立旅游发展公司，村集体占股 51%、村民占股 49%，形成“利益共享、风险共担”的股份联结机制；镇级牵头建立悦来干江文旅发展集团，按照“镇级 40%+15 个村累计 60%（每村 4%）”的原则实施“共富飞地”项目，带动沿线村村集体收入增加 30 万元，提振集体经济；引进社会资本，开发党群院落、民宿集群、康养旅居综合体等业态，打造综合性旅游聚集区，村集体每年按营业额的 3% 获取分红，实现村集体经济与社会资本的双赢。推动村民变“股民”、村庄变景区、资源变资产，让村民从以往乡村建设的旁观者变成抱团发展者，探索“村民参与、集体众筹、联合经营、市场主导、共建共享”模式。

第三节 现代化美丽城镇建设

一、现代化美丽城镇建设背景

经过三年的美丽城镇建设，浙江省小城镇在空间环境、设施配套、产业发展、文化彰显、治理提升等方面都取得了长足发展，但对标现代化还有一定的差距。2023 年，浙江省做出现代化美丽城镇建设的决策部署，这既是持续深化“千万工程”的重要内容，也是浙江高质量发展建设共同富裕示范区的基础性、战略性工程，对于提升城镇人居环境和带动乡村发展具有重要意义。2023 年 8 月，《浙江省人民政府办公厅关于全面推进现代化美丽城镇建设的指导意见》提出，每年打造 100 个以上环境更宜居、服务更友好、产业更兴旺、人文更深厚、治理更高效的现代化美丽城镇示范镇，联动推进现代化美丽县城（城区）建设。到 2025 年底，打造 300 个以上现代化美丽城镇示范镇，打造 15 个以上现代化美丽县城（城区）。到 2027 年底，持续打造 500 个以上现代化美丽城镇示范镇，所有城镇达到现代化美丽城镇基本要求，所有山区海岛县基本建成现代化美丽县城（城区），小城市培育试点全面完成。同步制定了《浙江省现代化美丽城镇建设方案编制导则》，对正在推进的现代化美丽城镇建设方案编制、现代化美丽城镇建设引导都发挥了积极作用。近期，示范镇建设均有序开展。

二、现代化美丽城镇建设内容

（一）实施设施提标行动，推进基础设施现代化

1. 提升市政设施品质

加大城镇路网建设，倡导“小街区、密路网”，完善交通安全设施。加强地下空间开发利用，推进市政管网更新改造，鼓励有条件的地区开展综合管沟建设。提升供水保障能力，强化生活小区“污水零直排区”建设，深入推进农村生活污水治理“强基增效双提标”，推动城乡污水一体化处理。加快推进天然气基础设施建设，大力提升管网互联互通水平，加强老旧设施检验及更新改造。合理布局生活垃圾分类收集站点，完善分类运输系统，加快补齐分类收集转运设施短板。

2. 提升交通服务能力

加快都市区周边城镇的轨道交通、城际铁路、快速公交等公共交通设施建设，推广以公共交通为导向的开发（TOD）模式。深化“四好农村路”建设，推进山区县的乡镇通三级公路和建制村通双车道公路，提升城乡客运公交一体化水平，健全城乡物流网络。加强智慧

公交、智慧停车等设施建设，推进停车资源供需平衡。

3. 推进低碳设施建设

提升小城镇公园、口袋公园及沿山沿路滨水绿化，完善城乡绿道网，构建慢行交通网络，到 2025 年底实现每万人拥有绿道长度 1 千米以上。发展天然气、水能、风能、光能、氢能等清洁能源，加强新能源充电桩、换电站等配套设施建设。推进智能建造和建筑工业化协同发展，开展绿色建造和公共建筑节能改造。

4. 推进新型城市基础设施建设

推动智慧道路、智慧燃气、智慧水务、智慧社区、智慧环保等建设，提高市政基础设施运行效率和安全性能。推进 5G 网络、应急广播体系建设，鼓励云算力服务探索实践和物联网新型基础设施建设，提升城镇治理智能化水平。

（二）实施服务提质行动，推进公共服务现代化

1. 提升城乡居住品质

加快完善住房保障体系，有效扩大保障性住房供给，保障城镇常住人口基本居住需求。鼓励优质企业参与保障性住房、农民安置房建设，推进商品住宅全装修，优化物业服务，提升住宅智能化水平。优化“一老一小”服务体系，鼓励小城镇因地制宜推进未来社区建设，积极推进未来乡村建设。推进老旧小区、城中村、镇中村改造，加强邻里中心建设。深入推进易地搬迁，深化农房建设管理体制机制改革，结合跨乡镇土地综合整治推进农村人口合理集聚。

2. 提高教育服务能力

加大优质普惠性学前教育资源供给，大力发展公办幼儿园，提升二级以上优质园覆盖面。深化城乡义务教育共同体建设，高质量建设“小而优”乡村学校，促进义务教育优质均衡发展。建设一批特色高中、职业学校等。推动社区教育、老年教育提质扩容、普惠共享，加快构建服务全民终身学习教育体系。

3. 加强医养服务能力

深化县域医疗卫生服务共同体建设，推动乡镇卫生院（社区卫生服务中心）达到国家服务能力标准，有条件的城镇发展医院分院、专科联盟等。推进“居家 + 社区机构 + 智慧养老”，鼓励发展老年医疗、康复护理，推动城镇适老化改造。深入推进医养结合，推进医疗、养老设施毗邻建设，打造养老公寓、康养综合体等。深化医育结合，推动托育设施建设，建设“医防护”儿童健康管理指导中心。

4. 推进商贸和文体设施建设

提升步行街、商业特色街、商贸综合体、农贸市场等设施，持续丰富业态布局，鼓励打造高品质商贸集聚区、夜间消费打卡点。优化文化广场、文化街区、文化场馆等设施功能，

探索建设区域公共文化服务联合体。在确保安全的前提下，挖掘利用旧厂房、桥下空间等，打造全民健身中心、体育公园、社区多功能运动场、百姓健身房等，提升开放共享水平，加快实现“体有所健”。

（三）实施产城融合行动，推进经济产业现代化

1. 加快产业能级提升

建设提升特色小镇、小微企业园、现代农业产业园、科创产业基地、“共富工坊”等，推动产业用地有机更新，推进小城市培育试点建设。发展“农业 +”“文旅 +”“制造业 +”等融合型产业，培育上市企业、农业龙头企业、制造业“专精特新”企业等，推动产业链强链延链补链。打造绿色工厂、未来工厂、未来农场等，推动产业绿色化、数字化、智能化发展。

2. 加强产业品牌建设

建立工业品牌培育管理体系，开展品牌诊断、品牌故事大赛、品牌创新成果发布等活动，积极打造“浙江制造精品”。推进老字号传承创新发展，加强文旅消费品牌建设，培育文化演出、旅游演艺、文创产品等特色品牌。完善农产品质量追溯体系，建立品牌目录制度，推进品牌及地理标志建设，提升农业产业附加值。

3. 完善产业服务配套

发展创意设计、检验检测、科技服务等生产性服务业，提高现代物流发展水平。建设提升工业邻里中心、产业创新综合服务体、电子商务服务平台等，完善人才公寓、便民服务设施等配套设施，促进生产制造、生活服务与休闲体验充分融合。

（四）实施风貌彰显行动，推进人文环境现代化

1. 塑造全域美丽风貌

开展城乡风貌整治提升行动，重点推进老集镇、城乡接合部、产业片区等整治，打造县域风貌样板区。加强镇域主干道沿线杆线整治提升，实现安全规范、整齐美观。推进浙派民居特色村建设，每年建成 100 个美丽宜居示范村（含 30 个浙派民居特色村）。打造具有辨识度的公路、绿道、河湖等，构建串珠成链的特色廊道。

2. 加强历史文化保护传承

加强历史文化名镇名村和街区保护，保持老镇区、老街巷格局肌理，强化历史建筑、历史要素与周边环境一体化保护，推进传统村落风貌保护提升。推进优秀传统文化传承发展，保护振兴老字号、传统工艺、乡土建筑技艺、民俗、传统戏剧等，推动优秀传统文化融入群众生产生活。

3. 推进活化利用

推进千年古城复兴试点，推广“拯救老屋行动”经验，鼓励存量改造，打造多功能新型公共文化设施。推动地方文化与科技创新、旅游体验、制造业发展等多领域深度融合，打造特色文化活动、节庆赛事、休闲线路等。

4. 彰显文化特色

构建文化名山、人文水脉、森林古道、古镇古村展示体系，打造具有文化标识度、区域影响力的特色文化名片。将文化特色融入城镇建设，打造彰显文化个性的特色街区、公园广场、亲水节点、公共建筑等文化地标。

（五）实施治理增效行动，推进综合治理现代化

1. 推动城、镇、村联动发展

合理定位城、镇、村关系，强化县城综合服务能力和乡镇公共服务功能，协同推动镇郊村开展未来乡村建设。推进城镇和乡村片区化发展，构建全域覆盖、层级叠加、舒适便捷的5分钟社区生活圈、15分钟建成区生活圈、30分钟镇域生活圈体系，打造联城、联镇、联村的共富带。

2. 强化规划设计引领

坚持山水林田湖草一体化保护和系统治理，健全生态产品价值实现机制，促进人与自然和谐共生。加快实施跨乡镇土地综合整治，打造集约高效的国土空间。科学编制现代化美丽城镇建设方案，促进生态空间、生产空间和生活空间融合发展。

3. 健全长效发展机制

探索建立“投建管运”一体化可持续机制，推进环境卫生、风貌秩序、基础设施、房屋安全、公共安全等长效常态管护。建设一批符合当地实际需求的智慧场景应用，推动社区接入智慧服务平台。鼓励企业、社会组织、乡贤、居民积极参与，推进决策共谋、发展共建、成果共享。

三、现代化美丽城镇建设特点

（一）推动小城镇全面高质量现代化发展

1. 系统推进“五个现代化”建设

现代化美丽城镇建设聚焦“五个现代化”建设，突出可感知、可体验，全面提升城镇综合发展品质，充分彰显城镇发展特色，持续深化现代化美丽城镇建设发展质效。

实施现代化美丽城镇建设“十大提升工程”，简称“四网四特两片区”。“两片区”包括城镇重点片区和联城联镇联村共富片区，城镇重点片区整体推进老集镇、产业园区、镇中村、镇郊村等改造，加强功能业态和风貌品质提升，打造各具特色的城镇示范单元；联城联镇联村共富片区推进城镇联动镇郊村、镇边村等片区化发展，促进基础设施和公共服务延伸覆盖，引导产业协同互补发展。“四网”包括市政基础设施网、慢行交通网、“一老一小”服务网、智慧便民服务网等。在打造完善的市政基础设施网方面，加快补齐市政设施短板，改造提升老旧市政管网，加强新能源新城建等基础设施建设，构建高效实用、智能绿色、安全可靠的现代化基础设施网；在打造串珠成链的慢行交通网方面，推进慢行交通网络建设，打通城乡绿道、游步道等断点堵点，依托慢行交通串联滨水空间、公园绿地等公共空间，打造高品质休闲游憩网络；在“一老一小”服务网方面，重点提升“一老一小”服务能力，加强乡镇卫生院、养老院、养老公寓等设施建设，补齐幼儿园、婴幼儿照护驿站等功能服务短板，打造普惠共享的优质服务网；在智慧便民服务网方面，推进智慧生活服务功能建设，提升服务居民的智慧养老、智慧医疗、智慧教育等应用场景，打造高效便捷、功能集成、使用广泛的智慧生活服务网。“四特”包括特色产业园、特色城乡社区、特色业态功能、特色文化品牌。在特色产业园方面，重点建设提升工业园、专业市场、电子商务园、农业产业园等特色产业园区，改善环境品质，完善生产服务配套，提升产业能级，打造美丽产业园；在特色城乡社区方面，贯彻“未来社区”理念建设提升城乡住区，优化住区环境，完善服务配套，建设提升邻里中心，打造高品质的城乡社区；在特色业态功能方面，加强存量用地、闲置建筑、低效空间改造利用，提升功能品质，培育特色业态，发展夜间经济，激发城镇活力；在特色文化品牌方面，推进城镇文化品牌建设，打造具有城镇特色的标识体系、城镇地标、特色街区、街道家具、夜景亮化等，塑造具有辨识度的城镇特色 IP。

2. 积极探索项目“投建管运”一体化模式

在建设的基础上，加强项目运营和长效管理。推进城镇建设项目运营管理，引入运营团队，建立多元主体合作机制，促进产业业态更新和植入，开展招商引资，激发城镇空间活力，推动城镇可持续发展。加强长效机制建设，推动城镇道路、绿化、公园、生活污水处理等基础设施长效管理维护，加强居家养老、邻里中心等公共服务设施长效运维，促进城镇风貌秩序长效管控。

3. 积极探索镇村联动发展的共同富裕模式

加强美丽城镇、美丽乡村联创联建，推动镇区联动镇郊村、镇边村，推进镇区与周边乡村整体打造、系统提升。加强城镇与周边区域联动，推动公共服务共享，联动开展城乡风貌整治提升，组建产业共同体，建设各具特色的主题游线，推动现代化美丽城镇建设向片区化方向前进。

（二）以城镇体检为载体推动城镇提质升级

现代化美丽城镇建设注重查找城镇问题短板，从问题短板出发，贯彻体检前置理念，开展基础设施、公共服务、经济产业、人文环境、综合治理等方面的体检，全面查找现阶段问题短板，坚持问题导向，提出改进提升方向。

1. 基础设施体检

（1）供水：分析城镇供水水源、水厂、管网等设施现状，梳理城镇供水水量、水质、水压以及管理方面的情况，识别供水系统布局、建设及服务管理等方面的短板。

（2）污水：分析城镇污水系统在收集、处理、排放、利用、运维等方面的现状，梳理污水"零直排区"、污水管道、污水泵站、污水处理厂、农村生活污水处理设施、污水再生利用以及设施管理运维情况，识别污水系统存在的问题。

（3）防洪排涝：分析城镇易涝积水点、源头减排、雨水管渠、雨水泵站、排涝除险设施、应急排水设施等现状，结合内涝风险普查成果等资料，识别内涝风险并分析成因。

（4）能源：分析城镇燃气厂站、管网、液化石油气供应等设施建设现状，梳理供气网络场站布点、管网建设及改造、供应能力、气化率、运行维护等方面情况，识别问题短板。

（5）供电：分析城镇供电设施装备水平、供电能力、供电质量以及照明设施建设、盲点暗区等方面的现状，梳理通信网络在设施布局、网络覆盖、线路整治、"多箱合一"等方面的情况，识别问题短板。

（6）环卫：分析城镇生活垃圾在分类设施配置、分类收运体系、分类管理监督体系等方面的情况，梳理城镇公厕、环卫停车场等环卫服务设施现状，识别问题短板。

（7）防灾减灾：分析城镇在消防、应急避灾等防灾减灾设施现状，识别防灾减灾设施配置和建设管理等方面的问题短板。

（8）对外交通：分析城镇对外联系通道、重要交通枢纽、内外交通衔接等情况，识别城镇对外交通规模布局以及城镇内外交通衔接方面存在的问题短板。

（9）内部交通：分析城镇建成区道路建设和管理现状，梳理城镇路网结构和交通运行组织等情况，识别影响道路通达性的问题短板。

（10）停车：分析城镇停车设施布局、规模、覆盖情况，结合城镇小汽车保有及停车需求等情况，识别停车供需时空匹配方面的问题短板。

（11）慢行交通：分析城镇道路人行道、非机动车道、行人过街设施建设情况，梳理城镇绿道布局、规模、连贯情况以及与公共空间的串联情况，识别问题短板。

（12）交通安全设施：分析城乡公交在站点布局、规模、站点覆盖以及公共交通服务等方面的问题短板，梳理信号控制、标志标线、隔离护栏、道路照明等交通安全设施情况，识别问题短板。

（13）生态修复：分析城镇河湖水体、山体等生态保护与生态修复情况，以及城镇生态廊道建设现状，梳理矿山、地质灾害、水土流失等灾害隐患点及整治提升情况。

（14）园林绿化：分析城镇园林绿化建设情况，以及城镇公园、街头绿地、道路绿化等建设现状，梳理城镇主要公园功能与品质情况，综合把握园林城镇创建情况。

（15）低碳建设：分析城镇低碳建设情况，以及城镇在绿色建筑、建筑节能改造等方面的现状，梳理城镇新能源基础设施功能、规模和布局等情况。

2. 公共服务体检

（1）住房：分析城镇保障房、农房集聚区、商品房等方面的建设情况，梳理镇中村、镇郊村、老旧小区等改造提升情况，识别城镇住区环境建设、物业管理、服务配套等方面的问题短板。

（2）社区配套：结合城镇社区公共服务指数，识别城镇在公共服务设施配置方面的问题短板。

（3）教育：分析 0~3 岁托育机构、幼儿园、中小学等教育服务设施建设情况，把握幼儿园、现代化学校等优质教育设施建设现状，结合城镇人口特征，识别城镇教育服务设施配套和教育服务水平方面的短板。

（4）医疗：分析乡镇卫生院（社区卫生服务中心）等乡镇主要医疗设施建设情况，结合县域医共体建设情况，识别城镇在医疗服务设施配置和医疗服务等方面的短板。

（5）养老：分析居家养老、机构养老等养老服务设施建设情况，把握居家养老设施建设运维及居家养老服务开展情况，梳理医养结合设施以及医养、康养等服务开展情况。

（6）文化：分析综合文化站、图书馆、城镇书房等文化服务设施配置现状，梳理文化设施使用管理及文化设施品牌建设情况，识别问题短板。

（7）体育：分析文体中心、体育馆、体育场地等各类室内外体育服务设施配置情况，梳理体育服务设施建设运营及开放使用情况，识别体育服务设施在功能、规模及运维管理等方面的问题短板。

（8）商贸：分析农贸市场、商业街、商业综合体等商贸设施配置情况，梳理农贸市场、商业街等商业设施运营管理情况，识别问题短板。

3. 经济产业体检

（1）特色产业：分析城镇工业、商贸、文旅、农业等特色产业发展情况，把握城镇在龙头企业培育、产业链建设等方面的现状，梳理城镇在营商环境、产业政策等方面的情况。

（2）产业平台：分析城镇产业平台建设情况，梳理城镇产业园区在环境风貌、建设管理等方面的情况。

（3）生产服务业：分析城镇生产服务业发展现状，结合城镇产业发展特点，梳理城镇各类型生产服务设施建设现状及对产业发展的支撑效应，以及城镇生产与生活融合发展情况。

4. 人文环境体检

（1）历史文化保护利用：分析城镇历史文化街区、传统街巷等保护情况，把握历史建筑等物质文化遗产保护修缮及传承利用现状，梳理传统工艺、乡土建筑营造技艺、民俗、传统戏剧等非物质文化遗产保护传承利用情况。

（2）城镇更新改造：分析现有存量资源使用情况，重点梳理城镇盘活现有闲置用地和改造利用老旧厂房、老旧公共建筑等方面的情况，结合城镇存量资源现状，识别城镇在存量资源利用方面的问题短板。

（3）城镇特色塑造：分析城镇在文化名片打造、标识系统建设、文化地标建设等方面的现状，梳理城镇在文旅融合发展以及文化品牌建设方面的情况，识别城镇在文化特色挖掘、文化特色塑造等方面的问题短板。

（4）风貌整治：分析城镇风貌节点、风貌轴线、风貌片区等建设情况，重点梳理老集镇、镇中村、城乡接合部等区域整治提升情况，识别城镇在风貌整治及风貌特色塑造等方面的问题短板。

5. 综合治理体检

（1）基层治理：分析城镇在基层治理方面的情况，梳理城镇在自治、法治、德治、智治等方面的现状，提出城镇在基层治理方面的痛点难点。

（2）长效管理：分析城镇长效管理情况，梳理城镇在基础设施以及公共服务设施长效运维方面的现状。

（3）智慧化建设：分析城镇智慧化建设情况，梳理城镇在智慧市政、智慧生活服务、智慧产业发展等方面的现况，识别在智慧城镇建设方面的问题短板。

（4）联动发展：分析城镇与周边城镇、镇与村、村与乡之间联动发展情况，梳理镇村生态环境保护修复、土地综合整治、基础设施建设、风貌特色塑造等方面的现状，识别镇村在协同发展方面存在的问题短板。

（三）以重点区块建设为支撑推动整体发展

现代化美丽城镇注重城镇发展水平整体提升，以重点区块建设为载体，以存量更新为方法，以整体提质为导向，推动老旧生活区块、老旧产业区块、老旧商贸区块、镇郊区块等重点区块整体提质。在环境方面，推进环境卫生、城镇秩序等整治提升，全面实现干净、整洁、有序。在功能方面，加快补齐重点区块基础设施和公共服务设施短板，积极推动高品质服务设施建设，促进规范化运维管理。在更新改造方面，充分识别存量资源，推动存量厂房、公共建筑、传统建筑等存量资产活化利用，丰富城镇功能。加强运营管理，促进长效治理。重点区块内部存量改造利用规模原则上不少于50%。在特色塑造方面，融入文化特色，依托城乡绿道串联提升滨水空间、公园绿地、休闲广场等公共空间网络。加强风貌整体协调，打造具有辨识度的建筑群体、特色街区、美丽园区。

1. 老旧生活区块

老旧生活区块主要指环境质量、基础设施、公共服务配套等方面存在短板，亟须整体改造提升的城镇生活功能区块。老旧生活区块改造以完善功能、社会建设、公共空间改造为重点；提升服务配套，建设污水“零直排区”、垃圾分类示范小区等，加强优质公共服务配套配置，推动建设、管理与运维一体化；加强老旧小区、镇中村改造，落实未来社区理念，改善老旧小区人居环境，增补公共服务设施、市政基础设施和公共活动空间，打造有活力的友好社区；推进公共空间改造，充分利用边角地、废弃地、闲置地，以及建设入口空间、城镇公园、休闲广场等，打造便捷完善的公共空间网络。

2. 老旧产业区块

老旧产业区块主要指随着城镇发展和产业结构调整需要提质升级的产业功能区块，主要包括各类开发区（园区）、专业市场等。老旧产业区块改造以环境整治、功能提升为重点；加强产业区块风貌整治、景观塑造，推进产业区块内部环境卫生、建筑风貌、运营管理等整体提升；推进厂房、工业遗产等资源利用，加强生产性服务设施建设，完善产业服务配套，因地制宜推动双创空间、新型产业空间或文化旅游功能植入；积极打造环境风貌协调、配套设施完善、生产生活融合的美丽产业区块。

3. 老旧商贸区块

老旧商贸区块主要指在环境风貌、城镇管理、业态活力等方面存在短板，需要整体保护提升的商业功能区块，主要包括商业街区、传统街区以及周边街巷区域。老旧商贸区块改造以风貌整治、设施提升和业态激活为重点，从主要街道向周边街巷纵深拓展；提升公共服务和基础设施配套，改善环境品质；整体管控建筑风貌，加强景墙、雕塑、小品、标识系统等精细化设计；激活商业业态，培育老字号、民宿酒店、品牌商业等特色业态；打造宜居宜游、体验丰富的活力街区、特色商贸集聚区和品质商圈。

4. 镇郊区块

镇郊区块主要指镇区周边在环境风貌、功能服务等方面存在短板，需要整体提质升级、连片改造提升的区域。镇郊区块改造以环境风貌、设施提升和共建共享共治为重点；推进环境风貌整治，加强环境卫生、杆线秩序、整体面貌等提升；促进共建共享共治，积极推动镇区基础设施向周边延伸，公共服务向周边覆盖，综合提升治理水平；打造功能完善、整洁有序、具有地方特色的连片镇郊区块。

第四节　城乡风貌整治提升

一、城乡风貌整治提升的发展历程与工作成效

（一）城乡风貌整治提升的发展历程

我国已经由“增量时代”进入“存量时代”，城乡发展由大规模兴建转向小规模、渐进式的有机更新。党的二十大报告提出“中国式现代化”，强调要扎实推进共同富裕，坚持城乡融合发展，推进城乡人居环境整治，实施城市更新行动，建设宜居宜业和美乡村。浙江省多年来开展了“诗画浙江”“大花园建设”等一系列先行探索，为美丽中国建设提供了理论支撑和浙江样板。在新的历史时期，城乡风貌整治提升行动，是在浙江被赋予“重要窗口”新定位新使命背景下提出城乡风貌提升这一重大省级课题，是全省域“城、镇、村”的一体联动，率先探索城乡一体推进有机更新的战略性举措，也是 2003 年“千万工程”、2016 年小城镇环境综合整治、2019 年美丽城镇建设等工作的迭代升级。

2021 年 3 月，浙江省提出进一步抓好城乡风貌提升的命题，明确“整体大美、浙江气质”的总体目标；2021 年 6 月，浙江省组建城乡风貌整治提升工作专班及办公室专项推进工作；2021 年 9 月，《浙江省城乡风貌整治提升行动实施方案》正式印发。2022 年 6 月，《共同富裕现代化基本单元规划建设集成改革方案》正式印发，明确了城乡风貌样板区为共同富裕城乡融合基本单元；2022 年 7 月，浙江省第十五次党代会强调，“全省域推进共同富裕现代化基本单元建设”“‘整体大美、浙江气质’全域彰显”。

（二）城乡风貌整治提升的工作成效

一是形成了一批高品质城乡风貌样板区。截至 2023 年底，全省已谋划 788 个风貌样板区试点，建成命名 2022 年度首批 111 个城乡风貌样板区，其中择优选树了 45 个“新时代富春山居图样板区”。2022 年 ~2024 年全省累计申报城乡风貌样板区试点 600 个，试点建设总面积达 9134 平方千米，约占全省总面积的 8.64%，其中 25 个综合品质样板区试点总面积为 78 平方千米。城乡风貌样板区试点建设范围涉及 920 余个乡镇街道，占全省乡镇街道总数 83% 以上。

二是形成了丰富的共富风貌建设成果。全省范围内形成 570 余个城乡风貌整治提升优秀案例，推出首批浙派民居、小微空间、公共环境艺术、入口门户、公园绿地、街道广场、系统性特色经验七个方面“十大”优秀案例。2022 年起每年建成 80 个左右城乡风貌样板区，

并择优选树 30 个左右新时代富春山居图样板区。这一年度目标被列入 2023 年浙江十件民生实事（城乡宜居领域）。此外，全省还取得了桥下空间更新、共富风貌游线创建、共富风貌驿建设等多项成效。

二、城乡风貌整治提升的政策技术体系

（一）省市政策技术体系联动

城乡风貌整治提升的政策与技术立足浙江，引领全国，在全国率先针对城乡风貌建设与提升工作开展系统集成研究与应用，其技术要求、内容标准在全国具有引领性。

省级层面，推进共富基本单元等课题研究 25 项，发布技术文件 9 项。浙江省城乡风貌整治提升工作专班办公室（简称省风貌办）先后出台《浙江省城乡风貌整治提升行动实施方案》《浙江省市县（市、区）城乡风貌整治提升行动方案编制导则（试行）》《浙江省县域风貌样板区技术指南》《浙江省城市风貌整治提升技术指引（典型问题篇）》《浙江省城乡风貌样板区建设评价办法（试行）》等多个政策文件，为各地政府部门和风貌主管部门提供了政策支持与技术保障。

地方层面，在省级政策指引的基础上，开展了一系列城乡风貌导则和机制的探索，如《嘉兴市中心城区建筑风貌导则》《衢州城市街道规划设计导则》《杭州市城乡风貌样板区建设综合评价细则（试行）》等，德清风貌专项债机制、桐庐首席风貌设计师制度、台州 1% 公共文化工程等机制创新。进一步深化了地方风貌工作的推进。各地立足风貌精细管控，在城乡风貌整治提升中总结提炼新经验、新技术、新理念，建设方式绿色转型，陆续出台风貌管理相关的技术导则、规范、标准，逐步形成了浙江特色的城乡建设管理模式。通过揭榜挂帅等机制推进地方性风貌技术及管控研究，并积极将研究成果转化为风貌管控相关文件。

（二）技术体系

城乡风貌整治提升工作延续了浙江省自 2003 年实施“千万工程”以来的一系列美丽建设工作，在分析工作经验、制度经验、技术经验，把脉全省城乡风貌现状和相关体制机制的基础上，以问题与目标双导向、兼顾重点与全面、突出可实施可操作等为指导原则，坚持风貌提升与功能完善、产业升级、生态提升、治理优化一体推进，以未来社区理念为引领，深度融合了国土空间治理、城市与乡村有机更新、美丽城镇与乡村建设等系列工作，并最终形成了系统集成的“1+8+X”成果体系。

"1+8+X"中的"1"为《浙江省城乡风貌整治提升行动实施方案》，是全省城乡风貌整治提升行动的指导性文件，提出全省城乡风貌整治提升行动的总体要求、主要任务、样板区建设、保障措施等方面的内容，对全省城乡风貌整治提升行动做了整体部署。

"8"为《浙江省市县（市、区）城乡风貌整治提升行动方案编制导则（试行）》《浙江省县域风貌样板区技术指南》《浙江省城乡风貌样板区建设评价办法（试行）》《浙江省城市风貌整治提升技术指引（典型问题篇）》《共富基本单元城市综合品质样板区试点建设基本要求》《浙江省美丽廊道整治提升导则》《浙江省城市公共空间拓展导则》《浙江省城市街道风貌整治提升导则》，是城乡风貌提升工作的核心技术指引。

"X"为《浙派民居特色村风貌塑造指南》《未来社区文化场景研究》《城镇社区邻里中心设计导则》等其他技术指南。

三、城乡风貌整治提升的主要工作内容

自 2021 年以来，浙江省不断推进城乡风貌整治提升工作，目前已经形成"1+8+N"的主要工作内容体系："1 个系列""8 大特色行动""N 个特色载体"。

（一）"1 个系列"：城乡风貌样板区系列

城乡风貌样板区系列包括城市风貌样板区、县域风貌样板区和共富基本单元综合品质样板区等。

城市风貌样板区分为城市新区、传统风貌区和特色产业区；县域风貌样板区则由地域邻近、具有示范效应的美丽城镇和美丽乡村串联组成。实行年度申报机制，建设主体需编制样板区建设方案，并由省城乡风貌整治提升工作专班审查，确保样板区建设在两年左右完成。建立城乡风貌整治提升评价机制，定期进行检查评估。要求各地要加快建立绿色审批通道，结合项目类型鼓励优先采取"项目全过程咨询 + 工程总承包"管理服务方式。各地需将城乡风貌整治提升资金纳入年度财政预算，支持相关项目的实施，建立省级专家团队提供技术支持，强化城乡风貌建设的培训和指导。

共富基本单元综合品质样板区是城市风貌样板区的迭代升级，是中心城区 2 平方千米左右的功能复合片区，以有机更新理念推动城市品质综合提升，集成落地城乡风貌整治提升和未来社区建设要求，形成政府引导、企业参与、群众共建、多元支撑的建设模式，目标是在 3 年内基本建成，总体以实现基础设施、公共服务、空间环境、风貌形象、活力秩序五个方面高品质建设为目标。

（二）“8 大特色行动”：城乡风貌整治提升 8 大特色行动

为加快推动和美城乡建设，于 2023 年 11 月发布《浙江省住房和城乡建设厅关于深入推进城乡风貌整治提升 加快推动和美城乡建设的指导意见》。在城乡风貌样板区建设的基础上，进一步提出要开展城乡风貌整治提升 8 大行动，即推进市县两级着力开展基础设施更新改造专项行动、公共服务优化提升专项行动、入口门户特色塑造专项行动、特色街道整治提升专项行动、公园绿地优化建设专项行动、小微空间“共富风貌驿”建设专项行动、浙派民居建设专项行动和美丽廊道串珠成链专项行动。

（三）“N 个特色载体”：城乡风貌整治提升特色载体

一是桥下空间改造更新。为推进城市桥下空间、边角空间等小微空间提质增效，打造一批具有示范带动效应的城乡风貌整治提升节点。省住房和城乡建设厅近年来大力推进桥下空间更新改造提升。2024 年上半年，组织开展了桥下空间创新设计大赛。经多轮评审，评选出专业组一等奖作品 11 个、二等奖作品 23 个、三等奖作品 24 个、佳作奖作品 40 个。专业组一、二、三等奖等同于浙江省“钱江杯”优秀工程勘察设计相应等次。

二是共富风貌游线建设。共富风貌游线是浙江省推进城乡风貌整治提升工作成果系统转化，扩大共同富裕现代化基本单元建设的社会影响力的重要举措。各地均结合城乡风貌整治提升的工作基础大力推进共富风貌游线创建。2023 年 9 月，省住房和城乡建设厅、省文化广电和旅游厅、省总工会、省风貌办联合公布浙江省 2023 年度第一批共富风貌游线名单，共评 48 条线路，作为省级样板引领全省工作推进。

三是共富风貌驿建设。共富风貌驿建设以浙江省城乡风貌整治提升为背景，以解决公众的实际需求为前提，充分利用闲置低效的小微空间，提供复合型服务功能，从而完善公共服务设施。省住房和城乡建设厅提出，从 2023 年起，浙江各县（市、区）每年要建成 1 个以上小微空间“共富风貌驿”，到 2025 年底，浙江将建成 300 个以上小微空间“共富风貌驿”，打造一批具有示范效应的小微空间更新活化项目，实现城乡风貌建设成果的人人共享。

四、城乡风貌整治提升的实践路径

（一）聚焦全域大美，探索城乡一体路径

将城市、小城镇、乡村统筹纳入城乡风貌整治提升范围，高品质实施未来社区、未来乡村、美丽城镇等城乡重要节点建设，建立城乡一体的空间规划设计管理协同机制，加快构建

以城带乡、以镇带村、处处联动的区域组团式发展格局。

以城市风貌样板区和共富基本单元综合品质样板区建设为主要抓手，加大城市存量空间改造力度，通过植入功能、完善设施、提升环境、强化治理，实现功能复兴。

以县域风貌样板区建设为主要抓手，加快乡村人居环境整治，彰显地域文化，建设浙派民居，补齐乡村基本公共服务短板；加强城市衰退地区、城乡接合部等边缘地带的环境整治，实现城乡风貌协调连贯、公共服务均衡发展。

例如，位于温州市瓯海区城乡接合部的山根村，通过城乡风貌整治提升行动，开展旧村整体征迁出让、历史空间场所活化利用和文旅产业植入，将人口混居、环境脏乱的边缘地带转化为城乡活力汇集的重要节点（图 5-8）。

图 5-8　温州瓯海区山根村

（二）落实未来理念，探索全面提升路径

作为共同富裕现代化基本单元的重要抓手，在风貌整治提升中落实“人本化、生态化、数字化”的未来理念，因地制宜打造特色场景，探索“人产城文景”深度融合的新道路，全面落实中国式现代化和高质量发展建设共同富裕示范区的要求。聚焦公共服务优质共享、全龄友好，关注“一老一小”和残障人士的社会需求，做好适老化改造和无障碍环境建设。

聚焦资源盘整，加强山、水、林、田、湖等生态要素整合，重点结合县域风貌样板区创建和共富风貌游线建设等联动全域土地综合整治、下山移民工程、集体经营性土地入市改革等工作，将风貌整治提升转化为产业转型与经济增长。

聚焦智慧治理，构建城乡风貌整治提升与未来社区、未来乡村三位一体的数字化支撑体系，实现共同富裕现代化基本单元建设一体化管理。创新建设智慧风貌管控与智慧交通、智慧管网、智慧城管等协同应用，构建功能多元的城乡风貌智慧应用体系。

例如，龙湾区万顺城市新区风貌样板区与全域未来社区试点共建，对原采石场、欢乐谷地下空间等闲置空间进行整治再生，依托文化广场、中轴公园等场地配建托育中心等公共服务设施，创新“全域数字化平台 + 运营”模式，在风貌整治提升中实现了未来社区场景的打造（图 5-9）。

（三）突出系统整合，探索美丽集成路径

注重工作统筹，由 28 家省级部门作为成员单位组成浙江省城乡风貌整治提升工作专班，以城乡风貌整治提升为大平台，立足城乡风貌整治提升“8 大特色行动”的核心引领作用，统筹开展全域土地综合整治和生态修复，推进美丽田园、美丽河湖、美丽公路、浙派园林、浙派民居、美丽绿道等工作集成。注重点面结合，在推动城乡风貌样板区建设的同时，在推进入口门户、特色街道、中心广场、滨水空间、历史地段等重要节点整治，并形成了一大批实践案例。

例如，嘉兴市在推进城乡风貌样板区建设工作的同时，创新性推出“温暖嘉”城市整治提升行动品牌，将全市 113 座公共厕所与休憩、展示、阅读、零售等功能进行结合，改造提升为功能复合的“温暖嘉”驿站，充分激活了公共厕所周边用地和内部空间，形成了“样板区 + 重要节点”相结合的区域风貌整治提升格局（图 5-10）。

图 5-9　龙湾区万顺城市新区风貌样板区

图 5-10　嘉兴市“温暖嘉”驿站

第六章　共富共美，全面开启中国式现代化乡村篇章

2023 年，我国城镇化率超过 66%，以人为核心的城镇化成为城镇化下半场的主题。随着交通进步、信息化发展与城乡基础设施日渐完善，生活在乡村、工作在城市，工作在城市、周末节假日到乡村休闲成为发展方向，城乡要素双向流动过程中，呈现融合共享态势。未来，乡村将呈现出以下三大趋势：

一是乡村空间更加复合化。未来将出现以“城市人”为主的新型乡村聚落空间，如都市圈内近郊产村融合、生态休闲度假、农事文创体验以及乡村科技办公等多种新型空间形态，远郊及边缘乡村围绕规模化农业生产以及集中居住开展空间布局，农文旅特色资源的乡村围绕特色产业重构基础设施和公共服务体系。

二是乡村产业向三产融合方向发展。便捷的交通和通信网络以及物联网、互联网、冷链物流体系给未来乡村新经济形态的发展创造了无限可能。如都市农业、CSR 社区支持农业、数字农业等农业服务产业；以传统村落、乡村文创为特色的文化传承产业；打造休闲度假、农业观光、农耕文化体验等复合空间的城郊服务业；围绕互联网、乡村科创、数字经济不断孵化的新经济乡村创新产业。

三是乡村多元主体将发挥更大作用。社会资本入乡、外出村民返乡，乡村新经济发展，新型农业经营主体、外来新农人等各类群体的进入，共同推动乡村振兴。

未来乡村建设将从环境品质牵引向多元村庄运营转变，从保障基本公共服务转向创新发展型服务，从传统的文化保护转向文化艺术赋能乡村振兴，从传统产业转向新质生产力发展，从注重乡村管理向“四治”融合协同。未来乡村图景，各有特色，各美其美，美美与共。

在中国式现代化和浙江高质量发展建设共同富裕示范区的背景下，作为共同富裕现代化基本单元之一的未来乡村，是浙江加快实现共同富裕、打造中国式现代化和美城乡的重要载体，将在乡村振兴和共同富裕中发挥示范引领作用，助力中国式现代化乡村建设，加快推进城乡融合、共富共美，开启“千万工程”新的探索和实践。

未来的乡村，是各有特色百花齐放的乡村：具有更加生态宜居的生活环境，清新的空气、优良的水质、现代化的农村住房；更加共富宜业的就业环境，多元的乡村经济，高科技的现代农业、生态农业，多彩的乡村旅游，蓬勃的农村电商，新兴的文化创意产业；更加人文美丽的生活乐园，古老的村落、传统的建筑、美丽的自然风光在传承保护中焕发新生，文化活动、艺术表演、体育赛事等精彩纷呈，优质便捷的教育、医疗、文化等公共服务唾手可得。

未来的乡村，是人居环境美好、人文生态和谐、人际关系和睦、文化产业全面协调发展的乡村，是共同富裕的美丽乡村、幸福乡村和活力乡村，是延续乡愁乡韵、彰显现代新风尚的和美乡村。

第一节　深入推进农业农村现代化建设

一、推动乡村基础设施与公共服务现代化

（一）推进高效互联的城乡基础设施现代化

推进农村基础设施补短板，有序推进交通、水利、电网以及农业设施等农村基础设施的现代化改造和数字化应用，以新型基础设施建设为支撑，因地制宜打造基础设施网、低空航路网、服务保障网，促进乡村全面振兴。

1. 加速基础设施网络化

高效统筹优化城乡基础设施建设，推进城乡基础设施一张网建设。提档升级城乡公路网、管线网、物流网、通信网，重点加强道路、供水、能源、物流、信息化、综合服务、农房等领域基础设施建设，促进城乡交通网络有效衔接。优化升级城乡公共基础设施的共享服务模式，利用现代化基础设施的高效互通将城市地区的优质服务延伸到农村地区，扩展基础设施网络辐射范围。

2. 推动基础设施现代化

大力发展农村新型基础设施，将物联网、“互联网 +”以及人工智能等新一代信息技术广泛应用到交通、邮电、农田水利、供水供电、污染治理、冷链物流等基础设施中，加强传统农业生产、物流设施以及农村电力交通等基础设施的数字化建设。

加快培育数字乡村应用场景，带动农业农村基础设施现代化转型。提高互联网普及率，统筹建设农业农村大数据中心，开发各类农业农村场景下的应用软件及信息化产品，共建共享农业生产经营、农村社会管理等信息，推动农产品供销全链路数字化升级，形成引领全国的数字乡村建设标准体系。

3. 推进基础设施长效管护

充分利用人工智能、云计算、物联网，强化建设智慧农业、工业互联网以及人工智能等新型信息基础设施，逐步完善农村基础设施建设标准化、精细化管理。积极发展乡村地区的

智能交通系统、智能电网系统、智能水利系统、智能环境监测系统等，降低农村基础设施的运行管理及维护成本，推动农村基础设施高质量、可持续发展。

（二）构建均等化、高质量和特色化的城乡公共服务体系

以创新、协调、绿色、开放、共享的新发展理念，促进城乡公共服务均等化、高品质和特色化发展。浙江将积极探索未来乡村、未来社区联创联建、结对试点等资源互补的创新路径，构建城乡协同的公共服务共同体。

1. 巩固兜底性公共服务

全面完善农村基本公共服务。因地制宜、因村制宜，根据不同村庄特征和发展阶段，聚焦教育、医疗、养老、社会保障等基础性、兜底性、普惠性公共服务事项，逐步健全全民覆盖、普惠共享、城乡一体的基本公共服务体系。

以数字化技术促进城乡基本公共服务均等化。推进数字乡村基本民生服务信息化。充分利用现代化信息技术构建云端服务平台，加快线上线下资源融合，推动优质城市医疗、教育、文化、养老等资源向乡村地区延伸，如在线教育、“互联网 + 医疗”、数字健康等。

2. 提升优化公共服务品质

多样化发展农村特色公共服务。围绕托育、学前教育、县域普通高中、养老、医疗、住房六大领域，不断提高服务供给水平和质量，满足农民更高层次的生活需求。推进居家养老服务中心、老年食堂、儿童驿站等乡村“一老一小”场景建设，让人民群众享受家门口的高质量公共服务。

建设农村数智社区，提供智能化和人性化的公共服务。依托乡村数智生活馆，建立以数据为中心的乡村公共服务管理系统，深入推进教育培训、医疗健康、文化旅游、商贸服务等领域的数字化发展，提升乡村公共服务的效率和质量。

3. 建设公共服务生活圈

打造功能集聚的城乡品质生活圈。推动嵌入式公共服务发展，探索具有乡村特色的公共服务发展模式，以村委会、村卫生所等为依托，整合集成助餐服务、日托服务、日间照料、医养结合等服务，打造农村公共服务综合体，让人民群众享受可知可感的“家门口的幸福”。

4. 创新未来乡村服务场景

积极打造未来乡村公共服务需求场景，建立生活服务数字化标准体系。构建以“浙学通”“浙学码”为载体的交互式学习场景，村民通过手机可就近选择学习地点、学习内容和开展线上线下学习，建设数智驱动的未来乡村教育应用场景。构建未来乡村“智慧助老”应用

场景，把积极老龄观、健康老龄化理念融入乡村建设发展，创新发展农村老年教育，帮助农村老年人跨越“数字鸿沟”、融入数字社会。

二、文化艺术赋能乡村振兴

推进文化赋能乡村振兴，挖掘乡村传统文化价值，繁荣乡村文化，推进艺术赋能乡村，共同举办区域系列节庆活动，联动乡村文化品牌，打造乡村联盟。

（一）加强传承利用，打造未来乡村文化场景

1. 运用数字技术，创新乡村文化保护与展示方式

利用虚拟现实（VR）、增强现实（AR）、大数据技术实现对乡村文化遗产信息的采集、存储、传播、利用与传承，创新农耕文化、传统村落保护利用和转化方式。在乡村传统文化的展示方式上，利用虚拟空间技术生成虚拟场景，使公众以全新的方式体验文化遗产，创新场景交互方式，促进文化传播。

2. 营造多元的乡村公共空间，丰富农村公共生活

尊重村民风俗习惯和文化传统，不断完善新时代文明实践中心、乡村文化礼堂、文化广场、乡村戏台、非遗传习场所、农村书屋、文体活动室、电影放映室等文化基础性设施。丰富美术馆、剧场、民间文艺展示馆、公共文化云平台、VR/AR 乡村文化体验馆等乡村文化生活场所，通过短视频、网络直播等形式，促进“村 BA”、村超、村晚等群众文体活动的健康发展，增强农民参与文化生产的“主体性”。

3. 活化利用乡村传统文化，创新乡村文化表达

进一步挖掘乡村历史文化、名人文化、民俗文化、古建文化、农耕文化、乡村手工艺、书画文化等特色文化资源，结合音乐、舞蹈、戏剧、时尚等现代艺术，对乡村文化进行再创作和演绎，促进乡村传统文化与现代文明有机结合。

4. 创新利用农村文化礼堂，打造未来乡村文化场景

发挥农村文化礼堂和社区教育作用，融合传统文化、技能培训等内容，持续推进品质生活进农村文化礼堂，以丰富的学习内容和精神文化活动提升文化礼堂的热度和丰富度，满足农村居民的精神文化需求；推进社区教育与农村文化礼堂协同建设与发展，促进乡村振兴发展。

（二）发展乡村美育，提升乡村艺术性与美感

推进乡村美育，打造美育融合的乡村景观，将创意、设计、美术等文化产业融入乡村建设，

提升乡村艺术性和美感，促进文化产业资源融入乡村经济社会发展，培育乡村发展新动能。

1. 营造乡村美育景观，丰富乡村美学内涵

结合农耕文化、风俗节庆、自然生态、乡土记忆及非遗技艺等资源，深入挖掘乡村美学价值，开展景观营造、文化演出、节日展览等乡村美育活动，提升乡村决策管理者和村民的文化自信和审美修养。通过设立艺术创作基地、美育工作站、乡建特派员、乡村文化艺术节、乡村大戏台、美术馆等多种美育手段，在保护传承乡土文化的同时培育乡村美学。

2. 建设乡村美育空间，加强乡村文化艺术教育

利用乡村文化站、农村文化礼堂、校舍等场所，建设常态化使用的乡村美育空间。加强乡村美学普及和教育，通过设立艺术培训班、举办文艺比赛等方式，培养乡村青年的文化艺术兴趣和素养。加大人才培养和人才引进力度，提升农民画师、雕塑师等人才创作水平，提升乡村美学表达能力。

3. 培育乡村创意设计产业，壮大乡村艺术创作

以根植乡村文化传统的乡土设计，推动新型乡村文化空间建设创造，打造丰富的乡村特色书店、剧场、博物馆、美术馆、图书馆、文创馆、乡土景观群、农业遗产带，推动更多美术元素、艺术元素融入乡村规划建设。

（三）拓展场景应用，打造沉浸式乡村文化体验

运用“人、文、地、景、产”五要素，借助艺术设计、创意设计，活化利用民居建筑、自然景观、风俗仪式等特色文化资源，打造多元的乡村文化体验场景，创新文化建设新空间载体，展现乡土文化艺术新活力。

1. 以艺术美化村落，营造新型乡村文化体验社区

将艺术植入乡村生态环境，改造提升村庄人居环境，优化乡村景观，发挥乡村各种资源的潜力，打造农文旅融合的新兴乡村文化体验新场景，推动艺术转化为生产力。

2. 策划多元的乡村节庆，打造乡村文化品牌

创新发展“中国农民丰收节”等传统节庆，运用现代文化体验和传播方式，培育乡村农文旅融合业态，增加乡村生活活力、促进乡村文化发展、激发乡村产业发展。积极引入艺术类节庆，搭建乡村与城市交流对话的平台，以丰富多样的文化体验产品，不断壮大本地乡土文化。依托乡村文化资源进行创意产品开发，打造乡村本土文化品牌，创新展示本地乡土文化符号和形象。

3. 激活村民主体性，建立多方协同的乡村文创发展模式

以村民为中心，使村民成为乡土文化的传承者、乡村振兴的重要驱动力，形成政府、市场、社会共建共治共享的乡村文创发展路径，激活村落的公共文化生活。推动原乡人、返乡人和新

乡人的互助融合，围绕演艺、创意设计、音乐、美术、手工艺等重点领域，吸引资金、汇集人才、深化创意。政府、高校、文创企业、社会组织等共同发力，推动要素向乡村文创流动，深化“文化特派员”等制度，以文化艺术助力乡村建设。

三、推进整体智治的乡村治理现代化

（一）智治联动的数字乡村治理

健全乡村治理现代化体系，完善生态环境建设与美丽乡村建设互促共进机制，推动自治、法治、德治、智治“四治”深度融合发展。

1. 数字化赋能基层治理

迭代升级数字治理技术，完善基层自治制度，实现“智”“治”联动。搭建包含治理资源、公共服务等一体共享的乡村治理“四治”融合平台，以智治体系为支撑，完善乡村数字化公共服务机制。持续探索乡村数字化和精细化管理路径，推动乡村数字治理水平提升，使智慧政务向乡村全面延伸，使村民自治、乡村德治、法治及智治实现有机融合。

2. 数字化服务链接城乡

深入推进数字乡村集成改革，推进城乡治理一体化发展。深化数字技术与城乡社会治理的嵌入与融合，以全景式云图促进乡村治理智慧化，带动乡村振兴和农业农村现代化，促进城乡治理共建共享。创新运用乡村数字大脑、云上乡村等数字化综合管理平台，深化城乡“互联网＋政府”服务，形成“数字城乡治理一张图”。

3. 数字化推动创新共治

完善协同机制，健全多元参与机制，共同创建乡村公共价值。因地制宜探索数字协商民主形式，打造“在线乡贤议事厅”“幸福云”等应用程序，集成数字化、积分制和清单制等社会治理功能，畅通信息反馈渠道，推动村民、社会组织、市场主体等参与共治，形成治理共识。

（二）党建引领、多方参与，共建乡村治理共同体

完善乡村治理体系，培育凝心铸魂现代乡风文明，发展新时代“枫桥经验”，构建一站式多元化矛盾纠纷化解机制，持续推进农村移风易俗、乡风文明、乡村治理提升，引导农民全程参与宜居宜业和美乡村建设。

1. 完善党建引领的乡村治理机制

党建嵌入乡村治理，在基层党组织领导下，建立常态化沟通和交流机制，实现各治理主

体的相互协同和有序参与。强化互联网思维和网络治理意识，注重网络舆论热点分析，增强乡村治理的主动性、前瞻性和精确性，积极推进乡村善治。

2. 开展乡村共同缔造，激活村民治理主体性

围绕乡村生活、生产和生态等，吸引组织机构、社会力量、专家学者、企业等参与乡村共同缔造，形成持续的乡村社区营造行动，树立村民主人翁精神和社区认同感。以乡情为纽带，引导村民积极参与乡村公共事务，与政府和外来组织紧密合作，合力共治，构建政府、新老村民、企业组织和公益团体等多元主体共议共建的和美乡村社区。

3. 建立新型村规民约和议事机制

建立新型村规民约，从文明村风、整洁村容两个层面构建村民日常相处、邻里交往以及维护村容村貌等方面的行为标准，明确村庄组织建设管理制度，规范村庄日常活动与村民行为，引导村庄合理建设。建立村民议事机制，搭建村民参与公共事务和服务管理的议事平台，对涉及村民重大利益事项进行协商、沟通，参与对村级党组织和自治组织的民主监督，引导积极参与社区服务管理。

第二节　和美共富，扎实推动共同富裕示范区建设

一、系统集成推进共同富裕基本单元建设

共同富裕现代化基本单元是实现共同富裕、打造和美城乡的重要载体。以全域推进、城乡统筹为指引，建设幸福美好家园的未来社区，服务均等化、环境生态化、生活智慧化、文明现代化的未来乡村，整体大美、浙江气质的城乡风貌，是城乡高质量发展创新探索方向。加强共同富裕基本单元建设集成联动，将未来社区、未来乡村、风貌样板区、美丽城镇有机融为一体，合力推进共同富裕基本单元风貌整治提升，逐步实现公共服务普惠共享、人居环境宜居宜业、城乡融合整体智治、城乡风貌整体大美、浙派文化特色彰显，打造共同富裕标志性成果。

（一）以县域为单位，全域推进

1. 打造共同富裕的县域生活圈

统筹未来社区和未来乡村建设、打造共同富裕现代化县域单元，以构建优质共享的城乡公共服务体系为日标，全面落实县域生活圈的建设理念，依据需求类型、需求频次、需求

等级、服务半径，科学构建县域生活圈圈层体系。把县城打造成为高品质、高能级、面向县域的综合服务中心，把重点镇打造成为强承载、强辐射、面向区域的公共服务中心，把重点村打造成为多元化、多功能、面向村域的便民服务中心，推动城、镇、村联动发展，着力构建舒适便捷、全域覆盖、层级叠加的县域生活圈体系。

以县域为单元统筹城乡功能空间布局、资源要素配置、基础设施建设和公共服务配套，明确县城、乡镇、中心村的不同功能定位和服务分工，逐步优化城乡发展格局，稳步推进共同富裕现代化县域单元“大场景”建设。

2. 打造共同富裕生活图景的集成展示小场景

深化城乡风貌整治提升，塑造各具特色的城乡美丽风景和风貌品牌。系统集成城乡风貌样板区建设，一体化提升城乡环境、功能、产业、服务和治理，梳理小微空间，复合植入休闲、服务、健身等多样化功能，打造精致动人的共同富裕集成窗口、微观展厅和共享客厅。

以风貌样板区串联美丽城镇和美丽乡村，综合展示历史与时代交融的自然山水、历史文化、建筑形态、公共开放空间、街道广场绿化、公共环境艺术，形成各具特色、自然景观空间优化、配套设施完善的县域美丽风景带和全域共同富裕廊道。

（二）强化载体协同，联动推进

以未来社区理念为引领，聚焦县域生活圈构建，统筹协调美丽县城、美丽城镇、美丽乡村建设，推动城、镇、村联动发展、协同发力，着力构建共同富裕现代化县域单元的网络骨架。

1. 打造城乡品质生活圈

以未来社区、未来乡村建设为载体，集成建设无障碍、功能复合的社区公共服务网络。努力缩小城乡公共服务供给差距，依托城乡社区专项体检和社区建设评价指数，精准推动城乡社区公共服务设施补短板。

聚焦人的全生命周期美好生活需求，打造“一老一小”融合服务新模式，重点完善老年人日间照料、婴幼儿托育、医疗卫生、百姓健身、便民商业等服务设施，不断完善城乡“5 分钟—15 分钟—30 分钟”生活圈。

2. 建立多载体联动的协同建设机制

创新未来乡村、未来社区联创联建、结对试点等资源互补路径，探索统筹谋划城乡生活设施均衡布局、深度融合的实现路径。

在未来乡村建设中，以原乡人、归乡人、新乡人为建设主体，以乡土味、乡情味、乡愁味为建设特色，集成“美丽乡村 + 数字乡村 + 共富乡村 + 人文乡村 + 善治乡村”建设，着力构建引领数字生活体验、呈现未来元素、彰显江南韵味的乡村新社区。

（三）强化改革统领，集成推进

以共同富裕现代化基本单元集成改革为牵引，加快建立城乡一体的规划建设管理和风貌管控机制。加强县域城乡功能空间布局和各类资源要素统筹配置，落实人地钱挂钩、以人定地、钱随人走制度，做到“要素跟着人走、设施跟着人配”，提高资源要素配置效率。

1. 建立城乡一体的规划建设管理和风貌管控机制

对于增量新建区块，加强规划管控、预留功能空间、同步实施落地，大力推广“规、建、管、运、服”一体化的开发模式，落实社区单元规划传导落地机制。对于存量已建区块，采用“小尺度、渐进式”的微更新模式，把老旧闲置场所改造成为功能复合、开放共享、便捷高效的场景空间，逐步补齐功能短板，避免大拆大建。

2. 建立清单式的单元集成建设标准

坚持需求导向，梳理需求清单、场景清单、服务清单，构建完善“共性 + 个性”“标配 + 选配”、开放式、有弹性的未来社区与未来乡村建设标准体系。突出核心服务需求，打造共性指标、标配场景，满足居民群众的普适化需求。结合城乡发展水平和资源禀赋，突出特色场景营造和特色模式创新，因地制宜打造个性指标和选配场景。

3. 加强城乡空间布局和资源配置

系统集成产业、文化、生态资源，推进共同富裕基本单元与乡村振兴、文旅融合、美丽建设等深度共建共享。将共同富裕基本单元建设与城市更新、土地综合整治等载体有机融合，将本土特色文化元素植入共同富裕基本单元，以空间品质提升助推城乡产业复兴。

把未来社区、未来乡村作为城乡社区现代化的空间落地载体，充分调动市场积极性，推动融合发展，培育一批贯穿全周期、模式可持续的城市运营商、生活服务商。

二、持续创新壮大共富共同体

（一）新质生产力赋能未来乡村产业现代化

创新是引领发展的第一动力，是新质生产力的核心内涵，用新技术、新经济、新业态赋能乡村振兴发展。在新质生产力的驱动下，中国式现代化的未来乡村产业将呈现农业科技高水平、乡村产业多元融合和农民就业多渠道的发展趋势。

1. 加速农业科技创新，推进农业科学化、数智化和集群化

推进农业生产科学化，深化农业全产业链建设。加强对农产品加工和深加工技术的研发和推广，延长农产品产业链，提高农产品的食品、保健品、医药品等高附加值。建设农业科技示范园，以生物育种、绿色低碳生产、数字化与人工智能、农产品精深加工、电子商务、智慧物流等现代技术成果，促进农业全产业链高质量发展。构建“科研院所 + 政府部门 + 企业 + 农户”的产学研用合作平台，为乡村提供技术咨询、培训等服务，推动农业科技成果的转移转化和产业化应用。

推进农业数智化，建设现代化农业。推广采摘机器人、深海智能网箱、无人机植保等先进智能设施应用，加大农机北斗导航、环境农业传感器、智能控温大棚、垂直植物工厂生产、大型园艺等先进技术投入，建设一批现代化农场。以现代化农场为示范，逐步实现物联网、大数据、人工智能、区块链等现代数智技术在农业生产领域的深度应用，加速传统农业转型升级。

推进农业产业集群化，加速农业转型升级。以数字化、智能化、绿色低碳化、高附加值为重点，将传统农业基础设施与新型现代化基础设施结合，形成农户、农产品加工厂商、农产品销售供应商及相关机构聚集化发展。积极培育“农业 + 互联网”“农业 + 数据”“农业 + 旅游”“农业 + 会展”“农业 + 教育”“农业 + 体育”“ 农业 + 康养”“农业 + 文创”等新业态，推动农业生产转型升级。

2. 构建现代乡村产业体系，激活乡村产业振兴活力

培育新兴产业、特色产业，推进农村三产融合发展。一方面，充分挖掘山水林田湖草沙等乡村生态资源，创新转化村落建筑、乡土文化、民俗风情等乡村特色资源，延伸发展特色产业。将互联网、旅游、生态等新经济与美丽乡村深度结合，培育壮大生态农业、特色农业、有机农业、休闲农业、乡村旅游业、乡村新型服务业、乡村数字产业等新兴产业，形成类型丰富、地方特色浓郁的产业生态体系。另一方面，深化“共富工坊”建设，壮大乡村文旅综合体、电商贸易集群、特色民宿群、数字游民等新美丽经济，让乡村“沉睡”资产转变为城乡“流动资产”。建立完善的产业联结机制，推动现代服务业、先进制造业和现代农业深度融合，促进农村农业向多元化的全产业链扩展，提高农业增值空间，拓宽农民增收渠道。

打造生态全产业链，实现生态价值转化的有效路径。创新生态价值资源化、资产化、资本化的转化路径，实现乡村生态产品价值。一方面，创新生态资源利用方式，通过“互联网 +”“农业 +”“生态 +”等融合思路，有序发展“+ 电商”“+ 康养”“+ 体育”“+ 文化”等适宜的乡村生态产业，积极推进观光农业、创意农业、乡村文化、生态保育、康养经济发展，延伸生态产业链，实现生态优势向经济优势的转化。另一方面，深入探索农业绿色价值实现机制，以市场交易为突破，提升乡村生态产品价值，健全社会资本、公益组织开放式共同帮促机制。搭建功能完善、机制健全、交易流畅的乡村生态产品交易平台，精准对接物质和文化服务生态产品供需，促进实现生态价值。

促进乡村数字经济发展，发展以农民为中心，企业、高校、政府为支撑的数字化农业生产研发体系，聚焦乡村产业数字化增效，加快农业全产业链数字化转型，重点推进“农业产

业大脑 + 未来农场”建设。借力互联网，多方主体共建数字农业园区、数字农业工厂、电商直播基地、农村电商园区、物流快递园区、乡村产业大数据中心等硬件载体，通过提升乡村数据汇集服务能力、推进智能化农业生产经营手段、深化农产品营销数字化应用以及完善农产品质量安全追溯体系等方式，帮助农产品出村进城、农民脱贫增收。深入推进“互联网 +”现代农业，丰富乡村产品的数字化应用场景，探索数字乡村产业创新路径，构建农产品数字化供应链，促进农业农村现代化，共同推动形成以城带乡、共同繁荣的数字经济发展局面。

3. 丰富农民就业机会，促进共同富裕和公平共享现代化成果

丰富农民就业渠道，大力发展网上农博、社区团购等乡村数字经济，培育发展家政服务、物流配送、养老托育等生活性服务业，提供更多就近、稳定的就业岗位，吸纳更多就地就近就业。开展适合进城务工人员就业的技能培训和新职业新业态培训，提高农民职业素养和就业能力，吸引各类人才留乡返乡入乡就业创业，让乡村发展更具活力。

（二）以全域品牌化推进乡村经营

以“全域品牌化”的理念积极推进乡村经营，整合生产、生活、生态、文化等资源，以外源推动和内源驱动进行乡村品牌的创建、经营、管理，实现乡村价值的再聚焦、再发现、再利用。以品牌创建为手段，以品牌资产积累为目标，通过个性化、差异化的品牌创建，发挥品牌“造血”功能，形成独具本地特色的乡村可持续发展之路，实现乡村有形资产和无形资产的同步增长。

1. 专业化运营，树立乡村综合性品牌

树立具有个性化、特色化和吸引力的乡村品牌，通过专业化、市场化运营，着力改善产品品质，挖掘乡村特质，塑造产品品牌、企业品牌、村庄品牌、区域公共品牌，推动建设乡村向经营乡村转变。

提升乡村品牌价值，展现乡村品牌特色。依托乡村优势资源，发展特色产业，通过形象设计、营销定位、文案创造、农事体验等方式充分挖掘乡村特色，提升乡村品牌区域竞争力。利用市场化力量，丰富乡村品牌化经营内容，满足消费者需求。创新科技手段，运用大数据赋能乡村品牌化经营，为乡村旅游、生态产业发展提供高质量服务。

推进市场化乡村运营。吸引行业专家、“新农人”、乡贤、青年才干、乡村运营师等支撑未来乡村建设，探索“产业运营 + 空间运营 + 社群运营”的综合路径。发挥村经济合作社在运营中的基础性作用，推动强村公司参与乡村运营，积极推动主导产业培育、公共空间运营。

积极探索多元运营模式。探索公共服务与产业发展打包运营、村集体购买服务等多种运营方式，提升乡村经营品质。招引一批乡村建设运营企业，鼓励与国资公司、第三方专业机构，探索联合运营或委托运营等模式。

2. 强化片区化打造、组团式经营

联动周边区域，推动乡村、乡镇连片发展和组团式发展，共同打造区域公共品牌，实现资源整合、利益共享。

强化片区、组团、带状集聚建设。展示和美乡村整体风貌，开展和美乡村“五美联创”，强化片区化打造、组团式推进、带状发展导向，结合共同富裕示范带、和美乡村示范乡镇、和美庭院等创建工作，打造一批显示度高、引领性强、辐射面广的示范典型。点线面结合推进和美乡村片区化、组团式、带状发展，整合村庄间资源，加强和美乡村与美丽城镇、美丽田园、美丽生态廊道、美丽公路统筹贯通、联为一体，持续促进美丽生态、美丽经济、美好生活有机融合，打造特色片区。

3. 培育乡村建筑工匠，壮大乡村经营人才

建立本土乡村工匠品牌。乡村工匠是兼具专业技能技艺与创新创业能力、文化传承职责的复合型技能人才，不仅是促进乡村经济发展和带动农民增收致富的“领头雁”，还是乡村文化遗产的“守护者”。乡村工匠是乡村人才队伍的关键力量，培育乡村工匠是加快推进乡村人才振兴的重要抓手。积极构建乡村工匠培育、支持、评价、管理体系，形成本土化的乡村工匠品牌。

壮大乡村经营人才队伍。积极引入职业经理人、专家、乡村 CEO 等，推动更多主体参与乡村品牌化经营。完善乡村人才培育培训机制，根据传统农业转型和“原乡人、归乡人、新乡人”新需求，开展学习培训、创业创新、金融快递、休闲娱乐等主题内容的乡村运营师培训，加大涉农职业教育，让更多的“庄稼人”“土秀才”转变为“新型职业农民”，充分发挥人才赋能乡村振兴的作用。

随着农村产业的多元化和特色化，乡村工匠将不局限在手工艺人、农业服务人才、农村电商人才，还会发展出越来越多的数字工匠、文创工匠、未来工匠，促进城乡区域之间的人才双向交流，让老一辈乡村工匠“留得住”、新一代乡村工匠“愿意来”，形成一支服务乡村振兴的乡村工匠队伍，提升乡村建设水平。

（三）创新发展新型农村集体经济

以城乡共同体和联合体系统整合城乡要素，推进城乡生产力协同发展和全域共同富裕，是中国式乡村现代化的重要特征。《中华人民共和国第十四个五年规划和 2035 年远景目标纲要》提出，要深化农村集体产权制度改革，完善产权权能，将经营性资产量化到集体经济组织成员，发展壮大新型农村集体经济。

1. 整合城乡生产资源，培育新型农业经营主体

以农村集体经济组织为依托开展城乡合作，将乡村建设、村庄整治和乡村经营相结合，吸引能人、乡贤、返乡青年、新农人，探索乡村外来创业人员参与集体经济组织权益分享机制，激发乡村经营新动能。

2. 发展壮大新型农村集体经济，延伸拓展乡村产业链

积极拓展农业多种功能，构建以生产力发展为导向、农民群众为主体、科技赋农为支撑的新型农业产业创新机制。创新发展各类新型经营主体，提升农业农村现代化发展水平，构建共建共治的集体经济发展模式，共享发展成果。探索资源发包、物业出租、居间服务、资产参股等新型农村集体经济发展模式。

下篇

典型案例

第七章　村庄规划设计典型案例

一、湖州市安吉县天荒坪镇余村村庄规划

余村位于天荒坪镇政府驻地西侧，地处天目山北麓，海拔高度为 100~350 米。村域呈东西走向，三面环山，北高南低，西起东伏，东与山河村接壤，南连横路村，西北山脉与上墅乡毗邻。余村溪自西向东绕村而过，乡道“山石线”贯穿全村，是一座天目山竹海谷地中的宁静小山村（图 7-1）。

图 7-1　余村现状鸟瞰图

（一）规划主要内容

1. 现状特征

余村所在的天荒坪镇域处于杭州 6 大生态带之一的西北部生态带边缘，生态资源优越。村庄紧邻天荒坪镇区，镇村紧密融合，周边旅游资源丰富，旅游发展潜力较强。但也存在着村庄特色不足、旅游服务功能不足、生态资源转化不足等问题。因此，2017 年安吉县委托编制了《天荒坪镇余村村庄规划》。

2. 目标定位

（1）规划目标：依托本区自身的区位和现状资源优势，体现“绿水青山就是金山银山”理念，特别是以保护生态环境、发展生态产业、引导生态美学为重点，形成一套可复制可推广的、集中体现该理念的建设经验，将余村建设成为践行“绿水青山就是金山银山”理念的样板地、模范生。

（2）产业定位：以红色旅游为特色，以生态休闲旅游为龙头，结合竹乡特色的生态农林业、生态加工业，打造三产融合的生态型、乡土型、精品化产业链。

（3）形象定位：山青水绿、整洁精致、富于野趣和乡土特色的现代乡村生态美学典范。

3. 规划策略

坚持生态优先、绿色发展和行动自觉，规划认为余村是一个包含人类活动的生态系统，是以生态价值为基底的空间融合；规划针对余村现实问题，构筑由生态格局优化、产业产品策划、空间环境提升和绿色生活指引四大策略组成的“绿水青山就是金山银山”理念规划实践框架。

（1）生态格局优化：规划贯穿整体生态优化的思路，以“生态系统服务价值”为核心概念进行村域生态资产评估；进行多层次生态空间分析识别，“多规”比对，划定红线，制定管控措施；对生态破坏区域进行积极修复。

（2）产业产品策划：规划探索生态价值转化机制的设计，总结资源优势，明确产业主导方向，跨区域进行产业布局，针对一二三产具体环节进行生态化改造，以党政考察接待和美丽经济为产业载体，扩大就业，做到理念展示与村庄经济发展的互促互补。

（3）空间环境提升：规划做实“三生”空间的优化整合，设置与国土、建设与林业相统一的用地分类，按照生态价值优化和实际需求的原则进行用地调整，减少旅游对生活的干扰。

（4）绿色生活指引：规划追求生态自觉的行为方式，以设施布点为手段引导村民的绿色生活。首次提出适合余村的绿色生活准则，继而建立乡村地区的绿色社区创建标准和考核办法，对清洁能源、绿色建筑、垃圾分类、最美庭院予以深化，同时通过智慧社区积分和低碳旅游奖励对外来游客的行为予以引导。

4. 规划成果

（1）生态保护规划：规划对余村进行生态资产评估，计算得出余村的生态服务价值为1496.34 万元。以已经测得的生态资产为基础，进一步建立村级生态考核机制，进行离任考核。

在综合生态敏感性分析的基础上，与区内主要景观要素进行对照分析，根据景观生态学“集中与分散相结合”的原则构建“理想景观生态格局”。识别出研究区内重要的生态斑块，在生态敏感性多因子叠加分析基础上，通过信息化处理手段、差异图斑比对及处理，最终确定生态保护红线划定方案。

针对局部河道淤塞、溪道硬化过度、功能衰退等水系生态问题，提出“三疏三净”生态修复、建设生态绿堤、建设海绵自净系统等措施；针对山地植被单一、生态脆弱、局部山体开挖等问题，提出林相改造、发展竹林套种、关停修复矿点、依山就势建设等规划措施；针对上游农地敏感、有面污染的问题，提出建设绿色篱笆系统等措施。

（2）产业发展规划：

1）农业板块：提倡复合种养，在全村有限的土地面积上，复合种养是提升农产品综合效益的有效途径，规划在本村推广“竹林—食用菌复合示范”项目，扩大林下经济示范带，在增加生态价值的同时增加农业产业。

2）手工业板块：增设竹文创中心，扩大竹手工艺品受众。选址余村村庄入口，利用村内原工业厂房新建余村竹文创中心，与旅游相结合，进行竹手工业现场展示和技术培训，既作为旅游项目，也成为竹手工艺作坊、展示中心、培训讲堂等，以旅游带动竹手工艺的创新和普及。

3）服务业板块：将党政考察视为大量、稳定的客源，延伸产业链，植入旅游接待服务功能，使村庄在展示服务理念的同时，获得更多就业机会和经济效益。根据全域旅游的发展趋势，对余村—天荒坪所在区域进行镇、村、景区一体化设计，改变传统景区单独收费的旅游模式，实现全面一体化发展（图7-2）。

（3）风貌景观规划：风貌方面，规划以生态化、乡土化、特色化为出发点，以融于自然、整洁精致、富于野趣和乡土特色为目标，塑造生态美学，整治村庄入口、会址公园、一路一

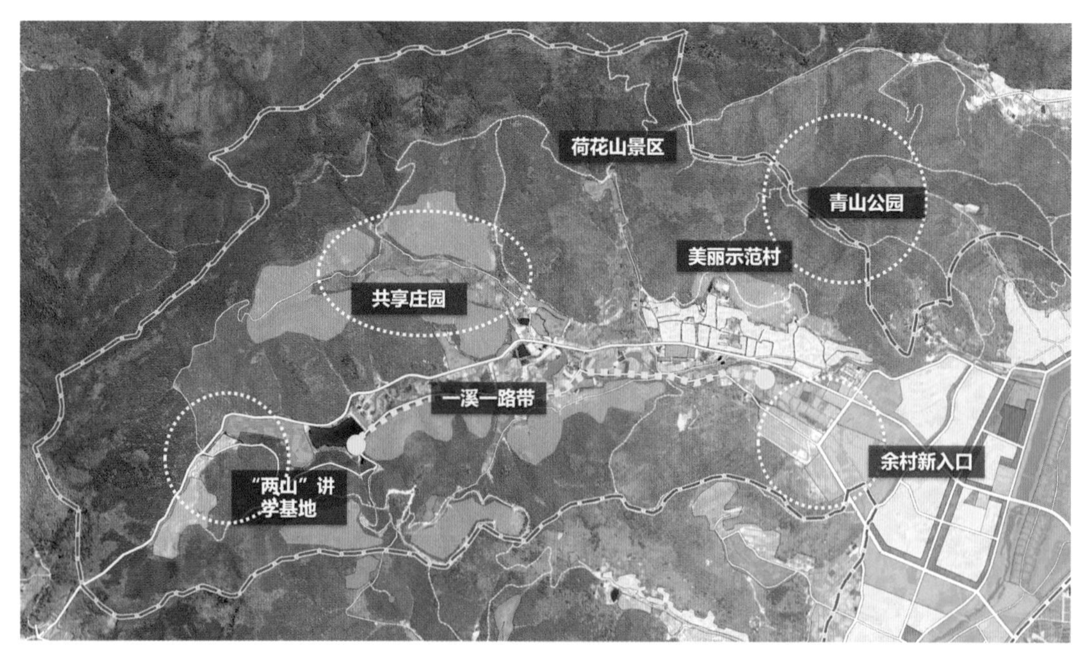

图7-2　服务业项目策划图

溪景观带，生态化改造水系和田园，营造村庄荷塘和湿地景观；提供农居环境设计导则，尊重村民自身意愿。

（二）特色亮点

（1）做厚生态本底，做美生态景观。规划首先评估生态资产，分析生态因子，摸清生态家底，梳理生态结构，并采取多种生态环境保护措施，提升生态价值，划定生态红线。

（2）做深生态产业，做大生态红利。规划聚焦绿色创新，制定产业导向。强调融合互促，提出产业策略。突出复合高效，进行项目策划。

（3）依据生态理念，确定美学准则。确定了以生态性、乡土性、特色性为出发点，以融于自然、整洁精致、富于野趣和乡土特色为目标的美学准则，并通过深化节点设计、控制风貌要素，引导村民审美。

（4）以村民为主体，实践共同缔造。推动村民、政府、企业、市场、艺术家、科技工作者“共谋共建共管共评共享”，实现全社会共同缔造，为各方提供实现多赢的空间载体。

（三）实施成效

如今的余村，建设完成了矿坑改造的遗址公园、水泥厂改造的零碳建筑“余村印象”乡村图书馆、荷花山景区等，呈现出一幅“村强、民富、景美、人和”的美丽画卷，成为全国首个以“绿水青山就是金山银山”实践为主题的生态旅游、乡村度假景区（图 7-3）。2020 年，余村生产总值近 1 亿元，其中 70% 来自旅游业。景区、度假村、民宿（农家乐）、漂流、旅游商品成为乡村收入的重要来源；2021 年，余村入选了联合国世界旅游组织首批“最佳旅游乡村”。2022 年，以“绿色、低碳、共富”乐游型低碳乡村成功入选生态环境部绿色低碳典型案例，并正在积极创建首个全要素零碳乡村。

图 7-3　实施规划后的余村

图 7-3　实施规划后的余村（续）

二、金华市浦江县仙华街道登高村规划与设计

（一）项目概况

登高村，一个坐落于仙华山景区的宋朝皇族后裔村落，是浦江县仙华街道的一个行政村，村落的主体部分处在风景名胜区的核心景区范围内，因“山下不曾见、登高才可见”而得名（图 7-4）。村域面积约 285 公顷，建设用地面积约为 3.4 公顷。现有村民约 180 户、550 人，平时实际居住村民不足 100 人，以老年人口为主，中青年基本上外出经商务工。

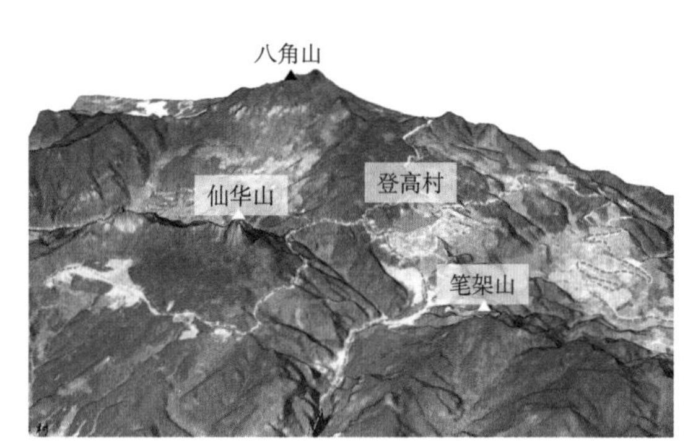

图 7-4　登高村在仙华山景区的区位

（二）规划主要内容

1. 现状特征

登高村村庄核心特点可概括为“隐”和“雅”，选址于仙人谷，三面环山，坐北朝南，伫立村口登高俯眺，阡陌纵横，远处又森林缥缈，高山云海，峰林万千。村内青砖黛瓦层层叠叠，马头墙此起彼伏；赵氏宗祠、十三间头大度堂正、雕梁画栋；古代智慧的“甘泉工程”，神秘的万古图腾，浪漫的梯田花海，古朴的石径古道，还有动人的《神笔马良》传说，多彩的民俗活动，以及清新淡雅的美食，众多自然、人文要素铸就了登高村犹如乌托邦的动人意境。

2. 主要问题

由于地处深山，登高面临着人口流失严重、住房条件落后、空间场所破败、农田逐渐荒废等一般传统村落都存在的困境。另外，由于位于风景名胜区，常规的村庄规划无法落地，使得村集体及社会资本都无法有效开展投资，村庄日渐衰败。

3. 目标定位

提出“隐逸生活的大家庭、热情好客的古村落”的口号，旨在通过村民生产、生活、精神的回归，兼顾游客的个性化服务需求，打造一个村民安居乐业，主客祥和共生的特色宜居村落。

4. 规划策略

在乡村旅游热潮和仙华山景村联动发展的背景下，规划着重从村庄生产回归、生活回归和精神回归为出发点，打造“真正生活着的村庄”。

（1）生产回归——“景观化”多元农业的耕种模式

农业生产是农村生活的根，规划挖掘其潜在的附加价值，通过“景观化”“趣味化”，让农业在生产的同时成为游客观赏点。一是要围绕登高村现有的“谷、茶、花、菜”四类主要农作物，以及梯田为主的空间特征，引导同类作物空间集中，形成连片田园景观。二是根据季节变化，在田间种植色叶树、果树，创造多彩的四季风情。三是开辟“农耕”和“农趣”体验田，组织开犁、收割、捉泥鳅、观星辰等趣味活动场所。

（2）生活回归——“家庭式”生活氛围的空间建设

不同于城市生活，村庄除了个体的“小家庭”，还有集体的“大家庭”生活。因此规划在通过新村建设、设施与环境改善提升个体生活质量的同时，重点对承载节庆、晒秋、民俗、村宴、红白喜事等各类村庄公共活动的空间场所进行环境景观提升，打造村口迎客广场、揽胜平台、明堂广场、赵氏宗祠、古甘泉广场等十大魅力活动场所，这些场所不仅是村民公共生活的载体，也是游客了解农村、体验农村的重要空间。

（3）精神回归——“最风雅”宋朝遗风的文化品位

登高村不仅有古朴通俗的农村文化，还有风雅的宋朝遗风和艺术气息，规划通过空间、物质与活动载体将其融入现代生活和展示传承。一是书画，吸引热衷宋代书画的艺术创作者汇聚，举办书画赛、论坛，创建马良书画院、大师工作室、展览演示室、写生平台等空间场所，营造整个村的文化气息，提升村民个体的文化艺术品位。二是养生饮食，利用登高村的高山蔬菜、高山茶叶、特色米面、家酿米酒等宋代饮食特点，打造以“养生素食”为特点的系列“登高宋食套餐”来招待客人。三是在玫瑰花海的基础上，规划进一步注重全村域各季节花卉的植物造景，打造全年被鲜花簇拥的美丽村庄。四是通过空间场所的打造来复兴与传承各类传统民俗活动，以及丰富图书阅览、乡村电影等现代休闲娱乐生活。

5. 规划成果

（1）空间布局：村域范围内形成“一心、一点、六区”的空间结构。“一心”为登高古村，“一点”为新村居民点，“六区”为玫瑰花田区、天书探秘区、果蔬花田区、谷粟梯田区、高山茶园区及仙华论笔区（图 7-5、图 7-6）。

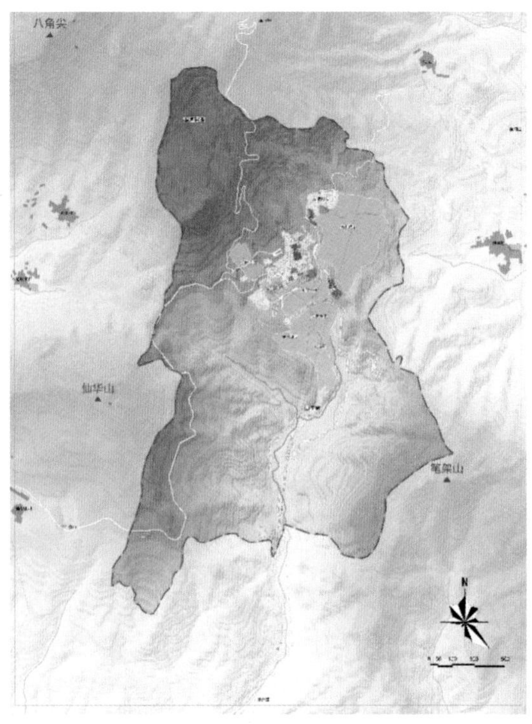

图 7-5　村域土地用地规划图

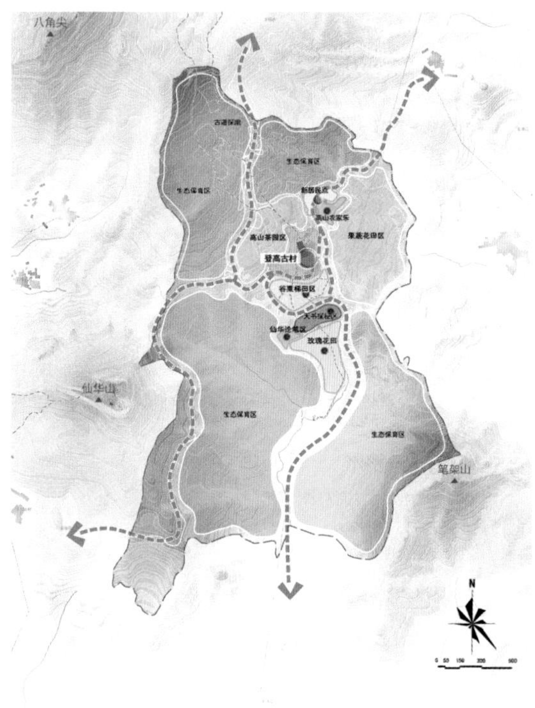

图 7-6　村域规划布局结构图

（2）产业引导：从建设“生活着的村庄”目标出发，实现保护、提升登高村的核心农业功能，增强品牌效应，促进乡村旅游。因此，确定登高村将延续目前的以一产为主、三产为辅的产业发展方向，一产主要为以高山茶、高山果蔬、谷粟、玫瑰等为主的果品种植，三产主要为旅游及相关配套服务业。

现代农业：大力发展生态农业，构建品质农业；加强现代农业与旅游度假产业相结合，优化提升观光与体验农业；推动农业品牌创建，提高农产品知名度与美誉度。

休闲旅游业：依托仙华山景区和传统村落自然人文双重资源，构建精品旅游线路；拓展旅游产业链条，助推村庄经济发展。

（3）居民点规划：按浦江现行村庄人均建设用地控制指标 90 平方米 / 人计算，到 2030 年，登高村所需村庄建设用地为 5.26 万平方米。相比现状 3.4 万平方米建设用地，需增加村庄建设用地约 1.86 万平方米，但由于村内部分房屋破损严重，部分建筑（如宗祠、十三间头、马良故居以及特色民居）需腾挪置换发展公共设施用房或为改建民宿等，初步计算约需要 0.47 万平方米用地，因此村庄实际所需增加村庄建设用地约 2.33 万平方米。

规划形成“珠链串接、庭院组团”的空间结构（图 7-7、图 7-8）。

图 7-7 总平面图

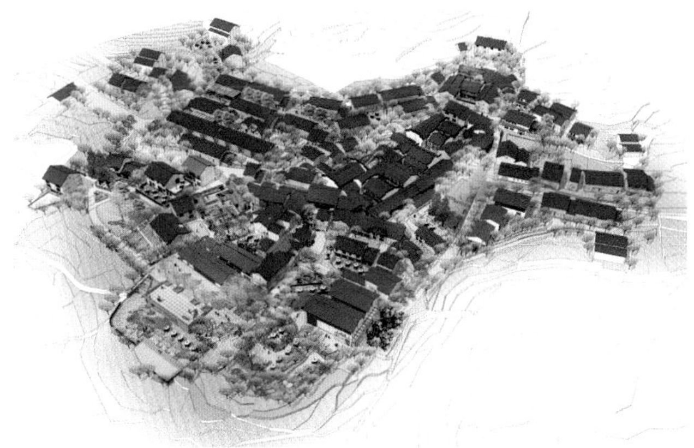

图 7-8 鸟瞰图

珠链串接：对村庄道路进行统一的景观改造，形成三环相扣的行径纽带，将村口、迎客广场、明堂、揽胜平台、古甘泉等主要公共活动空间，以及砚池、花圃展览园、休憩小广场等串珠成链。

庭院组团：根据主体功能差异，将建筑进行庭院化组合，形成诸多特色鲜明的建筑院落组团。

（4）特色空间：

个体生活空间：如同家庭中的“卧室、客房”，强调私密性，布局在村庄外围，包含村民住宅及游客民宿。村民住宅强调个体生活方式的权利以及左邻右舍的互惠，以小组团模式进行共享空间与院落的打造。游客民宿强调建筑的组合使用，通过院落整合，形成不同等级、不同规模的民宿酒店组团。

公共活动空间：如同家庭中的“客厅、书房、餐厅”，强调公共性，居中布局。包括古建筑利用及室外公共场所的塑造，如祠堂、十三间头为村庄节庆、祭祀、婚嫁、丧礼等各种民风、民俗活动场所，马良故居、十三间头为村民书屋和艺术创客驻点，在宗祠东侧增加老年活动室、卫生院等。室外公共场所主要有村口迎客广场（图 7-9）、揽胜平台（图 7-10）、明堂广场（图 7-11）、古甘泉广场四大公共活动空间，也是游客集中活动空间，既要满足村民生产生活需求，也要为游客创造舒适的观景、休憩环境。

行径连接空间：如同家庭中的“走廊、门厅”。蜿蜒穿梭于村庄内部的主要步行道路，或宽或窄、或平缓或攀高，一步一景，是品味村庄细节的，亦是串联各组团、各开敞空间的纽带。

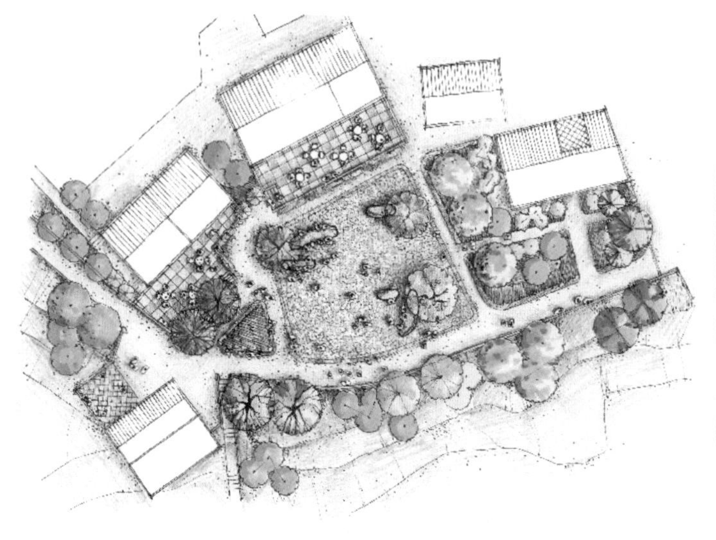

图 7-9　迎宾广场设计图

图 7-10　揽胜平台设计图

花园景观空间：如同家庭中的“花园、菜园”。村民的生产空间，乡村的自然本底，在更具景观化提升的基础上，在村庄西侧梯田植入“仙华论笔”书画主题活动场所。

（5）整治设计：乡村空间涵盖了生产空间、生活空间、交流空间、信仰空间、道德空间、商业空间等，与村民的生活密切相关，并且这些空间的功能具有多样性和复合性。规划将登高村划分成 10 个组团节点，分别为村口迎客广场、揽胜平台、明堂广场、赵氏宗祠、古甘泉广场、马良书画苑、竹林别屋、土舍民宿、台院小居、隐舍。追溯不同节点主要场所的历史内涵，结合村民现代的生活需求以及乡村旅游的发展需求，进行重新诠释，深化设计，使其达到美丽宜居示范村的建设要求。

（三）特色亮点

1. 通过乡村场所精神的挖掘来营造空间特色

乡村空间是乡村大社会中的一种情感和生活方式的表达，亦是对自然、祖先等尊重和敬畏的一种寄托。规划在继承和放大村庄不同空间精神内涵的基础上，融入现代生活的需求，以“家庭式”生活场所理念进行空间营造。

如明堂村庄是主要的晒场，是收获丰收和喜悦的地方，是儿童游戏的天堂，是人情味十足的各类红白喜事宴席地，也是乡村电影的放映地。因此在明堂的空间打造首先要满足村民晒秋、集会、村宴以及各种民俗活动需求，维持开阔平整的场地，保证主要空间阳光的照射，树木选择落叶树种，在此基础上再对广场边界进行人性化、趣味化设计，和恢复明堂广场乡村露天电影等活动（图 7-11）。

2. 通过开发运营模式的探索来支撑规划落地

一是个体经营：村民利用自家宅院闲置用房进行经营服务，主要包括村庄外围的农家乐，广场周边的餐饮、茶室等服务。

二是邻里联合共营：通过邻里之间自主合作，整合室内、室外空间，形成多个具有特色的院落，充分利用院落空间经营，发挥乡村室外环境优势（图 7-12）。

三是农村合作社集体经营：通过专业合作或股份合作的形式，发展村集体经济，包括农业生产、农产品加工、青年旅社经营、书画苑、旅游接待中心以及揽胜平台等的经营等。

四是专业团队经营：对于土舍民宿、隐舍等投资大、风险高的项目，建议引进外来资本和专业团队进行综合经营与管理。

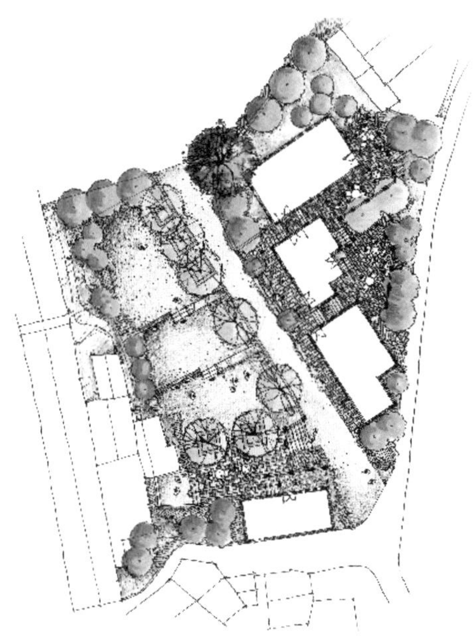

图 7-11　明堂广场设计图

图 7-12　开发运营模式分区图

（四）实施成效

规划设计注重全过程的公众参与，成果得到了村民的充分认同。规划的实施成效主要体现在两个方面：

一是人居环境显著改善。各类基础设施建设、老建筑修缮稳步推进，重要公共空间节点已进一步开展深化设计（图 7-13）。

二是村民回归积极性高涨。在居住环境、就业环境提升的预期下，近 50% 的村民愿意回村居住生活，这也是本次规划要实现“生活着的登高村”和促进登高持久繁荣的最终目标。

图 7-13　登高现状照片

三、丽水市松阳县三都乡紫草村村庄规划设计

（一）项目概况

紫草村位于浙南古邑松阳，嵌落在松古平原东北侧的仙霞岭支脉之中，距三都乡政府约1.4千米，距县城区约15千米。紫草村海拔高达810米，为三都乡地势第二高的村落。紫草村所在的三都乡是松阳县传统村落最密集的乡域之一，乡域内共有超过16处登记的中国传统村落，而紫草村又地处传统村落群的几何中心。

光阴流转，由于驻村人口流失、建设条件制约等因素，紫草村逐渐走向衰败，紫草漫山的景观特质也随之消失。而如今，在乡村振兴战略、传统村落保护与乡村旅游热潮的多重推动下，全国登山协会的山地车赛事等户外运动、高品质乡土民宿、松阳与百校联动趋势下艺术写生等活动的引入，为紫草村复兴带来了希望和曙光。

（二）规划主要内容

1. 规划构思

（1）平衡性——传统村落保护与发展同行。紫草村集传统村落和美丽宜居示范村于一身。在考虑村落发展的同时，首先深入挖掘现状传统文化特质，梳理文化核心并构建文化体系，并最终落实到文化空间及进行点缀文化烘托。

（2）差异化——浙南山区传统村落差异化发展的实践。松阳县作为全国传统村落保护发展示范县，传统村落多达50余个，同质化发展问题严重。规划分别从长三角、松阳县域、三都乡域等多层面进行系统分析，明确村落发展方向，顺应区域乡村发展趋势并形成自身特色。

（3）区域性——三都乡传统村落集群旅游发展的带动。三都乡拥有松阳县最密集的传统村落集群，整体上存在定位视角单一、影响效果薄弱、区域联动缺乏等问题。基于定位进行“村落群—村域—居民点”三元空间布局，村落群、村域层面注重与周边村落的联动性布局，强调基础设施落面落点；居民点注重自身发展的差异化特点，强调特色文化展示与特色空间营造。

2. 目标定位

规划提出了紫草村“古韵养生、健康文动”的发展定位，结合紫草村自然环境品质、多元文化特质、现状民宿发展基础、运动发展势头等，将紫草村打造成浙南山地养生度假桃源和浙南山地户外运动基地。

3. 主要规划成果

（1）村落群落规划：规划基于村落文化、运动双重属性，以紫草村为几何中心的周边 16 个村落为主体，策划丰富的户外运动延伸空间与周边村落紧密联系，形成 4 个主题、9 条线路、2 个运动配套服务点、2 个休闲驿站（图 7-14）。

（2）村域规划：紫草村以“古韵养生、健康文动”为自身个性定位，形成源溯传统道家养生与现代户外运动的业态体系（图 7-15）。

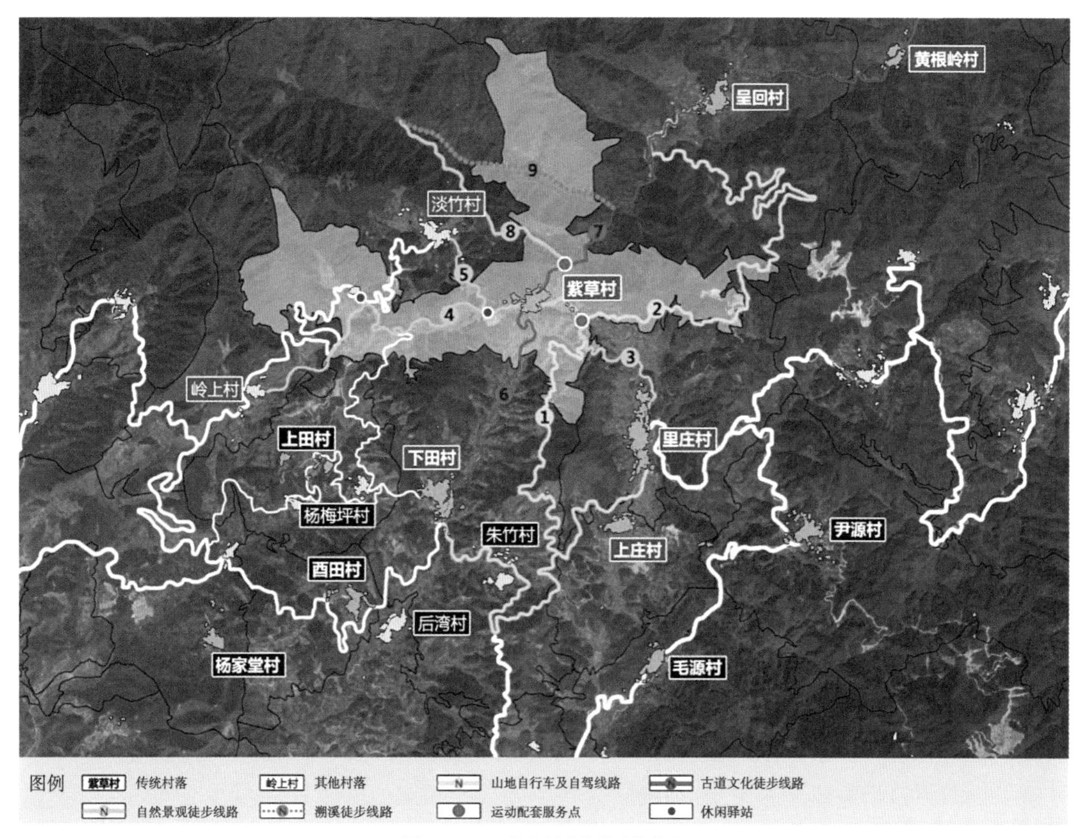

图 7-14　三都乡村庄旅游空间格局

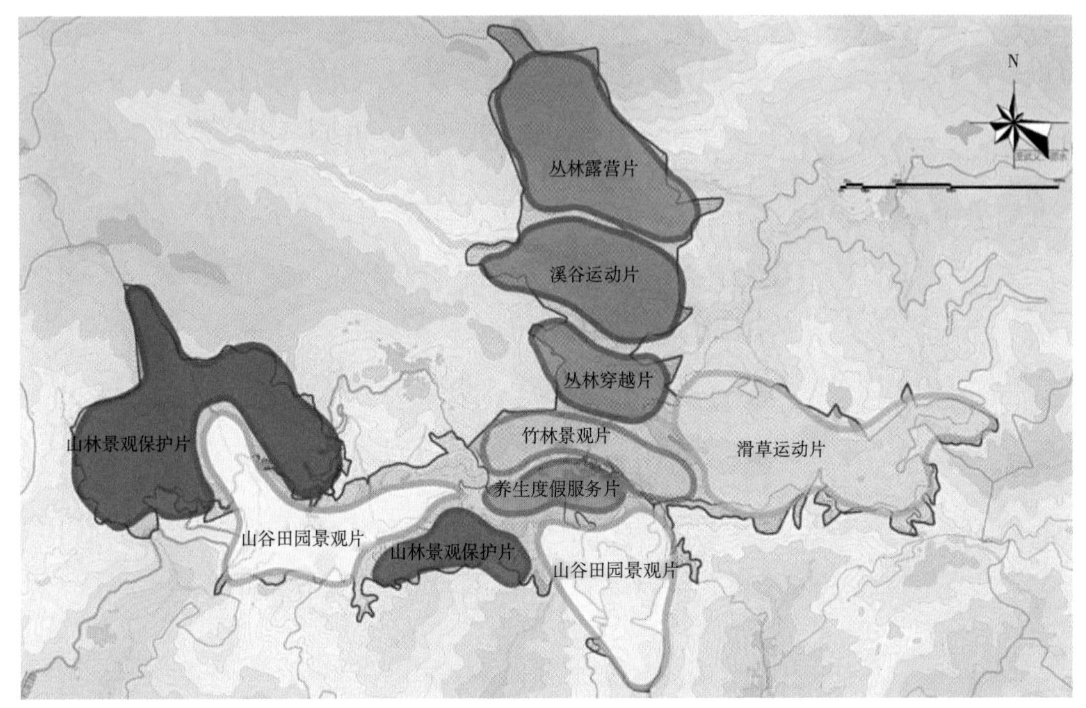

图 7-15　紫草村村域产业布局图

划定旅游服务产业片区、旅游活动产业片区及农业种植产业片区。其中，旅游服务产业片区以村落居民点为载体；旅游活动产业片以多样地形为载体，包括山林、溪谷、峡谷等，支撑村落丰富的户外旅游活动。

（3）居民点规划：以突出养生主题为核心，将养生文化融入村落布局，依据主导性原则将道家养生体系以动静区分，以现有的竹林作为自然阻隔，保证静功能区的幽静氛围和动功能区的景观背景。

（4）村庄设计：挖掘紫草村自身特色，以空间、建筑、环境三个层次构建紫草印象体系进行特色村庄设计。

印象空间突出周边建筑外貌与空间周边环境的协调；恢复空间原有肌理，关注空间规模、乡土性；保证空间可达性与道路乡土性。

印象建筑在现状调研基础上，概括出传统建筑形态特征与“古韵朴素、陶瓦土墙”的形态意象，然后对建筑进行整村建筑风貌与分类建筑风貌两个层面的指引。

印象环境主要结合优质景观点进行重点设计，打造村庄形象窗口，保障重要视线廊道的通透开敞，打造特色观景点，对建筑形象整治和外部环境进行洁净美化；将印象环境要素进行广泛运用，将夯土黄墙与青黑砖瓦的组合搭配衍生至村庄形象 LOGO 和村庄标识标牌的设计中；选取毛竹和紫草作为村庄特色植物，竹影婆娑、姿态如画、紫草摇曳、暗香浮动，烘托塑造出千年古村的悠然宁静和超凡脱俗（图 7-16）。

图 7-16　紫草村农房整治效果图

（三）特色亮点

1. 文化凝聚——深化传统村落保护框架，构建紫草文化印象体系

规划首先从“闻、通、活、绿、蕴、栖、居、行、荫、聚”十个方面进行深入细致地分析，总结提炼出紫草核心文化体系；其次，结合紫草文化在“传统格局保护、建筑风貌整治、历史要素梳理、非遗活动传承”的传统村落保护框架基础上，融入“传统环境特质恢复、双重文化业态策划、文化标识系统设计”等要素，构建紫草文化印象体系。

2. 系统定位——多维度区域分析研究，差异化资源挖掘定位

一是基于区域视角，明确生态型乡村旅游及自驾线路驻留点特征，提出加强乡土要素挖掘、增加住宿业态形式的应对策略；二是基于松阳县域视角，以传统村落聚集和民宿分布档次为研究重点，针对村落集群线性联系密切、但民宿档次过低的特征，提出线性活动引导、高端民宿业态补充的应对策略；三是基于三都乡域视角，以村落集群功能差异化为研究重点，明确紫草村为运动旅游型传统村落，提出高端度假业态延伸的应对策略。

3. 集群引领——突出群落联动主题发展，打造多元空间乡土布局

将运动主题融入村落集群联动与村域功能布局，村落集群联动中以紫草村为中心，系统布局涉及周边十余个传统村落的 9 条户外运动线路、多个运动配套服务点及休闲驿站。

（四）实施成效

在规划指导下，村民、政府、开发商达成共识，逐渐推动村庄活态化保护，解决人口流失、村落衰败等多方面问题。

首先是空间节点打造方面，近期实施节点如村口节点、文化节点、台阶院落节点以及相关项目配套已明确，在规划提出的项目规模、资金测算、实施时间的基础上，正在进行下一步的深化设计和实施。

其次是建筑方面，规划提出的 18 个影响整村风貌的建筑正在整治中；紫草竹房项目已经落点并启动，部分建筑已初见成效，规划设计后续将给予进一步的提升引导。

四、嘉兴市嘉善县大云镇缪家村土地利用规划

（一）项目概况

1. 项目区位

嘉善县大云镇缪家村位于大云镇东南部，沪杭高速公路大云出口处南端，平黎公路纵贯全村。北靠大云镇曹家村、东云村，南与平湖市接壤，东接惠民街道新润村，西侧为大云镇中心城镇。

2. 规划范围

规划范围为缪家村村域范围，总面积约 7.07 平方公里（图 7-17）。其中善江公路以西为大云镇城镇规划区范围，大云温泉度假区和省级甜蜜特色小镇纳入规划范围。

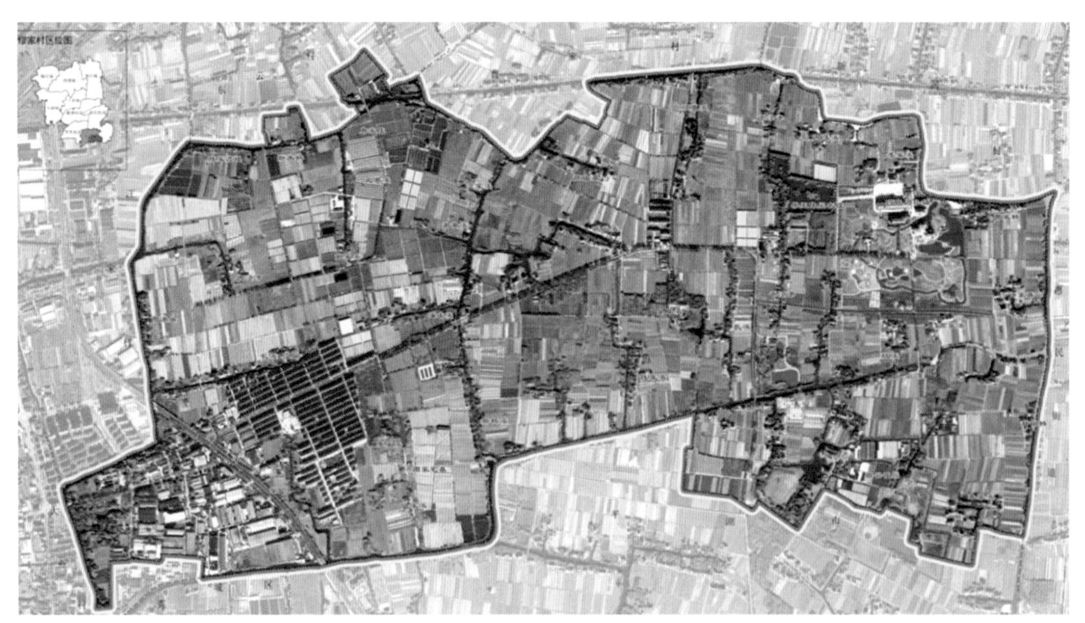

图 7-17　规划范围

（二）规划主要内容

1. 现状特征与问题

村富民强，人均收入较高。2014 年缪家村实现工农业总产值 10.3 亿元，目前全村从事二、三产业村民比达 71%。2014 年村级可支配资金达 850 万元，农民人均纯收入 27500 元。

产业特色鲜明。农业主要以鲜切花、农业园区、拳王农庄、碧云花园为特色；工业主要以箱包服装、食品加工、五金和纺织为支撑；服务业主要位于大云温泉旅游度假区、巧克力小镇、十里水乡等特色景区。

常住人口基本稳定，外来人口增长较快。现有 16 个村民小组，农户 1046 户，户籍人口 3324 人，外来人口 3417 人。

2. 主要问题

人均耕地接近警戒线，人居环境有待提升，产业化经营水平较低，亟待整合。

水乡田园风貌亟待修复。景观风貌方面，工业区蜗居西南一隅，厂房老旧布局杂乱；新社区兵营式布局，公共设施集中，整齐划一，肌理单调。

基础设施与服务设施不足。村域内现状缺少高等级的道路及连接主城区及周边大中城市的快捷通道，缺少公共停车场。公共活动场地、公厕等设施配备数量偏少。

3. 目标定位

（1）定位：上海近郊中西合璧的浪漫之村。规划依托巧克力甜蜜小镇、十里水乡景区等旅游项目建设，以乡村休闲旅游服务和基本公共服务为主要功能，将缪家村打造成为环境优美，生活舒适，游玩便利，既有传统江南水乡韵味，又有欧洲小镇浪漫风情的美丽乡村。

（2）发展目标：用地集约、产业繁荣、风貌优美、配套完善。主要体现为：土地利用集约高效，耕地保护与村庄建设并重；农村经济快速增长，旅游等特色产业蓬勃发展；生态环境不断改善，农村居住环境明显美化优化；配套设施日益完善，旅游和公共服务水平显著提升。

4. 主要规划成果

（1）村域空间发展框架。构筑“生产、生活、生态”融合的村域空间发展格局，构建“三生”空间系统规划。

规划形成“一轴双心，两环四片”的村域空间结构。“一轴”：沿花海大道—云梦路（缪王公路）及其两侧公共设施、景观绿化等形成村庄的公共发展轴。“双心”：一是指村庄西侧，主要为村庄本地居民服务的公共服务核心，另一个则是东侧的旅游休闲核心，主要面向游客人群。“两环”：由规划休闲慢行绿道环和水上游览观光环构成。“四片”：结合上位规划及村庄发展诉求，将村庄规划成四个功能片区：新型农村社区、十里水乡漫游区、巧克力甜蜜小镇片区、特色农业片区（图 7-18）。

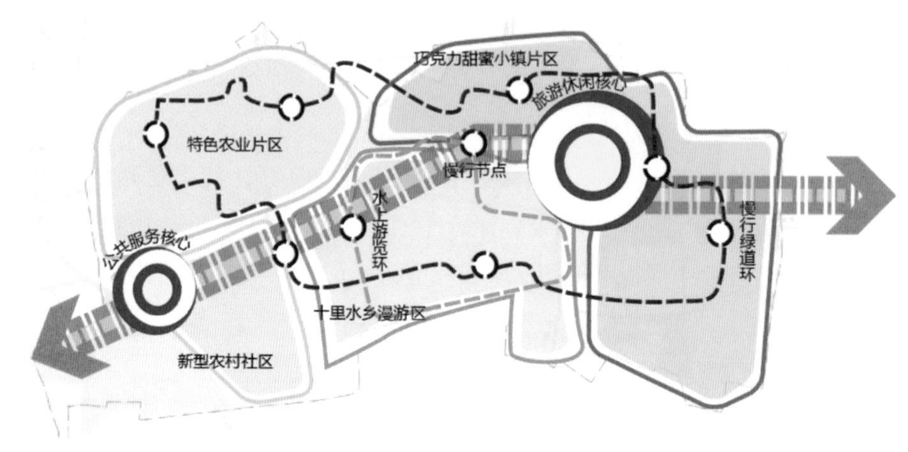

图 7-18　村域空间结构图

（2）生态用地保护规划。规划利用具有田园特色的传统种植业，苗木种植业等，积极发展有机农业、生态农业、节水农业；保留和整治现有的河流水系，依托基本农田、园地、道旁绿化用地等，改善水体质量，充分利用水体，组成生态通道和生态走廊，向社区、村落内部空间穿插，改善村庄生态环境。

村镇建设区的生态用地主要是依托原有河道、绿化用地，进一步增加区内生态用地规模，提高城镇建设区内人们的生活幸福指数。

（3）农用地保护规划。明确规划期末缪家村耕地总面积和耕地保护要求，提出其他农业用地生产布局；明确农地承包经营规划，提出土地流转方针。扎实推进村级经济社会科学发展，拓宽农民非农就业渠道；提出农业现代化发展方向，发展农旅结合特色产业。农田设计围绕四大方面展开：一是适当调整总体布局，二是打造“生态田块”和“景观田块”，三是构建联系便捷、间距合理的田间道路系统规划，四是结合机埠灌溉区域和自然河道的农田水利系统规划。

（4）村庄建设规划。尊重现状，活态传承，对村庄住宅用地、村庄公共服务用地展开规划。打造主干分明的村域交通系统规划，明确主要对外交通干道、主要内部道路、次要内部道路。规划形成“一心、一轴、两节点、六组团”的功能结构。并对新农村社区用地布局、居民点公共配套设施等内容展开具体规划（图 7-19）。

（5）产业用地规划布局。分类提出产业发展策略，并划定产业用地布局图。针对第一、第二、第三产业，分别提出产业发展引导。一产方面，大力发展现代休闲农业；二产方面，村内工业企业向村工业园区内集中；三产方面，以温泉度假区、巧克力小镇、十里水乡等旅游景点为主体，钱家浜、油车浜等居民点作为乡村旅游特色村落为辅助（图 7-20）。

（6）景观风貌规划与村庄设计指引。构建“新村社区风貌片区—旅游型特色村落风貌片区—甜蜜小镇风貌片区”三大景观风貌片区，并针对三大片区提出不同改造策略（图 7-21）。

图 7-19　缪家村新农村社区空间结构图

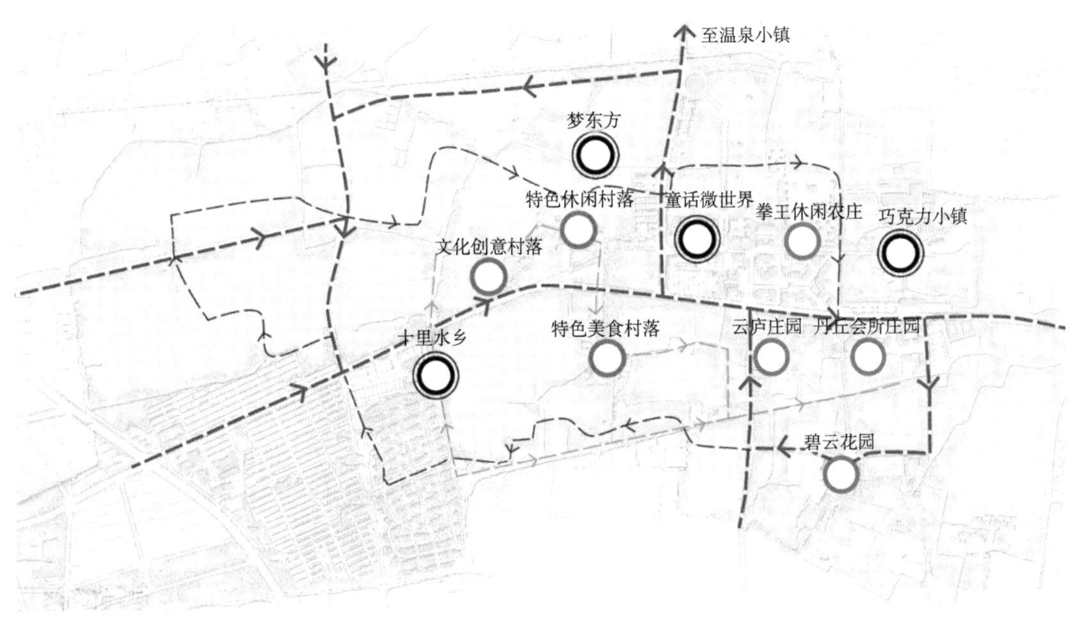

图 7-20　旅游项目规划图

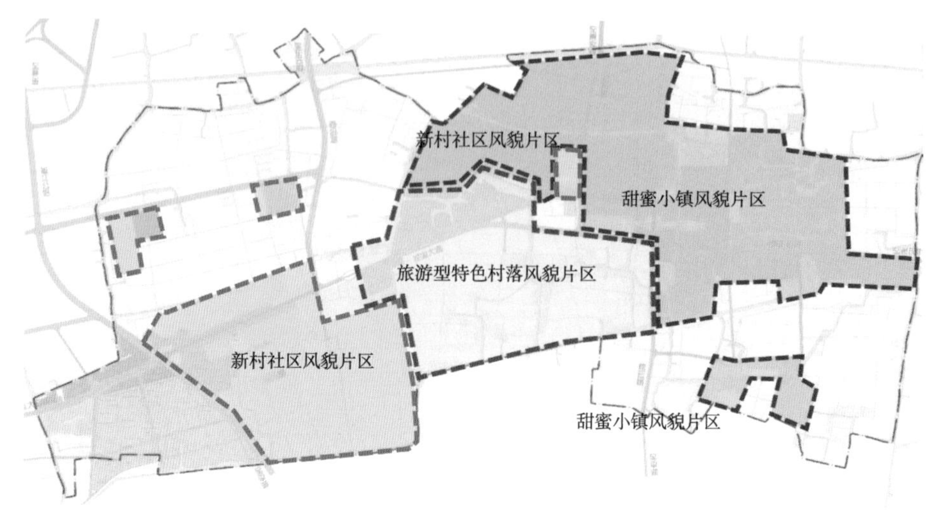

图 7-21　景观风貌规划图

村庄设计：针对新建民居、农家乐、围墙改造、庭院改造、田间绿道整治、驳岸设计分类提出设计引导。

（三）特色亮点

1.“两规衔接”的先锋试点

全面涵盖“两规”内容。村庄建设规划和村级土地利用规划是两个内容迥异却又紧密联系的规划，“两规”内容上有所侧重，也有所重合。缪家村村庄规划将“村庄建设规划”和“村级土地利用规划”二者合一，形成全新的规划框架，全面涵盖“两规”内容。

从纵向、横向两个层面构建“两规”联编工作机制。纵向层面的工作框架，构建了“两厅合作，两院合编，两规合一”的总体框架。即由浙江省住房和城乡建设厅和浙江省国土资源厅合作引领，共同推进；浙江省城乡规划设计研究院和浙江省土地勘测规划院作为技术支持，负责具体的规划编制工作；通过“部门协作、分工明确、高度融合”的规划编制新模式，编制完成一本规划，一张蓝图。横向层面的技术框架在编制技术上要求做到六个统一，即“统一基数、统一总量、统一划区定线、统一数据库、统一技术路线、统一创新政策”。规划成果应通过住建部门和国土部门的联合审查通过后，方可获批；成果获批后将取代村庄建设规划和村级土地利用规划，直接指导村庄建设。

2. 六大专项的细致调研

开展社会经济发展现状调查与分析、村庄产业用地调查与分析、土地资源调查与分析、土地权属情况调查、农村居民点调查与分析、公用服务与基础设施调查与分析六大专项调研，充分夯实规划编制基础。

3. 规划协调的长效机制

成立缪家村村庄规划协调小组，由浙江省国土资源厅和浙江省住房和城乡建设厅牵头，嘉善县国土局有关领导主要负责，地方政府配合，设计院技术参与，其他相关部门协调。小组定期召开会议，统筹协商各方意见与建议，并就核心问题做出及时决策。

（四）实施成效

1. 规划引领下的土地利用更集约，零星农田流转有序

净增高标准农田 2144 亩，成功打造 2500 亩全域土地综合整治样板区，人均村庄建设用地从 223 平方米下降到 108 平方米。以旅游项目开发区、土地整治项目区及零星农田流转区作为重点区域，集中开展农田流转，累计流转土地面积 4637 亩，流转率达到 98% 以上。

2. 设施建设提质，增强村民生活幸福感

补齐基础设施和公共服务短板，改建缪家村村史馆、缪家村文化活动广场、主入口，新建邻里中心、党群服务中心等，全域推进建设环境秀美的村庄环境。

3. 产业特色化发展，村民奔向共同富裕

建立鲜花、铁皮石斛、甲鱼养殖等特色精品农业体系，发展歌斐颂巧克力乐园等“三产融合”的甜蜜度假产业，形成村级集体经济高质量发展的新模式。2022 年，缪家村集体经济年收入达到 1480 万元，农民人均可支配收入 5.6 万元；近 3 万平方米的文化广场投入使用，村民幸福指数不断提高。

五、台州市天台县街头镇后岸村村庄规划设计

（一）项目概况

天台县隶属于台州市，位于浙江省东部，台州市区西北部。东连宁海、三门，西接磐安，南邻仙居，北界新昌，东西长 54.7 千米，南北宽 33.5 千米。临近杭州、宁波，交通区位较好。后岸村位于天台县西南侧的街头镇，国家级重点风景名胜区、全国首批 AAAA 级旅游区——寒岩明岩景区的西侧。

本次规划范围包括村域和居民点两个层面。村域规划范围为后岸村行政管辖范围，重点是进行“两规衔接”，综合部署生态、生产、生活等各类空间，统筹安排村域各项用地的范围，用地面积约为 3.56 平方千米。居民点规划范围为重点进行村庄建设用地布局的范围，用地面积约为 37.8 公顷。

（二）规划主要内容

1. 现状特征

后岸村位于台州市天台县街头镇东南。2012 年户籍人口 1068 人，常住人口 1268 人，村庄面积 3.56 平方千米，耕地面积 837 亩。

村庄紧邻国家级风景名胜区、全国首批 AAAA 级旅游区—天台山寒岩—明岩景区，为国家 3A 级旅游景区，并入选浙江省首批国家级美丽宜居示范村试点村。依托“景中村”优越的资源环境禀赋，后岸村探索形成了从发展采石经济到特色农家乐的山区经济转型之路的“后岸模式”。

2. 主要问题

（1）规划引领不足。美丽宜居示范村的发展基础与条件较好，村庄规划层次体系缺乏系统性，村庄规划与土地、生态等相关规划的融合不够，前瞻性不足、操作性较差。后岸村早期编制的村庄规划在空间布局项目落地等方面不接地气，规划难以实施。

（2）产业培育不够。现状产业优势是美丽宜居示范村的主要特点之一，后岸村在发展前期取得了成功和带动作用，但并未及时意识到农家乐主要体现在吃与住层面，产业业态与收入增长点相对单一，造成了中后期发展潜力的弱化。

（3）文化挖掘不深。美丽宜居示范村的乡土文化特色挖掘、保护与传承至关重要，但多数村庄尽管有厚重的文化资源特色，却缺乏有效保护和合理利用，尚未很好地与村庄的规划建设相结合，村庄发展内涵不足。后岸村在早期的村庄建设中，出现了和合文化的挖掘和利用不足，石文化的保护与传承浮于表面等问题。

3. 目标定位

从发展特征和资源禀赋来看，应把握好旅游发展的机遇，景村协同、合理谋划、科学布局，本次规划构建“村庄布点规划—村庄规划—村庄设计—村居设计”的村庄规划编制体系，深化村庄设计，保证村庄规划落地实施，突出功能空间融合，提升乡村发展核心内涵，展现风貌特色。

4. 规划策略

（1）深化村庄设计，保证村庄规划落地实施

构建“村庄布点规划—村庄规划—村庄设计”的村庄规划编制体系。村庄群落研究侧重区域条件分析、相关规划解读与群落发展导向；村庄规划侧重“两规衔接”，指导后岸村可持续发展；村庄设计侧重总体形态、公共空间及环境提升，村居设计侧重体现地方乡土气息。

（2）统筹景村发展，突出功能空间融合一体

一是突出大景区村庄群落的功能统筹。对景区与村庄功能差异化、活动差异化等方面进

行判断，打造环景区乡村旅游休闲带。策划功能区段，明确后岸村发展主题，提出与景区相配套的乡村旅游产品与设施要求。

二是突出“景村一体”的空间布局统筹。提出“景村一体、融合发展”的空间策略。一方面保护东部核心景区景点，确定“一心两轴两点九片”的“景村一体”空间结构；另一方面，优化村域空间格局，强调景村融合发展。

（3）凸显乡土文化，提升乡村发展核心内涵

构建乡村乡土文化保护与传承的体系框架，弘扬“和文化”，打造和合文化魅力体验游线路；突出“石文化”，谋划石文化公园、采石问源景点等项目，打造石文化体验节点；做足“农文化”，发展七彩观光农业，建设乡村大食堂，打造乐趣的农耕文化体验。

5. 主要规划成果

（1）村域规划：

1）规划定位：和合文化旅游度假村落——以和合文化与石文化为基础，以农家休闲、生态观光以及度假养生为主要特色的乡村特色文化旅游度假村落。

2）产业引导：规划确定后岸村产业结构为“三产为主，一产为辅”。三产主要为旅游及相关配套服务业。一产主要是以杨梅、蜜桃等为主的果品种植，重点发展生态农业，构建品质农业，加强现代农业与旅游度假、养老产业相结合。

规划确定后岸村四大产业片区：沿始丰溪围绕居民点打造形成以旅游服务配套为主的旅游服务产业片区，始丰溪南侧地块为桃梨种植产业片区，成洲路南侧为枇杷葡萄产业片区，北侧与西侧山体为杨梅种植产业片区。

3）空间管制：将村域划分为优化建设区、适宜建设区和禁止建设区三类空间管制区，并制定不同的空间管制策略。划定绿线、蓝线、紫线和黄线，形成生活、生产、生态“三生”融合的村域空间发展框架。

（2）村庄规划：

1）用地布局：村庄规划建设用地面积 29.32 万平方米，以“景村一体、融合发展”的布局思路为导向，形成“一心、两轴、两点、九片”的空间结构（图 7-22）。

“一心”：以和合文化广场为核心，布局村庄公共活动中心。

“两轴”：滨水公共活力轴——以滨水空间串联公共活动空间的活力轴线；和合文化魅力轴——寒山子、和合文化为主题的文化轴线，提升后岸村的文化魅力。

“两点”：石文化游览节点、桃林体验观光节点。

“九片”：公共服务综合片、传统风俗农居片、溪畔生态农居片、采石文化游览片、高端健康养生度假片、两个果林体验观光片、两个生态山体景观片（图 7-23）。

2）公共服务设施：规划在后岸村设置村委会、文化礼堂、卫生室、老年人活动中心、体育健身等公共服务设施。结合原有的文化礼堂，形成村庄的公共活动中心。

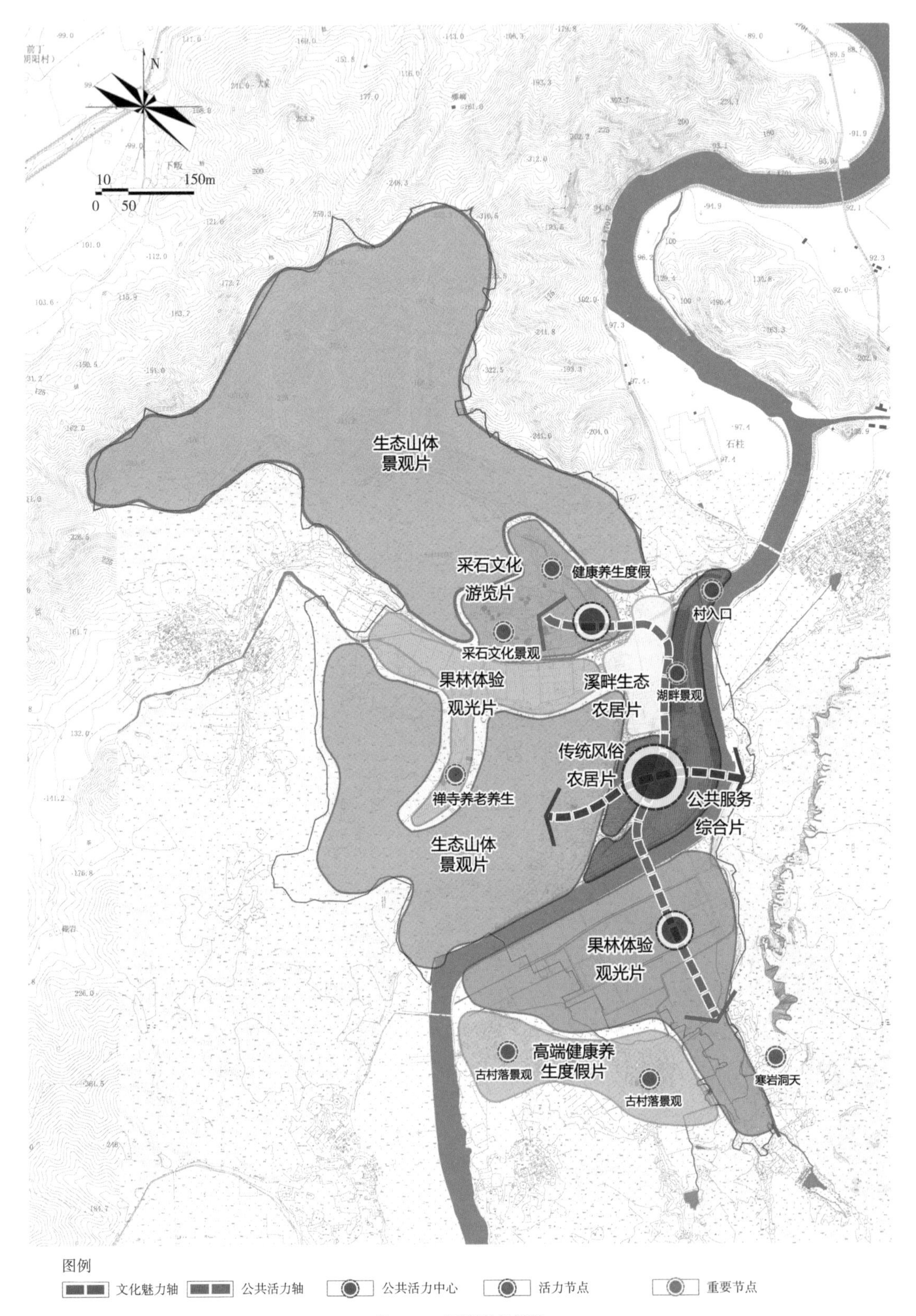

图 7-22　功能结构规划图

公共场地：规划在村域内梳理出四处公共场地，总计面积约 5.57 万平方米，相比现状增加 1.7 万平方米，为村民聚会、活动、健身提供充足的开放空间，也成为整个村庄重要的景观节点。

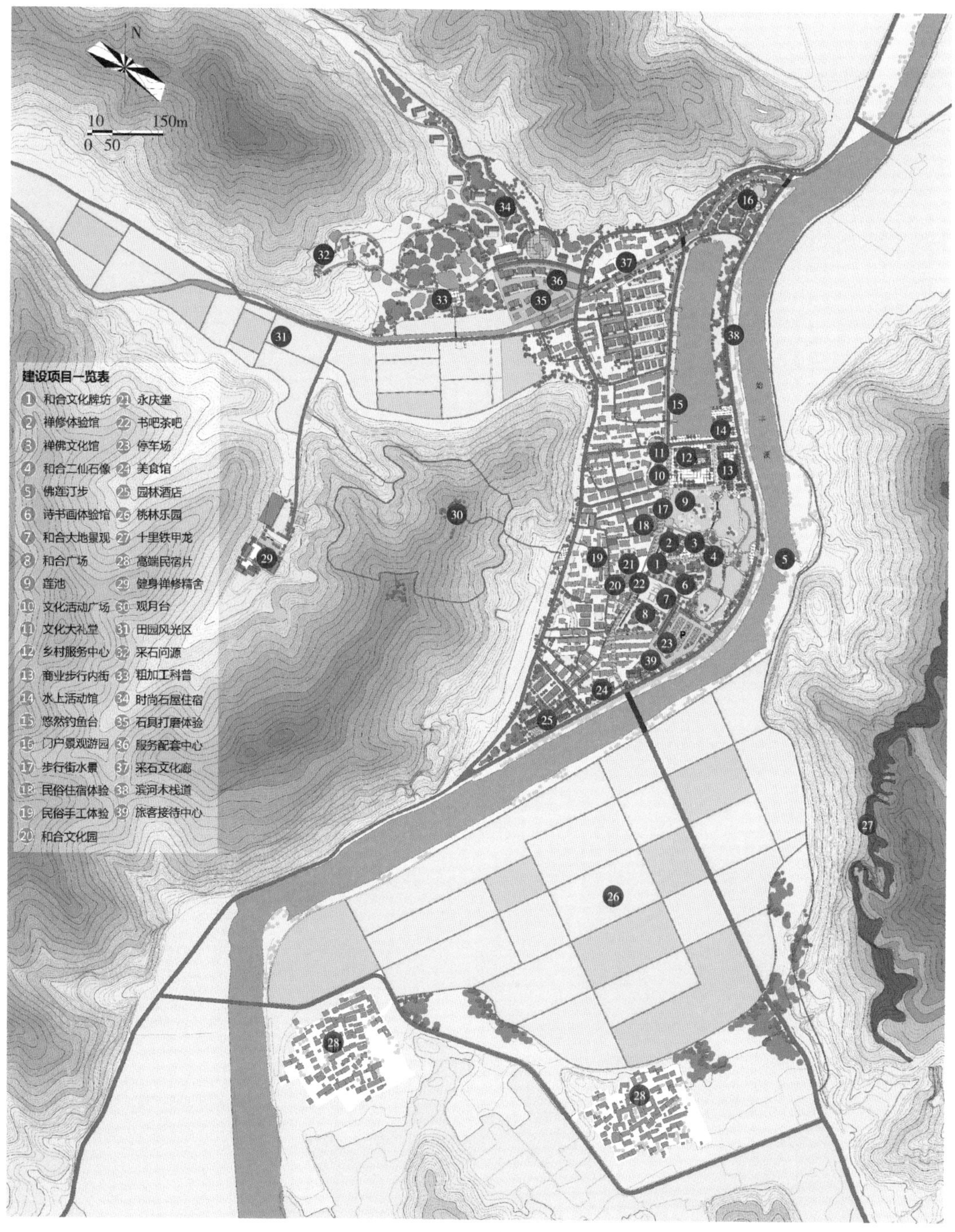

图 7-23　规划总平面图

商业服务业设施规划：在后岸村设置旅游接待中心、风情博物馆、风情商业街、百货商店等旅游休闲及生活性商业设施。

3）道路交通：规划干路—支路—巷道的三级交通体系。干路为村庄的主要通车道路，同时承担村庄对外交通的车行道路。支路为内部的主要车行道路，与干路结合，形成网状游览线。巷道主要为栈道、石板小路等，步行道路路面材料采用乡土材料。

（三）特色亮点

1. 特色产业培育

（1）突出大景区村庄群落的功能统筹。从村庄群落发展视角出发，对景区与村庄功能差异化、活动差异化等方面进行判断，打造环景区乡村旅游休闲带。策划农事体验、主题运动等功能区段，明确后岸村发展主题，提出与景区相配套的乡村旅游产品与设施要求。

（2）乡村旅游升级，推进产业业态功能培育。从乡村旅游产品业态、乡村旅游发展模式、乡村旅游经营模式、乡村旅游活动形式四个方面进行乡村旅游发展策划，确定后岸村“核心+配套+扩展”的旅游产品领域，“田园生态+民俗文化+休闲度假”的综合发展模式，“个体作坊经营+合作社经营+商业项目经营”的旅游经营模式（图7-24）。

2. 传统文化传承

规划凸显乡土文化，提升乡村发展核心内涵。构建乡村乡土文化保护与传承的体系框架，弘扬“和文化”，以寒山冥想台、和合文化广场等景点为核心，打造和合文化魅力体验游线路，打造独特的石文化体验节点，做足“农文化”，再现传统民俗风情，打造农耕文化体验。

3. 乡村治理实践

规划设计通过“三个时期、四项内容、五种途径”，形成全方位、全过程的公众参与，打造“自下而上”的村庄规划，并落实到村规民约，体现村民自治。

（四）实施成效

一是人居环境改善，风貌特色彰显。基础设施等得到了明显提升保护，恢复了村庄整体风貌和传统街巷格局，整治和提升了重要公共空间节点（图7-25）。

二是旅游产业加快发展，经济效益明显提高。功能设施完善，旅游项目的丰富，经济效益得到较大增长，成为浙江乡村旅游发展的典范。

寒山茶社

乡村酒店

室外茶吧

后岸书吧

图 7-24　后岸村特色功能项目

图 7-25 现状照片与实施成效图

六、金华市义乌市城西街道分水塘村村庄规划

（一）项目概况

分水塘村位于浙江省义乌市，义乌是享誉全球的世界小商品之都，是“一带一路”的重要节点，是义新欧专列的始发地。

分水塘村是《共产党宣言》首个中译本的诞生地，也是翻译者陈望道先生的出生地和成长地。分水塘村地处浙江省中部山区丘陵地带，以山地和林地为主，作为浙中地区典型的传统山居村落，具有鲜明的地域风貌特色。

规划范围为全村域，规划总用地 366.2 公顷。本次规划分为三个层次：第一层次针对全村域范围的“多规合一”村庄规划，第二层次针对村庄集中建成区的村庄设计，第三层次针对重要节点的景观提升实施性设计（图 7-26）。

（二）项目主要内容

本次规划按照“多规合一”的实用性村庄规划为总体要求进行编制。

规划层次：

第一层次：村域规划

第二层次：村庄设计

第三层次：景观提升设计

图 7-26　规划范围图

1. 规划理念

（1）严格贯彻“两山”理论和生态文明建设的理念，寻找并构建分水塘村的“红线、蓝线、绿线”。

（2）构建信仰的“红线”，以陈望道故居为核心，构建故居—纪念馆—宣誓台的红色教育功能主线。

（3）守护绿水的“蓝线”，分水连塘，九塘串村居，构建义乌原乡文化风情线。

（4）寻找青山的“绿线”，以山村、田野景区化为导向，构建义乌乡村 A 级景区游览线。

2. 总体定位

以“国家红色教育、红色旅游精品示范区”为愿景，结合分水塘村“望道故里”的珍贵红色文化资源以及国家级森林公园望道森林公园的生态景观资源优势，并以保护原乡肌理和特色风貌为前提，提出对分水塘村的规划定位：“红色信仰之源、义乌原乡逸境”（图 7-27）。

3. 规划结构

规划形成“一带双轴、六区两片”的总体结构（图 7-28）。

“一带”：沿东黄线，串联各大景观节点，打造联系多个功能片区的联动提升发展带；

“双轴”：以千年塘、分水塘、宣言纪念馆为重要节点，以红色主题文化展示、体验、交流为特色，打造东西、南北两大文化景观轴；“六区”：结合现状建筑功能与乡村发展方向，梳理空间，重组提升，打造红色主题文化旅游区、民宿旅游服务区等六大功能片区；“两片”：结合当地生态农业特色，打造田园生态宜居片及桃李田园休闲观光片。

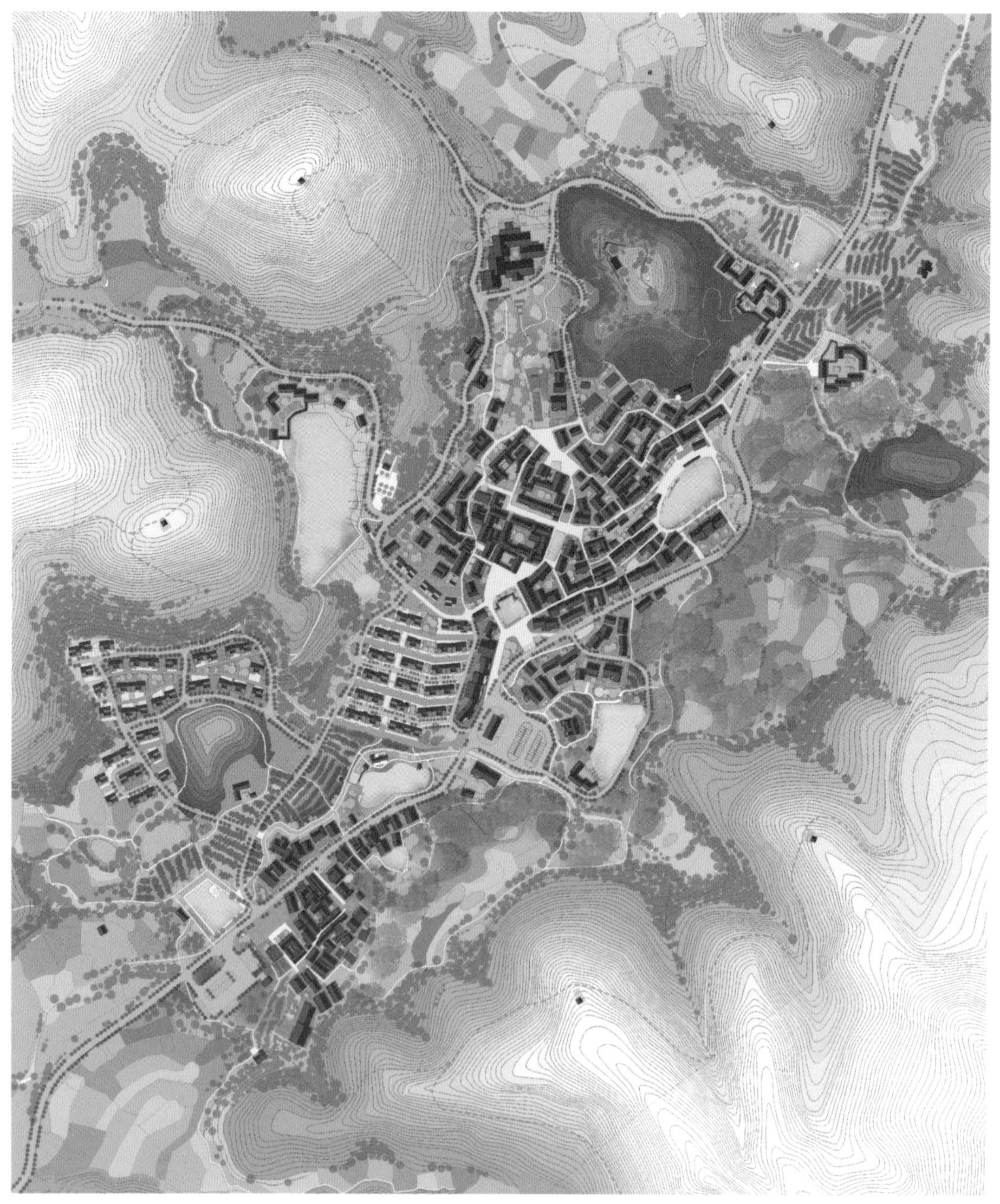

图 7-27　村庄设计总平面图

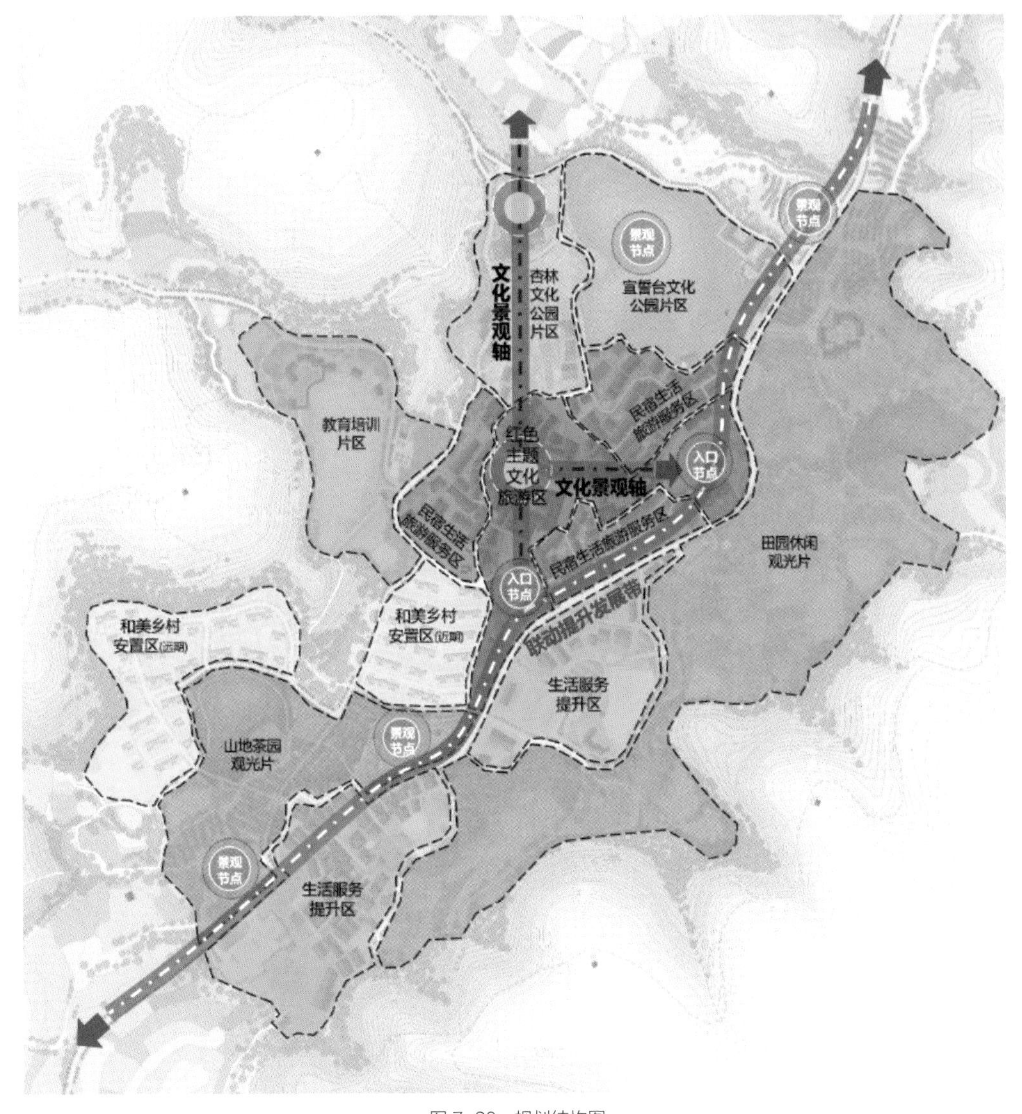

图 7-28　规划结构图

（三）特色亮点

1. 强化“多规合一”，探索实用性村庄规划

以“多规合一”为方向，积极探索国土空间规划背景下的实用性村庄规划编制内容，将原村庄规划、村庄土地利用规划、土地整治规划等整合为一个规划，在上位空间规划的指导下，按照统一的用地分类，用一个规划涵盖村庄布局、全要素及耕地保护、土地整治、产业发展、居民点布局和历史文化传承、建筑改造等内容，形成全面指导村庄各项建设行动的蓝图。

2. 保障精准实施，组织多专业综合协作

将村庄规划和村庄设计进行深度融合，以项目落地为导向，整个规划过程组织了城乡规划、风景园林、建筑设计多专业的协同合作，由浙江省城乡规划设计研究院负责规划设计、景观提升和建筑改造工作，由东南大学建筑设计研究院负责宣言纪念馆建筑设计工作，各专业紧密衔接、联动设计，并在项目实施过程中，组织技术人员全过程现场指导，保障规划意图的精准实施。

3. 传承山水文化，保护原乡意境与肌理

一方面，充分挖掘分水塘村原有的山水文化，恢复“九塘串村居”的历史水塘格局，打造分水塘村最具特色的景观体系。另一方面，本次规划对已实施工程进行详细评估，并对不符合地域特色的造景手法进行整改，强调通过运用乡土材质和传统工艺来保护原乡意境和肌理。

4. 挖掘特色要素，打造红色基因脉络

作为《共产党宣言》首个中译本诞生地和陈望道先生的故乡是分水塘村最重要的红色文化基因，规划以望道故居为核心，构建故居—纪念馆—宣誓台的“红色旅游功能主线”（图 7-29）。同时在原有“老八景”的基础上，结合红色文化以及绿水青山，规划“望道十六景”，将分水塘村建设成为义乌美丽田园风景乡村和美丽乡村精品村。

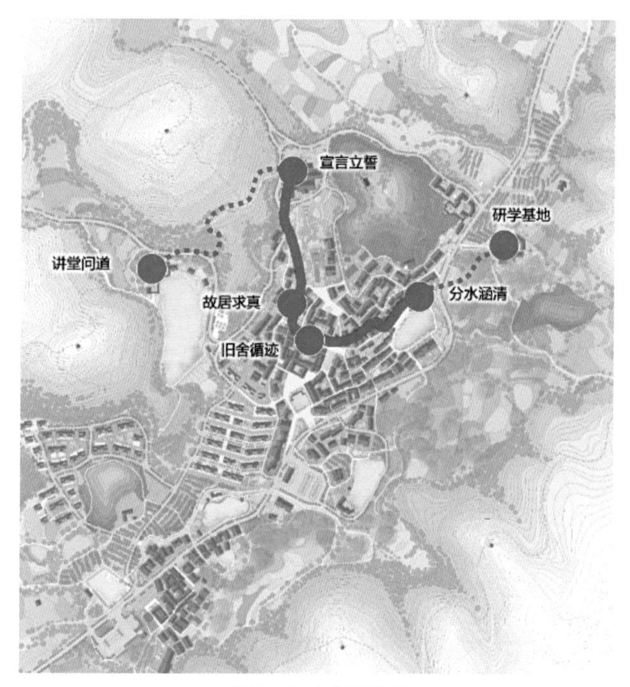

图 7-29　红色游线图

（四）实施效果

通过规划实施，分水塘村从一个寂寂无闻的小山村正在逐步蜕变为一个红色旅游精品示范村。一是成为全国红色旅游文化名村，分水塘村先后荣获全国红色宣言瞻仰圣地、全国爱国主义教育基地、浙江省红色旅游教育基地和浙江省主题党日活动基地等诸多称号，2020 年共接待团队 1017 批，参观人数 20.5 万人；二是成为浙江省美丽乡村特色示范村，经过全面整治，村居环境和风貌得到显著改善；三是成为乡村振兴的义乌样板，通过实施红色旅游、休闲观光、农旅观光等相关产业发展迅速，大批青年回乡创业，分水塘村显示出勃勃生机（图 7-30）。

七、湖州市安吉县大竹园村庄规划设计

（一）项目概况

大竹园村位于安吉西南部，隶属于灵峰街道，距县城 10 千米，距离杭州中心城区约有 1 小时车程。村域面积约为 28.1 公顷，规划住户数为 70 户，基地现状以农田和村民住宅用地为主。从原先的经济薄弱村到如今的“超百万”村，大竹园村的美丽蝶变，是浙江“千万工程”和美丽乡村建设的成功缩影。

图 7-30 改造后实景图

（二）规划主要内容

1. 现状特征

大竹园村是典型的浙北江南水乡，具有三大特色：一是格局特色，村内现存的建筑形式和街道新旧掺杂，但村落原有的肌理依旧清晰可见；二是建筑特色，建筑普遍具有白墙黑瓦、硬山顶、小合院的风貌要素；三是文化特色，村庄整体呈现出安吉独有的竹文化特征。

2. 主要问题

大竹园村开展村庄设计之前的不足，主要体现在以下 3 个方面：

（1）基础设施滞后。大竹园村内近 70%的建筑为 2000 年之前建造，大量住房已不能适应现代生活。村庄道路是多年前铺设好的小路，随着村内车辆的增多，已满足不了交通需求。村内缺少布置公共停车场地，村民的车辆只能停在自家附近的空地，导致交通较为混乱。村庄内只敷设了简单的电网，没有系统的给排水网络，也没有燃气管网，生活方式相对原始。

（2）文娱设施缺乏。大竹园村内的建筑大多为私人住宅，几乎没有公共设施。在调查中得到的反馈是村民对于各类文娱设施的需求多样，普遍对棋牌、礼堂等设施的需求尤为迫切。然而目前这些文娱设施严重缺乏。

（3）景观亟须提升。大竹园村拥有良好的自然生态景观基础，如龙王溪沿岸风光和村内交错的稻田竹林等，但由于缺乏合适的开发与管理，自然景观很容易遭到村民日常生产、生活的破坏而失去美感。村内建筑风格鱼龙混杂，既有相对老旧的传统民居，也有盲目模仿的欧式小楼，整体风貌混乱，失去了村庄原有的乡土文化韵味，整体景观还有较大的提升空间。

3. 目标定位

规划以“现代化”与“文化内涵”两大关键词提出目标定位，以“现代化”建设为手段，着力于传承村庄的田园与竹文化内涵，突显浙北民居的独有特色，融合周边自然山水环境，营造旧村与新区的整体风貌，提升村庄整体环境品质，在为村民带来新的现代化生活理念的同时，唤起他们儿时的记忆，将大竹园村打造成为全国一流、全省可借鉴、可复制、可推广的田园新农居典范（图 7-31）。

图 7-31 大竹园村规划总平面

4. 规划策略

（1）空间肌理：脉络传承，空间梳理。规划注重保存村落的原有生态基底，总体上不破坏原有的村落肌理，基本保留老村落的整体格局，保留村庄的物理环境空间与历史记忆空间，并对局部节点进行一定的翻新和改造（图 7-32）。

（2）记忆节点：呼唤乡愁，文化生长。规划将重要记忆节点视为物质空间层面村庄各自功能片区活动的集中点，以及精神层面的乡村文化生长点，充分发挥现代公共空间在文化传承中的作用，将这些节点改造为村庄图书馆、文化活动室、文化礼堂、文体活动空间和文化广场等公共文化设施，使村民能够近距离地接触文化。

（3）生态景观：绿水田园，翠竹环绕。“竹”与“水”是大竹园村景观中最具有代表性的元素，规划充分尊重场地特质，尽量保留基地内所有的竹林和树木，着重将龙王溪景观带与竹林、水系和农田景观串连起来，营造每个组团“水、竹、田、宅”的景观风貌；充分尊

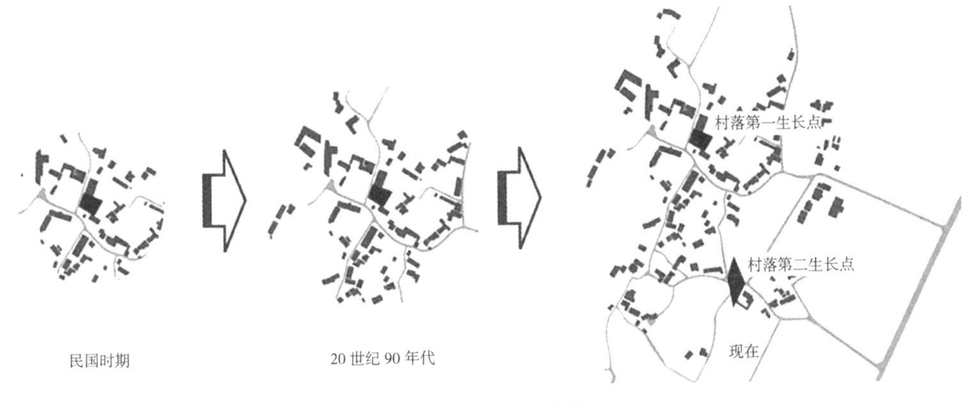

图 7-32　村庄生长肌理

重现状，对原有水系进行梳理、贯通；结合景观轴线和绿地，营造各具趣味的景观节点，力求达到景观的趣味性与观赏性。

（4）建筑风貌：浙北民居，水乡风情。规划从浙北民居中汲取元素，并将一些现代建筑科技元素有机地融入其中，形成一种既延续村庄历史文脉和建筑文化特质，又融入现代化潮流的新式建筑风貌（图 7-33）。

图 7-33　建筑细节

（5）公共设施：补缺促优，现代生活。规划依据《浙江省村庄规划编制导则》中对公共服务设施配置的要求，依据大竹园中心村的职能等级、规划和服务功能，并结合旧村的现状设施统筹安排公共服务设施，建立一套完善的设施体系。同时，规划从交通系统、给水排水系统、供电系统和燃气管道系统等各类现代基础设施入手，补足和完善原先缺少的设施，以提高村民的生活品质，使其享受现代化的生活方式。

（三）特色亮点

1. 规划引领，科学构建村庄布局

多次征询村民意见和建议，并进行多轮专家会审，对村庄的自然资源、历史人文等元素进行全面梳理，融村居建筑布置、村庄环境整治、景观风貌特色控制指引、公共空间节点提

升等内容于一体，精心编制村庄设计，着力体现村落空间的合理性，公共配套的健全性与便捷性，塑造具有新时代的田园山村新景致。

2. 前瞻谋划，鲜明定位设计理念

规划按照浙派田园新农居定位，以建设成为全省乃至全国可推广、可借鉴、可复制的浙派田园新民居为目标，坚持“稻田蔬香、悠然人居”主题。按照粉墙黛瓦、古朴自然的浙派田园新农居定位，有机融合原村落的自然肌理进行总体建设布局，保持了乡村最原始的风貌与特征，使得大竹园新、老区自然地衔接成一个整体。

3. 科学部署，创新实施建设模式

大竹园新区采取了统一建设的模式，由大竹园村村民代表大会通过后，委托村委会进行农户联合统一建房，再由村委会委托灵峰度假区管委会下属的公司进行统一代建，并经规划局、住建局、街道三家单位进行比选，明确施工单位。在施工过程中，全程委派审计单位进行跟踪审计，建设资金公开透明；同时委派质监人员现场进行质量跟踪监察，保证质量安全。

（四）实施成效

十多年来，通过优环境、新乡风、强经营，大竹园村初步建成集品质人居、生态观光、文化体验于一体的新农村（图 7-34），先后获省级卫生村、省级森林村庄、省级民主法治村、市级文明村、市级生态文明标准化示范点等荣誉。

图 7-34 大竹园村现状鸟瞰

鸣谢：感谢大竹园村的设计者——上海交通大学设计研究总院杜春宇团队对本案例的大力支持。

八、杭州市富阳区场口镇东梓关村村庄设计

（一）项目概况

东梓关村位于浙江省杭州市富阳区场口镇中心位置、富春江南岸，村庄面积约 28 公顷，其中历史保护范围约 8 公顷，全村 630 余户、1800 余人。东梓关村作为古徽杭水道上的重要军事关隘、商贸集散地，曾兴荣一时（图 7-35）。但随着水陆运输和农业产业的逐渐衰退，这座历史文化村没落在城镇化进程中，乡村空心化、人口外流，居住人群年龄结构单一。

为了焕发老村活力，场口镇于2013年组织编制了东梓关历史文化古村落的保护利用规划，将古村落保护与村民建房、村庄发展与东梓关旅游开发有机结合。这也为后期入选杭州市“杭派民居示范点”奠定了坚实基础。

图7-35　1980年的东梓关码头

2015年，东梓关村正式启动“杭派民居示范点”建设。为完成试点任务，兼顾村民建房需求，场口镇出资聘请专业的设计团队，并以“每户落地面积不得超过120平方米，每平方米造价不能高于1500元”为基础设计条件，为46户回迁村民设计新建46栋房屋。

（二）设计主要内容

1. 设计难点

项目开展之初，设计团队主要遇到以下三方面的设计难点：

一是如何在控制造价、降低建造和后期维护难度的同时，使传统的建筑形式在新住宅中得到延续。村民的预算有限，首先要摒弃对材质、工艺、造价要求较高的设计方案，且当代的村落形成机制早已完全不同，采用完全传统的方式未必适合当代乡村建设。

二是如何使设计能够满足不同居民的实际需求。居民的需求朴实，例如传统建筑中的灶台、天井和后院要保留，要有储藏农资和农具的专用空间，还要有个停放电动自行车的地方。当地政府则希望能够针对当地46户人家设计出46个定制化户型。

三是如何在不破坏原有场地肌理的同时，对其进行现代演绎并使其获得重生。由于宅基地制度的固化和划分原则的单一，原始乡村呈现出兵营式排布的样貌，传统村落的原真性与多样化的场所感已荡然无存。设计的主要任务之一就是恢复传统村落的肌理感。

2. 设计策略

（1）选用低成本材料和工业化建筑工艺，以控制建造成本。项目根据经济、实用、耐久的原则，选用白涂料、灰砖面以及仿木纹金属等商品化程度高、成本较低的材料，减少木头、夯土、石头等高成本材料的使用，既能有效缩短施工周期，又便于村民日常使用与维护（图7-36）。在建筑工艺上，也不回避当代工业化模式，选择最为经济的砖混结构、保温刚性屋面楼板和防水保温外墙；在檐口设计上，以内檐沟做法进行有组织排水，使设计白墙得到有效保护。最终，建成后回迁的村民只需根据原住房的面积差，按照1376元/m^2的成本造价购入，每栋住宅最终的造价为36万~40万元。

（2）四个基本单元衍生多种组团形式，满足个性化需求的同时强化整体协调。设计师并未采用当地政府 46 个定制化户型的建议，原因有两个：一是 46 个完全不同的户型很难保证未来房子分配的公平和公正，给日后的回迁埋下巨大的纠纷隐患；二是 46 户人家的要求也不尽相同，这样完全个性化定制的设计，需要大量的实地调研，这也是时间所不允许的。最终，设计从四个基本单元出发，进而衍生出多种组团形式，再由组团构成村落，形成整体聚落感（图 7-37）。这种“单元—组团—聚落”的生长模式与传统村落的集聚逻辑秩序一致，与行列式布阵相比，在土地节约性、庭院空间层次性和私密性上都有了显著提升，也为持续推广和价值传递提供了较强的可操作性。

图 7-36　本土建筑材料

（3）提取传统意象要素，完成对传统界面特质的现代转译与延续。设计通过提取传统意象要素，以江南民居的曲线屋顶元素为切入点，提取、解析进而抽象化并重构成连续而不对称的坡屋顶。单元的独立性与群体屋面的连续性形成的微妙对比以及若即若离的状态，使多

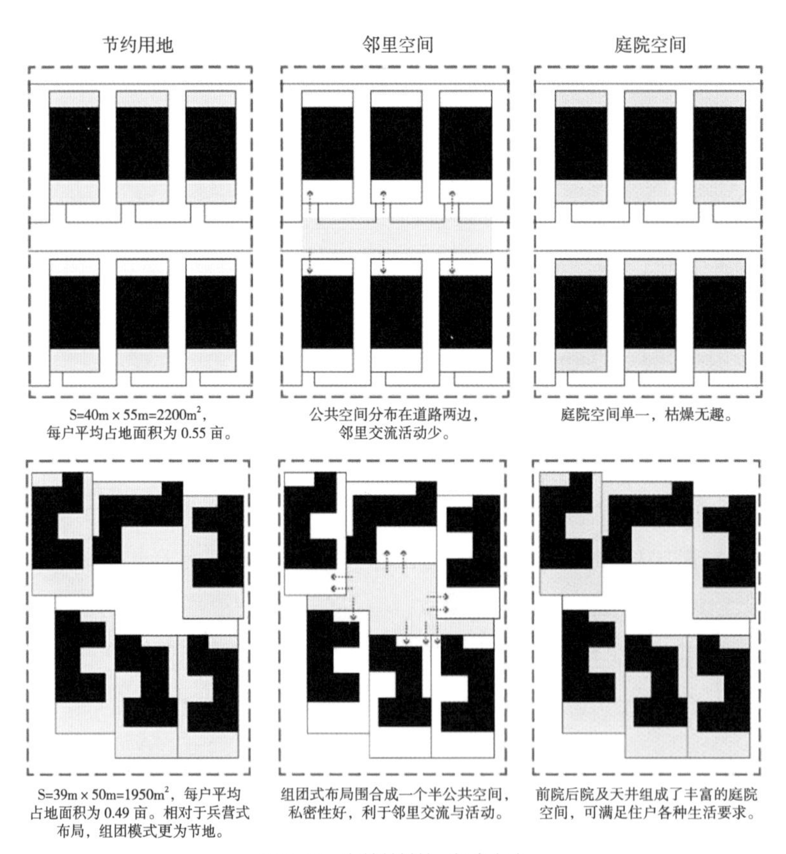

图 7-37　东梓关村单元组合方式

样与统一并存，和而不同，在白与灰、线与面的对比构图关系中，完成了对传统界面特质的现代转译与延续（图 7-38）。

图 7-38　东梓关村曲线屋顶

（三）特色亮点

1. 立足江南水乡地域特色

东梓关村整个村居沿富春江呈带状分布，早在明清时期便是水陆交通的重要枢纽，文脉悠远、底蕴深厚。设计师借鉴吴冠中笔下的江南民居意象，根植于传统文化，结合自然山水更具魅力的写意表达，通过抽象与重构策略，结合巧妙的单元组合，体现江南民居的传统神韵和气质。

2. 传承保留传统建筑元素

民居部分墙体使用最传统的毛石作为材料，以当地乡土材料呈现地域属性特征。通过不同的绿化风格，使民居聚落化，增强建筑的节奏感和层次感，形成丰富的街巷空间。白色高墙、小青瓦、人字线等江南意象的充分运用，使民居既符合当代特征，又具有记忆传承，让人感受到浓浓的乡村情、文化味。

3. 统一设计规范实施建设

项目整体由属地政府委托专业建筑设计院进行布局和房屋设计，确保民居风格一致，并与古建筑群和谐相融。设计完成后，项目采用统一建设、统一管理的手段，从严加强建房监管。村民从房屋建设的实施者转变为监督者，通过基层协商民主机制，一户一票公开推选产生基层协商民主 9 人工作小组，全程参与方案设计、材料购买、主体搭建、竣工验收等重要环节。

（四）实施成效

2016 年，民居主体工程相继完工，作为杭州市第一批美丽乡村建设的示范区，民居兼具江南水乡传统神韵和独具匠心的现代实用主义（图 7-39、图 7-40）。民居经中央电视台、新华社、人民网等媒体报道，一下子成为全国网友关注的焦点，成为中国乡村“最美回迁房”，东梓关村也成了人们向往的“网红村”。

属地政府顺势打响“游古村、住民宿、行江堤、赏江景、品江鲜”特色乡村游品牌。2022 年，东梓关村累计游客人数达 12 万余人次，旅游收入超 1500 万元，实现村民在家门口创业就业和增收致富。项目设计赋予东梓关村的不仅是颜值的升级、功能的完善，还有因人气带来的人流和新生代的回归，文化得以传承，产业得以发展。

鸣谢：感谢东梓关村的设计者——gad. line+studio 孟凡浩团队对本案例的大力支持。

图 7-39　改造后的民居

图 7-40　俯瞰东梓关村

九、义乌市“和美乡村”建设规划

（一）背景与概况

党的十九大提出乡村振兴战略，在此背景下，本次规划旨在贯彻落实党的十九大要求，谱写乡村振兴的义乌篇章。近年来，义乌市相继开展了一大批乡村规划并陆续落地实施，较大地提升了村容村貌。但也遇到了一系列问题，有必要在市域层面加强规划设计引领，明确乡村振兴的“义乌路径”。

本次规划范围为义乌市域，规划对象为城镇开发边界以外的市域全部乡村空间。

（二）特色与难点

1. 项目特色

自 1991 年村镇站成立以来，义乌全市已实现村庄规划全覆盖，空间规划体系基本完整，部分村进行了多轮规划，但总体上质量不高。

2. 项目难点

在取得较大建设成就的同时，义乌的乡村建设也普遍存在同质化建设、建设性破坏、两极分化明显、田园风貌差、一二三产融合度低、乡村治理水平悬殊、精品线建设公平性较差等问题。

3. 重点问题

基于特色与难点，梳理本次规划提出三大重点问题：

（1）义乌乡村的最大特色是什么，乡村产业该如何定位?

（2）如何提高村庄治理水平?

（3）如何体现公平性原则?

（三）构思与方案

项目旨在实现“四个突破”，即突破就乡村治乡村、就村庄建村庄、就农业兴农村、就个村建精品的规划理念。

规划提出“提升业态、做好形态、把牢生态、保护文态、优化社态”的“五态融合”总体策略，探寻乡村振兴的义乌路径，提出将义乌市和美乡村建设打造为“中国乡村振兴的义乌范本”的总体目标，并提出义乌村庄的发展定位为“众创乡村、记忆乡村、风景乡村、乐居乡村、和美乡村”。

结合义乌乡村振兴发展目标，架设“维度—指数—指标”三大层级的指标体系。指标体系包含五大发展维度，13 项发展指数，51 项具体数据。

根据点线面结合、空间统筹利用和全域覆盖公平等原则，将义乌市域村庄分为 9 大片，包括至美大陈片、慢养龙祁片、多彩华溪片、逸游南江片等。

在中观层面，每一片区根据各自的人文和自然资源禀赋以及业态、形态、生态、文态、社态等特色形成各自的设计指引，落实行动计划，明确项目实施安排。

（四）特色亮点

1. 构建“宏观—中观—微观”的全面研究框架

本次规划积极探索形成宏观有指引、中观重空间、微观定标准的市域村庄体系规划（图 7-41）。以中观层面为规划重点，着重明确中观层面相关规划内容，指导各片区和美乡村建设的重点项目概念设计以及建设项目推进，结合实际操作需求，在微观层面提出农房改造等四大建设标准导则指导实施。

2. 分片指引显特色，强调公平全覆盖

在过往义乌市精品线建设中，存在精品线覆盖面小、乡村建设差异大、公共财政投入不均等问题。本次规划综合考虑城乡关系、乡村体系、地域文化特征、农业生产与耕地保护、自然环境分区、精品线整合提升等因素将规划区划分为 9 片，保证资源配置公平性。

3.“十图合一”为基础，实现“多规合一”

以“多规合一”为方向，将城市总体规划、土地利用规划、环境功能区划、基础设施规划、水利设施规划、综合交通规划等多种规划进行融合处理，形成统一的工作底图。注重生态修复和“多规合一”，严格保障规划的可操作性和引导性。

4. 五态融合促提升，重视社态指引

本次规划在业态提升和优化农村社态方面都进行了大量研究和规划指引，例如在业态指引方面，提出了“4+2+X”的产业体系，带动乡村产业发展转型。

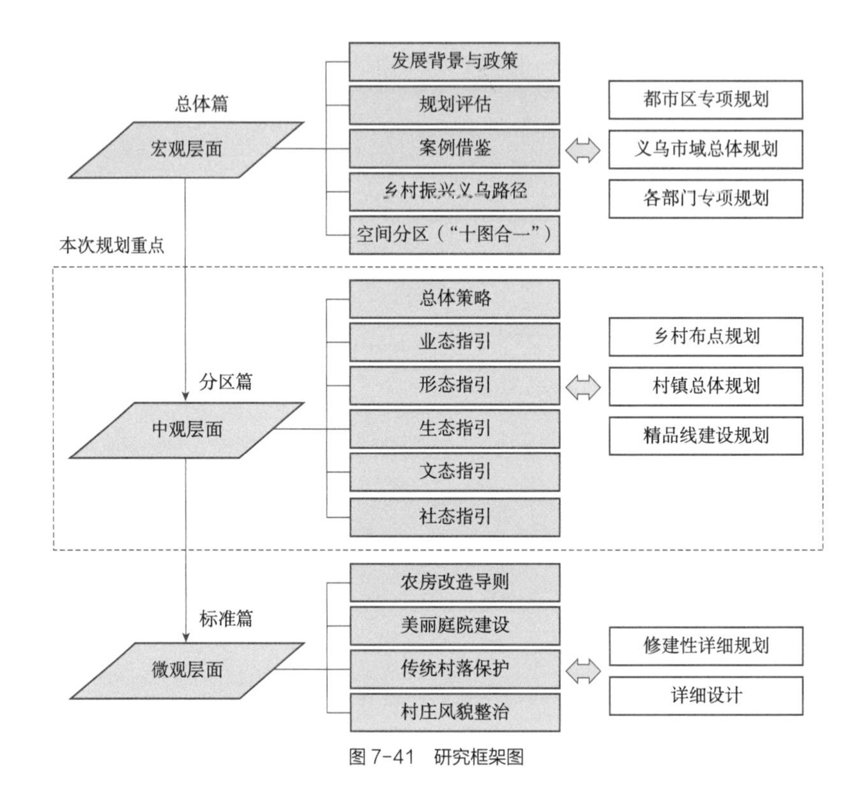

图 7-41　研究框架图

在社态指引方面，基于社态发展目标、建设方向，提出构建国企参与村庄建设的实施路径、深化义乌土地制度改革等重要举措，突出政策促进与空间落地相结合，推动乡村振兴。

（五）实施成效

1. 建设了一批特色鲜明的精品村

在义乌市委市政府和八大国有集团的强大助力下，建设了一批特色鲜明的精品村，如农旅精品村——马畈村、旅游特色村——小六石村等，成为具有辐射带动作用的发展标杆村。

2. 历史文化的挖掘和保护得到了加强

加强了对历史文化保护的宣传和保护力度，一大批村庄被纳入传统文化古村落名录。同时，启动了以红色文化、名人文化为核心的历史文化挖掘和宣传工作，如陈望道故里——分水塘村（图 7-42）。

3. 优秀乡村治理经验得到了推广

本次规划注重村庄治理研究，在全市范围内积极推广优秀党建先进村的管理经验，如何斯路村的农村道德银行、加强农村基层党组织建设等，积极推进乡村治理现代化和提高村集体管理水平。

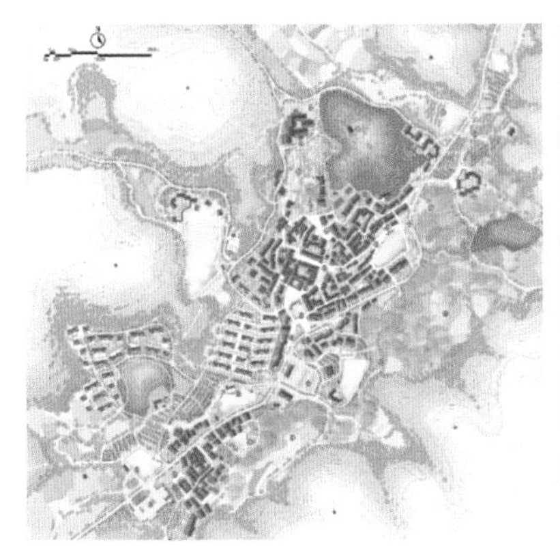

平面图

效果图

图 7-42　分水塘村平面图和效果图

第八章　村庄建设发展典型案例

第一节　人居环境提升典型案例

自 2004 年起，浙江共实施四轮“811”生态环保行动，使全省环境污染和生态破坏趋势基本得到控制，突出的环境污染问题基本得到解决，并在全国率先建成环境质量和重点污染源自动监控网络，全省环境污染防治能力明显增强，2019 年建成全国首个生态省。全省 158 个地表水国控断面水质Ⅰ～Ⅲ类比例于 2022 年达 99.4%，近岸海域优良海水比例达 54.9%，省控断面优良水质比例从 42.9% 升至 97.6%，全面消除劣Ⅴ类断面，设区城市 $PM_{2.5}$ 平均质量浓度从 61 微克 / 立方米降到 24 微克 / 立方米，重点建设用地安全利用率保持 100%。

同时，浙江长期坚持把公共基础设施建设重点放在乡村，推动乡村基础设施提档升级；推动公共服务向农村延伸、社会事业向农村覆盖，经过 20 年的实践，取得了显著成效。在基础设施建设方面，浙江各级财政累计安排 13.4 亿元支持深入推进农村厕所革命，逐步建立城乡生活垃圾收运处理体系，农村生活垃圾基本实现“零增长”和“零填埋”；全省乡村电网智能电表安装率达到 100%，乡村用户采集终端覆盖率 99.99%。在公共服务方面，截至 2021 年底，累计建成 19911 家农村文化礼堂，2022 年实现 500 人以上建制村全覆盖；全省人均低保标准为 1083 元 / 月、居全国第一；农村幼儿园等级率 98.8%、农村优质幼儿园在园幼儿占比 73.1%；组建县域医共体 162 家，建成规范化村级医疗机构 1249 家、居家养老服务中心 1456 家、社区照料中心 2.3 万家；截至 2022 年，全省已打造 8288 个“15 分钟品质文化生活圈”，计划到 2025 年布局 2 万个。

良好的人居环境已经成为浙江高质量发展的优势所在、动力所在、后劲所在。此外，全省新时代美丽乡村覆盖率达到 90% 以上，农村人居环境质量居全国前列，乡村环境全域化、常态化整洁，乡村风貌展现整体大美。

一、杭州市萧山区瓜沥镇梅林村

（一）现状概况

梅林村位于浙江省杭州市萧山区，先后开展了“三改一拆”“五水共治”、垃圾分类、建设美丽庭院、美丽田园、美丽河道、美丽公路等行动，提升村庄“绿色颜值”。作为“千万工程”的起笔之处，从美丽乡村示范地到未来乡村实践地，梅林村始终走在乡村蝶变之路的前沿。

（二）发展背景

梅林村曾是一个以传统农业为主的村庄。随着城市化的快速推进，梅林村面临环境污染和人居环境恶化的问题，农田逐渐减少，村庄周边工业污染和垃圾问题日益凸显，村庄的自然生态和人居环境受到破坏。

（三）经验做法

1. 实施“三区合一”，全方位持续整治人居环境

首先是整治人居环境，从凌乱到有序，梅林村经历了一番探索。20 世纪 90 年代，梅林村内存在不少不规范的小企业，散落四处的工厂与村民居住的农房混杂分布，乱堆的垃圾和横流的污水近在眼前，严重影响着村民的生活环境。1998 年，为了重塑乡村人居环境，梅林村联合村办企业，实施了集工业厂区、农业园区、住宅楼区于一体的“三区合一”新农村建设，建成了整齐的别墅式洋房和绿地连片的中心公园，勾勒出了美丽乡村雏形。2014 年，梅林村开展截污纳管改造，解决了生活污水污染的忧虑；2021 年梅林村依托“强弱电上改下”项目，将电线统一埋入地下，打消了村民的顾虑（图 8-1、图 8-2）。

2.“围墙革命”助力美丽乡村建设

2022 年，在“协商驿站”的助力下，梅林村发起了一场“围墙革命”，将农户庭院围墙“降高透绿”，高围墙变成低栅栏，整治了突兀的保笼，经过统一规划后转变为花草簇拥的精致庭院，带动村庄颜值提升。

图 8-1　俯瞰梅林村 1

图 8-2　俯瞰梅林村 2

3. 完善配套设施，加快传统农村社区向现代农村社区转变

梅林村从南到北的村道叫源起路，寓意“千万工程”源起于此，村道东面建有“美好生活中心”，占地 19 亩，内设 24 小时乡村数字书房、智慧健康服务站、无人超市等，是由中国美术学院设计团队打造的未来乡村建设“窗口”，也是村民最喜欢的打卡地（图 8-3）。此外，梅林村依托“双碳大脑”启动光伏发电项目，村民住宅屋顶安装光伏板，不仅可以满足居民家中日常用电，富余的电量还可以带来经济效益。

图 8-3　梅林村美好生活中心

（四）特色亮点

梅林村创新建立“低碳智能乡村建设 125 模式”，以“低碳乡村”为目标，聚焦未来能源和未来生活两大方向，打造未来工厂、未来民居、未来出行、未来驿站、未来建筑 5 大应用场景，综合利用基建设施、数字平台等抓手，引领生产生活绿色变革，为共同富裕基本单元建设提供了有益的借鉴。

低碳建设方面，提升未来乡村电气建设水平，推进乡村农网再电气化、乡村生产再电气化、乡村生活再电气化，推进未来乡村清洁能源建设。大力推广电炉灶、电炊具等清洁用能设备应用，全面提高乡村清洁能源占比；探索乡村供能远程监控，实现梅林村 688 户智慧空开全覆盖，对村民用电情况进行全天候监测，掌握全村能耗趋势，助力节能减排；倡导未来乡村低碳生活方式，梅林乡村公园用“固化土”和水洗石代替传统铺装，公园中心位置安装了一组智能健身器材，使用太阳能光伏发电记录健康数据，增设 6 个智能充电桩，满足村民车辆的出行充电需求。

（五）发展成效

环境绿化、道路硬化、杆线序化、墙面美化、水体净化，梅林村环境品质持续提升，先后获得浙江省未来乡村、浙江省美丽乡村特色精品村、浙江省 3A 级景区村、浙江省数字社会系统“最暖家园”等荣誉，入选浙江省乡村振兴十佳创新实践案例和浙江省绿色低碳转型典型案例。2022 年，梅林村集体经济收入合计 729 万元、人均可支配收入超 6 万元，与 2002 年相比，分别增长了 298%、518.8%，带动了村民致富。

二、湖州市安吉县天荒坪镇余村

（一）现状概况

余村位于浙江省湖州市安吉县天荒坪镇，是天荒坪风景名胜区竹海景区所在地。村域呈东西走向，群山环抱，秀竹连绵，植被覆盖率高达 96%。

（二）发展背景

余村曾经是工业繁盛之地，而今成为绿色发展的典范。20 世纪 90 年代，余村曾是安吉县有名的工业村，矿山密布，充斥着大量的重型工业和石灰窑，是响当当的全县首富村，然而这个阶段的工业化发展带来了严重的环境污染和生态破坏，环境问题随之而来，余村的山成了“秃头光”，水成了“酱油汤”。借着“千万工程”的东风，余村进行了很多绿色发展的探索，为经济转型发展奠定了坚实的基础。

（三）经验做法

1. 坚持生态优先，分阶段全面系统治理环境

2005 年至 2011 年为示范整治时期，在“绿水青山就是金山银山”理念的指引下，余村深入实施“千村示范、万村整治”工程，停止了矿山和水泥厂的运营；2012 年至 2014 年为美丽乡村建设时期，余村全面开展美丽乡村建设，整治违章建筑和违法用地，修复山塘水库、建设生态河道，进行节点景观改造和坟墓搬迁等，村干部带着村民复垦复绿、封山治水，实施村庄绿化、庭院美化、垃圾分类，持续优化人居环境；2015 年至今为乡村绿色零碳化发展时期，在建设中贯彻低碳理念，如“余村印象”图书馆是碳中和建筑，通过光伏发电、能源储存和柔性控制系统，实现了减少碳排放目标。

2. 把整治村庄和经营村庄有机结合，推动绿水青山向金山银山转化

大力发展绿色休闲产业，促进农文旅融合发展，利用竹海资源优势开发环村绿道观光功能，已建成涵盖农业采摘园、矿山遗址公园、荷花山景区、户外拓展、休闲会务、登山垂钓、农事体验等活动的休闲旅游产业链，同时深入挖掘生态文化、竹文化、茶文化，开发出一批新产业新业态，如竹林碳汇、生态研学、短视频创作等文化创意产业及露营基地，以及大草坪音乐节、全国首家零碳图书馆、数字游民公社等新商业模式，推动余村绿色休闲产业再升级，推动保护生态和利用自然生态资源平衡。

3. 培育塑造生态文化

余村始终坚持培育和弘扬健康文明的生态文化，积极开展形式多样的生态文明活动，如以“院有花香、室有书香、人有酿香、户有溢香”为主要内容的“美丽家庭”创评行动，在全县率先开展“垃圾不落地”“禁药限肥禁止使用除草剂”“禁燃禁放、禁止销售烟花爆竹”“文明养犬”等文明创建工作，培育生态文明习惯。

（四）特色亮点

余村围绕创建全国首个全要素零碳乡村的目标，积极构建绿色低碳生活圈，根据余村村域实际，制订了全国首个全域全要素的零碳乡村规划《中国 · 余村零碳乡村建设规划（2022—2035）》。该规划对准“建筑、交通、市政、能源、农业”五大领域，推出“零碳数智、零碳市政、零碳景区”等多项涉及平台建设、公共治理、低碳生活的行动计划，力争2027 年前实现余村村域范围碳中和。2023 年，“余村印象”图书馆获得全国首张铂金级乡村碳中和建筑认证证书，该建筑由老旧厂房改造而成，主要通过建筑自身节能以及采用光伏发电系统的形式，降低能耗、抵消建筑碳排放（图 8-4）。据测算，该建筑年运行减碳量为28.58 吨，将逐年抵消建设过程的隐含碳排放量，运行至第 5 年，即 2027 年，建筑碳排放总量可达 -4.68 吨，能完全满足零能耗、零碳建筑的目标。

图 8-4 “余村印象”图书馆

2023 年 8 月初，余村成功进行了首次“绿电绿证”交易，购买来自宁夏、黑龙江、安徽等地的光伏和风力电621.2 万千瓦时，购买“绿证”2878 张，相当于减排二氧化碳 2869 吨，实现了全域“绿电”供应。

（五）发展成效

余村实现了从石头经济到发展农家乐、接待研学旅游、经营特色农产品、挣碳汇的转型，昔日矿坑变身油菜花田、荷花藕塘，美丽生态已成为余村“金名片”。

生态效应方面，余村通过深入实施“千万工程”，有效淘汰了重污染企业，开展了全面的环境整治，提倡垃圾分类管理、截污纳管全覆盖等环保措施，修复山塘水库，建设生态河道和改造节点景观，提升了村庄的生态质量（图 8-5）。

图 8-5　余村今夕对比

经济效益方面，余村通过发展乡村旅游产业取得了可观的经济收入。2022 年接待游客 70 万人次，农家乐数量增至 38 家，村集体经济收入由 2005 年的 91 万元增加到 2022 年的 1305 万元，经营性收入突破 800 万元，农民人均纯收入由 2005 年的 8732 元增加到 2022 年的 6.4 万元。带动了村民致富，为当地村民提供了就业机会，也展现了乡村旅游业的蓬勃发展。

在余村的示范作用下，中国银保监会浙江监管局指导湖州出台了《关于开展绿色金融改革创新推进竹林碳汇交易试点的实施意见》，建立“林地流转—碳汇收储—基地经营—平台交易—收益反哺”全链条绿色金融精准支持体系。浙江省碳达峰碳中和工作领导小组办公室（简称省双碳办）于 2022 年 1 月将安吉县列入全省首批 4 个林业增汇试点县之一，开展以竹林质量提升、机制创新为重点的林业固碳增汇试点。2021 年 12 月，安吉县以“两山”公司为载体，建立两山竹林碳汇收储交易中心，先后完成安吉县域、湖州市域多笔竹林碳汇交易，是创新探索“双碳”目标、拓宽共富实现路径的重要实践，对全省山区 26 县发展、竹林碳汇乃至林业碳汇具有复制推广价值。

三、嘉兴市平湖市广陈镇山塘村

（一）村庄概况

平湖市广陈镇山塘村村域面积 4.26 平方千米，户籍人口 2528 人，与上海市廊下镇山塘村名字相同。两村以一座百年古桥山塘桥相连，俗称南北山塘，又因有“一轮明月忆乡愁”的典故，合称“明月山塘”。

（二）发展背景

2016 年，广陈南山塘主动与廊下北山塘对接，多年来两镇秉持理念协同、规划协同、产业协同、政策协同、模式协同，共同开发明月山塘大景区，景区规划核心区面积约 400 亩，其中广陈镇山塘村约 290 亩，总投资约 13000 万元，廊下镇山塘村约 110 亩，一期总投资约 2200 万元，推动南北山塘由单个“盆景”向整体“风景”转变，打造了区域优势互补、共建互促的浙沪共建风貌样板（图 8-6）。

图 8-6　山塘村风貌

（三）经验做法

1. 整体设计，坚持规划一体

创新建设区域协同 · 乡村振兴实验室——明月山塘，将浙沪南北山塘镇作为统一整体开展全域规划设计，提出“一中心、四区、两带、多点发展”的联合发展思路，即南北山塘共同打造一个明月山塘景区，联动打造各自农业区和江南体验区，联合打造马拉松赛道和水上观光带等。目前，两镇已通过资源、人才、环境、产业等方面的优势互补，在风貌、文化、产业等方面形成大山塘融合发展的价值认同，并在民生发展各领域形成优势互补的共建格局。如交通方面，广陈镇城乡公交 207 路终点站延伸至上海市金山区廊下农家乐，廊下镇公交 2 路增设南山塘站点，进一步促进了浙沪公交互通，带动南北山塘两地发展。

2. 景区共创，推进互补发展

坚持“一桥两山塘、合力共发展”的理念，两镇围绕老街改造、民居整治、河道整治三大工程，共同打造明月山塘景区，全面提升山塘古镇形象，并以山塘老街为主轴向两边横向延伸发展餐饮、住宿、游玩等业态。其中，重点采取“住在北山塘、吃在南山塘”的融合式差异化互补型发展模式，推进资源效益最大化。同时，南山塘以长虹康养酒店为龙头，带动当地村民通过土地流转、集体发包、项目入股等多种形式支持观光采摘、餐饮娱乐、科普教育等特色体验项目发展壮大，最终形成村民增收、产业增效的共同富裕实践样本。截至目前，山塘景区业态已有 100 余家，包括民宿、农家乐、茶馆、老物件展示馆等衣食住行各方面，成功创建为国家 3A 级旅游景区（图 8-7）。

图 8-7　山塘景区村建设

3. 活动联办，探索资源共享

进一步拓展在历史文化、民俗文化、乡贤文化、文化遗产等领域文化工作的合作交流，如在活动阵地建设方面，两地除共建马拉松赛道、水上观光带外，北山塘对露天舞台进行改造提升，南山塘则建造室内钹子书场，双方场地和设施共用。截至目前，两镇已联合举办了浙沪乡村马拉松赛、浙沪山塘乡村年货节、浙沪元宵节、长三角“农开杯”龙舟斗牛赛、首届长三角农民丰收节等活动，进一步促进了廊下土布品制作工艺、广陈钹子书、绒绣画等传统文化技艺的交流学习，为南北山塘村民提供形式多样、喜闻乐见、契合需求的文化盛宴，推动两村文化认同和深度融合。

4. 治理同步，实行跨域共治

在党建引领下，构建文化认同、发展互通、治理协同的毗邻共治创新格局，创新打造“联查、联管、联调、联防、联宣”的五个联动机制。落实“双网格长制”，将交界区域细分出 8 个微网格，组建毗邻共富参谋队、民生服务勤务队、平安和谐护卫队、文化走亲宣传队等先锋队伍，参与共建共管共治；组建旅居产业集群组织、食品安全联合巡查中队、沪浙山塘平安边界工作站等一批在全省乃至全国首创的跨省联合组织；建立村落党群议站，每月召开两地党员和群众代表议事会，讨论环境整治、毗邻治理等难题，协商解决方案；成立南北山塘民生实事推进工作小组，通过党员联户访、驻站接待听、支部结对议等形式，推进重点实事项目。

（四）特色亮点

推动跨区域毗邻治理，以毗邻党建引领乡村振兴。

南北山塘紧紧围绕党建引领、新时代“枫桥经验”、数字化改革三个关键点，打造了毗邻治理的“广陈模式”。同时，通过自行建设、引导村民、招商经营主体等模式发展乡村旅游和文化体验产业，共建宜居宜业宜游的山塘村，以南北山塘景区共建为契机，成为浙沪合作的示范窗口，对于两地衔接机制模式的探索具有重要的意义。

（五）建设成效

2019 年，山塘村成功创建明月山塘国家 3A 级旅游景区。2022 年，景区接待游客超 81 万人次、旅游收入达 4599 万元。

四、衢州市龙游县溪口镇溪口村

（一）现状概况

龙游县溪口村位于龙游南部山区核心区位，是一个传统文化深厚、生态环境优越、交通便利、产业集聚、智慧治理的未来乡村。

（二）发展背景

溪口村的黄泥山片区原为溪口黄铁矿区职工的生活区，矿区关停后，职工陆续搬离。近年来，溪口村以“奋斗公社 · 快乐老家”为主题，聚焦“旅游集散地、改革集成地、双创集聚地”的目标定位，围绕龙游县“一核两极”发展战略，积极探索资源共享、产业协同、治理一体的发展路径，逐步形成集优良宜居、有源有脉、宜业宜游、创业创新、共建共享、智慧治理于一体的可持续发展的山区共富模式（图 8-8）。

（三）经验做法

1. 以幸福生活圈打造为抓手，推动区域优势资源共享

首先，以“共享生活实验室”为试点，构建以未来乡村为综合服务核心的“5 分钟奋斗公社、15 分钟镇域、30 分钟跨乡镇”的幸福生活三个圈层，按照“引导转移农民 70% 进城、

图 8-8　溪口村

图 8-9　溪口村“共享生活实验室”改造前后对比照片

20% 入镇、10% 在中心村”的“721”导控体系，让农户既享受居民同等待遇，又保留在农村的合法权益（图 8-9）。其次，村内设立无差别政府服务中心和便民中心，并与衢州学院共同建设未来乡村学院，一镇三乡近千名中小学生和工匠、农民在家门口就能得到优质教育和素质提升服务（图 8-10）。

图 8-10　溪口村村中心俯瞰

2. 强化城乡创新联动，集聚优质人才发展本地特色产业

通过打造国际青年社区，出台未来乡村双招双引政策，为乡贤及青年返乡创业和工匠、农民提供一站式服务与支持，充分发挥龙游南部生态和人文优势，培育全域文旅品牌。同时，围绕竹产业发展，加强区域内竹林资源统管、统购、统销，打造竹居生活，持续推进产品深化，打响南部片区竹产业品牌。

3. 通过筑巢引凤，大力推进“本地创业 + 企业就业”

一是探索形成“大师支撑导师、导师引领工匠、工匠带动农户”的精准技能培训模式，发展以“老街 + 美食”“老街 + 民艺”为特色的乡愁经济，吸引 80 余名年轻创客加入，培育“一盒故乡”“瓷米文化”等一批具有辨识度的乡愁品牌，实现群体共富。二是探索“省国资 + 镇国资 + 村合作社”合作模式，成功以 3000 万元撬动 2.5 亿元“绽放的灵山江”文旅共富项目，实现利润共享、集体增收、农民致富。2021 年，龙南地区游客接待量突破 200 万人次，乡村旅游年收入突破 2 亿元。

4. 尊重历史，活化提升建筑风貌

在最大限度保留工矿建筑风貌和厂区历史记忆的前提下，以“立面改造 + 环境整理 + 功能置换”等方式对原黄铁矿生活区进行改造提升。将旧电影院改成文化礼堂，将厂房改造成共享食堂，将沉寂已久的场所建成邻里交往的公共客厅。改造后的坡屋顶构架串联起散落的建筑单体，通过简洁配色与场地更新，增加公共空间的趣味性与整体感（图 8-11）。

图 8-11　溪口村全景鸟瞰

（四）特色亮点

创新业态，打造山居共富平台。通过打造地区文化 IP“溪口公社、快乐老家”，以文创产品开发和产业投资为两翼，以人才回流为乡村发展引入技术流和资金流为目标，围绕共建“奋斗公社精神”，打造“创客回归，山区共富”平台。植入本地高校资源，建设包含溪口乡愁一条街、大师工坊、乡村民宿、南孔书屋等新业态、新服务的“超级文化站”，放大人口、产业、艺术集聚裂变效应。

（五）发展成效

2021 年溪口村集体经济总收入达 170.02 万元，经营性收入 104.17 万元，是全省第五批历史文化（传统）村落保护利用项目优秀村。

2022 年 2 月，浙江省人民政府办公厅公布了 100 个全省第一批未来乡村建设试点村，溪口片区入选。同年 5 月，溪口村正式入围浙江省首批“未来乡村”。

五、舟山市定海区干览镇新建村

（一）现状概况

新建村位于浙江省舟山市定海区干览镇西北，离海直线距离仅 10 千米左右，面积 4.5 平方千米，有农户 568 户，人口 1380 余人。该村居于山坳腹地，三面环山，拥有定海第二高峰五雷山、南洞水库等自然资源，富有自然生态野趣、乡村农趣以及海岛特有的民俗、民情、民风。村庄先后获得全国生态文化村、国家级美丽宜居示范村、中国最美休闲乡村、浙江省文化创意小镇等荣誉称号，并在 2019 年入选联合国人居署“净零碳”乡村案例（图 8-12）。

图 8-12　新建村全景

（二）发展背景

2004 年，新建村尚是一个无人问津、贫穷闭塞的小村落，与外界联系仅靠一条坑坑洼洼的烂泥路，村民生计艰难，收入主要依靠上山砍树然后出售给砖窑厂，由于青年人多外出打工村，落成了“空心村”。二十年来，该村以“千万工程”为主线，从发起保护环境、改变村貌的生态革命开始，不断推进环境改善、刷新村庄“颜值”，同时以“文艺范”为引领、以“净零碳”为路径，不断推进新农村建设和文化休闲旅游融合发展，将原本破旧的小村庄打造成为“网红村”，建设成一个海岛地区美丽乡村。2019 年新建村被写入《净零碳乡村规划指南——以中国长三角地区为例》，成为全球净零碳乡村建设的一个典范；2021 年起新建村更进一步，以“零碳新建　遇见未来”作为未来乡村建设试点工作的核心内涵，以低碳场景建设作为落脚点，奋力打造未来低碳海岛乡村。

（三）经验做法

1.“整环境”提靓美丽新颜值

2004 年起，为改变村庄封闭落后、环境破烂的不利局面，在村党总支书记的带领下，全村发起了一场改变村貌的环境革命，村民自发参与到硬化村道、清理垃圾、拆除养猪场、迁移露天粪缸等人居环境改造、基础设施建设上，农村面貌焕然一新。同时将农民房屋连片改造成徽派建筑外墙实体样式，每家民房以“画春园”“燕归来”“常相会”等戏曲词牌名命名，配套明清老街、烟雨长廊、渔人码头等特色建筑，美化人居条件，彰显人文底蕴（图 8-13）。

图 8-13 新建村村庄面貌

2.“壁画村”点亮乡村文艺范

新建村以“乡村文艺”为主题，以“壁画”为特色，在民房外立面中融入舟山特色文化元素，打造了全国规模最大的农渔俗主题壁画村，累计完成 42 栋房屋墙面改造，总面积 9000 平方米，整个村庄 200 多套民居的外墙描绘着一幅幅巨大的彩绘壁画，涵盖了海洋文化、农耕文化、戏剧文化等主题，展现了新农村的独特风貌（图 8-14）。同时与 30 余家艺术院校、13 家文艺单位建立长期合作关系，邀请高校教授创办了群众艺术创作中心，组织喜爱绘画的村民进行渔民画、刻纸、手工布艺、石头画等文艺创作，丰富村庄文艺气息。

图 8-14 新建村壁画

3.“休闲游”拓展美丽新经济

新建村以“文化休闲旅游”为主题，打造以全国艺术院校大学生实习采风基地、创意壁画村、艺术培训创作基地等为特色的南洞艺谷，建成了集南洞户外成长营地、火车休闲广场、渔人码头、群岛美术馆等于一体的旅游文化景观区（图 8-15）。南洞户外成长营地内设团建

图 8-15 新建村火车休闲广场、渔人码头

拓展类、户外亲子类和户外休闲类项目共十余项，是亲子娱乐、野外露营、户外烧烤的理想场所；火车休闲广场紧邻南洞季节性花海，是乡村写生、摄影写真的目的地；渔人码头是为学生采风写生体验而设立的缩小版“渔村渔船”景观，类似一个浓缩的舟山传统船文化展览馆；群岛美术馆是舟山首个村级美术馆，展示销售海岛特色渔民画、旅游纪念品、工艺品等。

（四）特色亮点

坚持“净零碳”理念，守住绿水青山，畅享海岛零碳生活。二十年来，新建村人居环境经历了从改善环境到推广“排碳零增长、固废零倾倒”的“无废乡村”模式，“净零碳”理念成为当前人居环境提升的主要手段和方向。以净零碳乡村为亮点，村庄建立气候与碳排放数据清单，应用光伏发电板、节能空中电站、污水循环利用系统等低碳技术；将开发建设集中在混合用途节点周边，使至少 50% 的居住区实现四类设施 15 分钟内步行到达；选取当地的传统建筑材料，减少建筑供热与制冷的碳排放；实施 32 幢民宿“零碳”精品化改造；利用南洞水库通过砌筑它山堰实现农田灌溉水天然自足，减少水资源浪费；在建零碳生态公园、生态停车场、文化中心“零碳”建筑等项目。2021 年 6 月，舟山市首家以净零碳为主题的展厅亮相南洞艺谷景区，该展厅成为南洞吸引游客的又一新亮点，也成为定海区低碳生活研学教育打卡地。

（五）发展成效

2023 年，新建村旅游人数 60 万人次，经济总收入 8500 万元，村民人均可支配收入从以前的 3000 多元增加到 49009 元，成为省内著名的有文化艺术内涵的生态休闲村，环境质量持续改善，环境空气优良率 98%，四获美丽浙江考核优秀，三捧浙江省“五水共治”大禹鼎。

第二节 文化传承保护利用典型案例

2012 年，《中共浙江省委办公厅 浙江省人民政府办公厅关于加强历史文化村落保护利用的若干意见》提出，以“千村示范、万村整治”工程建设为载体，把保护利用历史文化村落作为建设美丽乡村的重要内容，在充分发掘和保护古代历史遗迹、文化遗存的基础上，弘扬悠久传统文化、打造优美人居环境、营造悠闲生活方式。十多来，基本形成了由“历史文化（传统）村落—文物保护单位、文保点—历史建筑、传统风貌建筑”多层次构成的乡村历史文化保护传承体系。遵循活态保护、活态传承、活态发展的保护利用思路，继承发扬历史文化遗存和非物质文化遗产，从生产、生活、生态“三生”融合，进一步演化为培育和激活村庄生命力的“四生”传承，通过文化传承、业态转化、产业发展，提升村庄生活品质，实实在在地留住原乡民，助力城乡融合发展，实现共同富裕。

截至 2022 年，全省已划定历史文化历史建筑 10563 栋（约占全国的 1/5），总数位居全国第一。同时，回应历史文化遗产活化利用要求，探索形成了以富阳区龙门村为代表的古建活化模式、以桐乡市马鸣村为代表的民俗传承模式、以余姚市横坎头村为代表的红色寻根模式、以柯城区余东村为代表的艺术赋能模式、以诸暨市斯宅村为代表的文化深耕模式等十大古村落特色活化保护利用模式，提供了“浙江经验”。此外，浙江省大力建设非遗特色村镇，截至 2023 年 8 月，浙江 11531 个 A 级景区村成为非遗传承发展的特色阵地。此外，全省建立非遗工坊结对乡村发展机制，各级非遗工坊结对 313 个乡村，形成助力乡村振兴和共同富裕的典型案例 28 个。依托“传统工艺工作站 + 非遗工坊”模式，助力乡村人才振兴与就业增收，联动培训各类人才近 4 万人，其中非遗工坊培训近 2 万人。

一、杭州市建德市大慈岩镇新叶村

（一）现状概况

新叶村位于杭州市建德市西南大慈岩镇玉华山脚，村域总面积 15.9 平方公里，始建于南宋嘉定元年，距今已有 800 多年历史，是浙江省内保存最完整的古代血缘聚落建筑群之一。从建村开始，叶氏在此已传 36 代，繁衍成一个巨大的宗族村落。该村落发展脉络清晰，格局风貌完整，建筑数量众多、类型丰富，至今仍保留明、清建筑 200 多幢，此外还有 16 幢宗祠、塔、阁等特色建筑，具有极高的徽派建筑研究价值。村内拥有国家级文保点 35 处、省级文保点 27 处、普通历史建筑 178 处，整个乡土建筑群以五行九宫布局，被专家誉为“明清建筑露天博物馆”“中国乡土建筑的典范”。先后获评全国重点文物保护单位、中国历史文化名村、中国传统村落、浙江省传统戏剧名村、“十大江南传统村落”榜首、中国最美古村落、长三角休闲农业和乡村旅游推荐景点、第一批浙江省 3A 级景区村、浙江省休闲旅游示范村、第二批全国乡村旅游重点村等（图 8-16）。

图 8-16　新叶村鸟瞰图

（二）发展背景

从 1990 年春，新叶村开始对古建资源进行系统调研，采访当地村民收集整理历史资料并对老建筑进行测绘，形成建筑测绘图。但村庄在发展建设上仍然反复出现新房乱建、大量临建、违建房屋及环境严重破坏的情况。自 2010 年被批准为“中国历史文化名村”后，新叶村在建德市政府的支持下成立新叶古村保护利用管理委员会、大慈岩文物保护管理所等机构，实施古村整体保护利用工程，以“传统村落 + 博物文旅”为主题，在政府主导下通过修缮并充分利用传统民居、古祠堂、文化礼堂等文化建筑，将传统村落物质和非物质元素保护利用有机结合，对传统村落的生态、形态、情态和文化遗产进行全方位控制保护，形成了从普查建档到修缮保护，再到博物展览、业态活化的综合场景化利用模式。

（三）经验做法

1. 推动建筑与古村的整体修缮保护

在乡土建筑修缮保护方面，新叶村共投入资金 3861 余万元，完成新叶南塘区块 15 处国保、省保点全面修缮，40 余处历史建筑维护性修缮。同时，为了确保新叶古村的文物安全，争取 1374 万元国家资金用于新叶村乡土建筑的消防、安防保障工程。此外，村庄注重保护与建筑遗存相关的历史环境要素，对重点区块环境进行相应整治，累计铺设了 600 米石板古装道路，整治村落水系 1800 米，核心区域三线下埋 2400 多米，道路铺装 3800 余米，绿化周边环境 160 亩，实现了新叶村文物古迹和历史风貌的有效保护，维护了古村的整体格局（图 8-17）。

2. 利用乡土建筑进行博物展览

在进行古建筑保护的同时，新叶村结合文化内涵和历史遗产，利用古建筑内部空间对古村落民风民俗、民间技艺、民间艺术等“非遗”项目进行文化展陈，打造展示馆、博物馆、研学基地等。如利用双美堂打造民俗生活展示馆，利用有序堂打造戏曲展示馆及昆曲传承基地，利用贻燕堂打造土曲酒展示馆，利用醉仙居对新叶土曲酒酿造技艺进行展示（图 8-18），利用文昌阁打造耕读文化展示馆，利用民居打造穿越照相馆——馆内设置了序厅、新叶昆曲、宋朝街市和新叶学堂 4 个文化展示区，其中“新叶昆曲”获得省级非遗保护项目（图 8-19），并建立新叶昆曲活态展示馆，于 2019 年与浙江省昆曲团签订“人类非遗——昆曲传承基地战略合作协议”，打造大慈岩中心小学省级非遗传承基地建设。

3. 打造古建研学科普基地

为打造特色建筑艺术研学基地，新叶村针对小学生、中学生、高中生，分别设置了专门的研学行程和研学课程，包括“新叶建筑探秘小专家”“二十四节气耕读大课堂”“中国明清

图 8-17　新叶村乡村环境整治后

图 8-18　醉仙居土曲酒展示馆

图 8-19　新叶村非遗展示

古建筑艺术科普”“指尖上的建筑艺术”“中国明清建筑艺术传承人”等内容，吸引大量学生进古村，探秘明清古建筑，体验民俗及农耕文化（图 8-20）。

4. 培育多元业态策划旅游活动

通过集中签约，引进木雕工作室（图 8-21）、剪纸蛋雕工作室、青年企业家交流中心等一批新经济业态，并串联村落内部重要古建筑、节点空间，策划新叶古村春节七天乐活动、三月三民俗大典、“文化和自然遗产日”等系列活动，植入投壶比赛、树皮画制作、

图 8-20　新叶村古建艺术研学基地

图 8-21　木雕工作室

图 8-22　聆雲山舍精品民宿

茶艺比赛、99 问答题竞猜等可体验和互动的旅游项目，丰富古村游玩的乐趣。另外，为丰富游客的夜生活，发展古村夜经济，全力打造“新叶夜 · 夜新叶”，如今，荷田间的游步道、昆曲馆、新叶唱吧等成了游客及附近居民夜晚的聚集地。同时，大力发展民宿经济（图 8-22），目前共培育民宿农家乐 26 家，床位 283 个，餐位 1520 个，促进村民经济收入达 200 多万元。

（四）特色亮点

全面完成历史建筑普查建档并推出数字云览。2021 年，新叶村在建德市统一安排下启动数字化建档工作，目前已全面完成历史建筑数字化建档，全面掌握每处历史建筑的整体保存现状、基础信息表、测绘图档、现场调研测绘报告，为历史建筑的保护修缮、活化利用和精细化管理提供了详实、可靠的数据支撑（图 8-23）。

同时在线上，结合 VR 等数字化手段，推出古建云览，在网上推广新叶古村的古建筑，让更多的人认识、领略新叶乡土建筑的独特魅力，目前 35 处国保点已经实现网上云览。

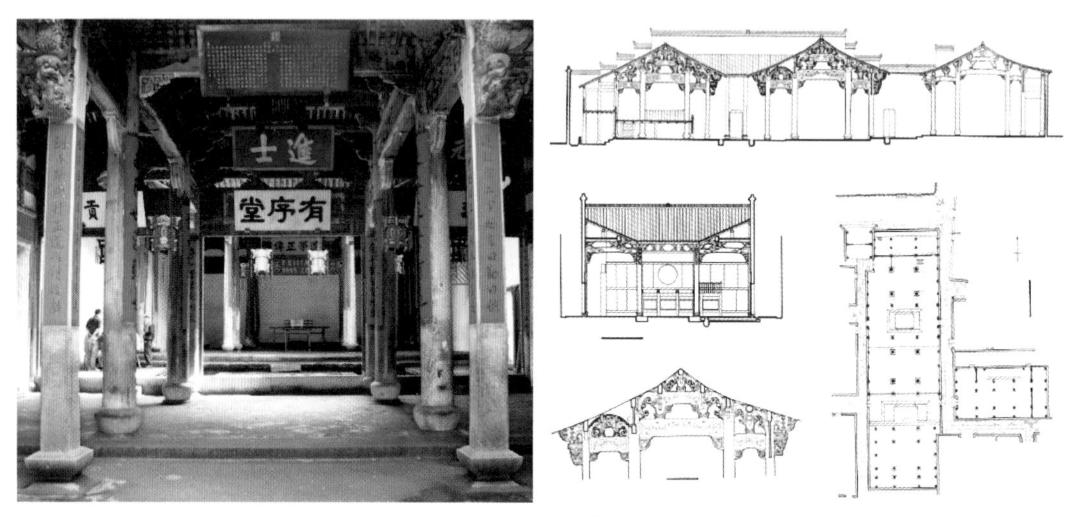

图 8-23　新叶村有序堂测绘建档

（五）发展成效

如今，新叶村已得到全方位有效保护，在“中国乡土建筑典范”的名誉背书和古建活化系列行动下，村落影响力持续获得专家和媒体认可，并逐步为村落带来经济效益。

在文化效益上，2009 年第二届中国乡土建筑保护研讨会形成了《建德新叶共识》。中央电视台《中国影像方志》《江河万里行：远方的家》《记住乡愁》《家风》，湖南卫视《爸爸去哪儿》，浙江卫视《发现浙江》，爱奇艺《最后的赢家》等栏目都来新叶村取景拍摄。

在经济效益上，2010 年村民外出打工，人均年收入不过三四千元。伴随着新叶古村成为网红村，截至 2022 年，村民年人均收入超过 1 万元，年均购票游客近 2500 人次，村集体收入达 200 多万元。

二、宁波市余姚市梁弄镇横坎头村

（一）现状概况

横坎头村地处宁波市西部四明山革命老区，面积 7.3 平方千米，现有 860 户、2362 人（图 8-24）。抗日战争时期，该村作为浙东四明山抗日根据地的中心所在地，是全国 19 个抗日根据地之一，被誉为“浙东红村”。村庄先后获得全国第一批红色美丽村庄建设试点村、全国先进基层党组织、全国乡村治理示范村等荣誉。

图 8-24　横坎头村全景图

（二）发展背景

2003 年，横坎头村是一个交通闭塞、房屋破旧、村民收入低的经济薄弱村，全村没有一条水泥路、没有一个公厕，村民人均年收入不足 2700 元，村集体负债 20 多万元。从 2003 年起，该村以“千万工程”为起点，从村庄面貌整治入手，持续深挖红绿资源，传承红色基因，打造浙东红村风貌区，通过“红色引领、绿色发展”，完成了从整洁有序到强村富民，再到引领共同富裕的“三级跳”，成为远近闻名的全国红色旅游景区。

（三）经验做法

1. 传承红色基因，推动旧址保护修缮

横坎头村立足红色基因传承，坚持把红色资源保护好、利用好、活起来，对中共浙东区委旧址、浙东行政公署旧址、浙东抗日军政干校旧址等红色遗迹，进行保护性开发，将居住在旧址里的 28 户村民全部搬迁，打造了浙东四明山抗日根据地旧址，并对旧址周边环境进行了改造提升，旧址群先后被确定为全国重点文物保护单位、全国百个红色旅游经典景区（图 8-25）。

2. 挖掘红风内涵，推动红村廉治建设

横坎头村立足红色文化挖掘，深入探究浙东抗日根据地的“廉洁政治”，形成独具特色的红廉文化，在浙东行政公署旧址里打造革命廉政史迹陈列馆，展现党在烽火连天的艰苦环境

图 8-25　横坎头村浙东抗日根据地旧址群

中打造廉洁政府的决心。村内建设有一处红廉馆，集浙东抗日根据地红廉文化和余姚市纪检监察工作展示于一体，设有“清廉棋盘”“红廉单车”“红廉听吧”等互动要素，形成红廉文化沉浸式参观体验（图 8-26）。另外，将红廉文化制作成形象直观的漫画，在村委外的文化公园进行宣传展示，制作“户廉码”张贴于家家户户门前，通过扫码即可将诉求问题反馈到“监督一点通”平台，实现家门口“码上监督”，从而促进“红村廉治”深入人心。

图 8-26　横坎头村红廉馆、红村廉治展示

3. 实现红色价值，红色旅游带动绿色产业

横坎头村致力于发展红色旅游，打造了浙东延安红色文化学院和浙江四明山新希望绿领学院两个教学基地，成立村集体企业，通过资源集成和一键式服务，吸引机关事业单位、企业及社会团体到村里开展红色旅游研学和会务培训等。同时，以“红”带“绿”，成立红村互助平台，把红色教育培训客流推送给市场经营主体，引入初新农庄、初新营地、初新绿品计划等产业项目，建成樱桃园等特色四季鲜果园、“红芯植物工厂”蔬菜无土栽培基地，并依托已建成的乡村旅游综合体、浙东红村风貌区等载体，实现红色文化和绿色产业融合发展。

（四）特色亮点

强化党建引领，形成“锋领过坎”基层治理模式，把老革命老战士后人、新乡人新农人组织起来，组建“红色宣讲团”，开播“红色电台”，创作了《我听老党员讲革命故事》《十五年十五个小故事》等文艺作品，打造特色鲜明的精品研学线路，每年吸引 30 万名党员群众到横坎头村开展“初心之旅”。

立足区域共同富裕，与周边的汪巷村、甘宣村等 8 个村建立“红锋共富”党建联建机制，联合打造红色旅游融合发展示范区，并于 2022 年 2 月成立联盟区域发展有限公司，对片区内近 1000 亩农田进行错位打造，建成特色休闲农业观光采摘基地 10 余个、家庭农场 20 余家、农家乐 16 家，打造生态采摘式美丽田园。

（五）发展成效

2022 年，村内累计接待游客超 50 万人次，旅游收入突破 3000 万元，村级集体经济总收入 366.34 万元，村民人均收入 4.71 万元。

三、温州市永嘉县岩头镇苍坡村

（一）现状概况

苍坡村位于永嘉县岩头镇，村庄通过“微改造 · 精提升”，坚持古建筑活化利用、以用促保，既实现古建筑的“价值”，又提升古村落的“产值”。

（二）发展背景

苍坡村始建于五代后周显德二年（公元 955 年），村庄原名为苍墩，后逐渐发展为今天的苍坡村。南宋淳熙五年（1178 年），按“文房四宝”布局，形成了独具特色的村落格局。这一规划理念一直延续至今，使得苍坡村成为楠溪江流域古村落群中的代表。

（三）经验做法

按照“村内搞整饬、村外建新村”的思路，苍坡村推进了二期新村工程建设，并对村容村貌和其他景观进行微改造和精提升。部分住房困难的人搬迁到新村，既保护了古建筑，也提升了古村落的活化利用程度。通过修缮一片古建筑，拓展一条旅游环线，打造一场夜游景观，培育一批旅游业态，提升整村人居环境面貌，有效整合苍坡旅游资源。通过打造永嘉农村改革馆、楠溪江民俗馆等文化展馆，全面提升古村景区整体面貌和旅游品质，深度挖掘和传承传统文化民俗。

（四）特色亮点

苍坡村以“文房四宝”为规划理念，整个村落布局体现了浓郁的人文内涵。村子正正方方，以村为纸、以池为砚、以街为笔、以石为墨，营造了独特的村落景观。在规划过程中，强调全面保护古村落的古建筑、街巷铺地和寨墙等各项文化遗产，同时注重与山水田园风光的共融共生，保持古村落的整体形象（图 8-27）。

（五）发展成效

苍坡村凭借其独特的魅力和显著的发展成效，获得了多项荣誉称号，如“中国景观村落群”“浙江十大最美乡村”等，这些荣誉不仅提升了苍坡村的知名度，也为其未来发展奠定了

图 8-27　苍坡村现状

坚实的基础。在实现村庄“颜值”“气质”双提升的同时，各类产业遍地花开，不少村民返乡开起民宿、农家乐，目前村内共有 14 家民宿，2 家农家乐。苍坡村还通过村企合作，以传统耕读文化结合现代农耕文化，打造特色农田 3D 绘画艺术，使村民在家门口便可共赴乡村里的“诗与远方”。

四、衢州市柯城区沟溪乡余东村

（一）现状概况

余东村位于衢州市柯城区常山港支流大俱源溪边、沟溪乡境内，距离市区约 18 公里。该村以农民画闻名遐迩，书画爱好者达 300 余人，农民画创作骨干成员 48 位，其中 6 位农民画家被浙江省委宣传部、浙江省文联、浙江省文化广电和旅游厅列入首批“浙江省民间优秀艺术人才”。村落有“中国十大农民画村”的美誉，荣获中国十大美丽乡村、中国美丽休闲乡村、全国文明村、全国美丽宜居示范村等称号，是国家 AAA 级景区（图 8-28）。

（二）发展背景

20 世纪 70 年代初，衢州市衢县文化馆组织文化下乡，开设绘画培训班。2003 年，余东村成立农民画创作协会，吸引更多农民画爱好者入会学习创作。二十年来，余东书画爱好者从最初的 6 个人，发展到现在的 300 多人，其中骨干“画家”48 位，中国美协会员 1 位，中国民间文艺家协会会员 5 位，浙江省美协会员 9 位。余东村以农民画为核心，通过“农民画 + 文创 + 旅游 + 研学”的文化组合链，实现了农民画从卖画到卖文创、

图 8-28　余东村照片

卖版权、卖风景、卖旅游的“四个转变”，走出一条以文塑貌、以文兴业、以文富民的村落活化利用之路。

（三）经验做法

1. 凝练艺术品牌，引领乡创发展

余东村以“农民画”为核心，与浙江传媒学院合作，启动余东村形象设计，开发余东吉祥物和表情包，打造整村 VI 形象，提升国际知名度。与著名动漫形象功夫鸡合作，对全国农民画大赛金奖作品大吉图进行品牌提炼，让公鸡成为余东村的文化符号，寓意唤醒沉睡的乡村（图 8-29）。

图 8-29　余东村农民画与公鸡文化符号

同时围绕农民画开发一系列文创衍生品，推出农民画陶瓷、农民画丝巾、抱枕等 15 个品类 45 种产品，鼓励农民画“走出去”，主动参与各类全国性赛事活动，300 多幅作品获得国家、省、市各类奖项。

2. 推进艺术联合，兴办研学基地

2020 年，余东村建成了中国乡村美术馆（图 8-30）。此后，全国农民画专业委员会顺利落户余东村，中国人民大学、中国美术学院、浙江传媒学院等省内外院校在当地设立研学基地，20 多所高校师生来此研学采风。同时“请进来”艺术家、专家学者等人才资源，建立研学工作站 4 家，吸引 22 位艺术名家成为新村民；并聘请村内农民画家，

图 8-30　中国乡村美术馆

推出农民画学习、竹编学习及农耕体验等研学游精品课程教学等。此外，村庄注重传承竹编艺术文化，利用余东竹编馆打造竹编研学基地，展示竹编竹制品、竹编字画、竹编技艺等（图 8-31）。

图 8-31　余东竹编馆

3. 以农民画引领村庄“微改精提”

余东村以农民画装点村庄，通过收储 63 栋闲置老建筑，对石子路、老房子、土灶头等进行局部改造，在保持原有古朴风格的基础上，引导农民画上墙，美化乡村建筑文化肌理。整个村落被 560 多幅用色绚丽、题材丰富、风格各异的农民画包裹，使村庄风貌和文化艺术紧密结合在一起，形成与农民画文化相融的建筑风貌（图 8-32）。

图 8-32　余东农民画上墙

同时，利用村里房前屋后打造精品的“一米菜园”，形成各具特色的精致绿色菜园，全村共建成 179 个，使菜园变景观、乡村成景区。统筹推进“十里画廊”建设，对大俱源溪、沟直线、村道沿线围墙绘制农民画，并在沟直线沿线打造绿化节点、整治抛荒地。

4. 结合余东民居改造丰富文旅业态

以中国乡村美术馆为中心，将收储的老宅改造成妈妈饼、土灶头、包子铺、烤全羊、咖啡屋、农耕馆、阅览室等村民自主经营空间和各类公共空间，还引进南孔文创、悦隐画俚民宿、村播馆、余东艺术家联合会等 50 多家业态，丰富文旅产业（图 8-33~ 图 8-38）。目前，中国乡村美术馆成为文化艺术聚集地和网红地标，另有十多处网红打卡点。

图 8-33　十大碗

图 8-34　园素小院

图 8-35　妈妈饼

图 8-36　悦隐画俚民宿

图 8-37　南孔文创

图 8-38　阳光面馆

（四）特色亮点

引入数字手段提高文旅发展水平。通过数字技术对文旅产业提质增效，全村利用全息影像、AR、VR 等数字技术手段，打造墙体投影、光影长廊、数字连环画艺术体验馆等数字化艺术空间，增强游客体验感。

建立“农民画全网数据库”，对驻村画家的数量、风格、年产量精准标识；开发农民画线上交易平台，售卖农民画相关文创产品；与抖音等平台合作，举办直播培训和增加销售；打造“年年有鱼 App”，实现画家、渠道、供应链全终端定制化模式；与华为公司合作，开发了以余东村农民画为主体的手机壁纸、手表表盘等产品；与科技公司合作，运用“元宇宙”开发农民画数字藏品等。

（五）发展成效

2009 年以来，余东村逐步步入从“种文化”到“带共富”的进程。2022 年，“余东村农民画以文兴业打造未来乡村”入选浙江省乡村振兴十佳创新实践案例。2023 年，余东村农民画入选国家乡村振兴局公布的第一批全国“一县一品”特色文化艺术典型案例。

在文化效益方面，余东村农民画有近400幅作品在中国文联、中国美协、文化和旅游部、财政部和浙江省委宣传部等组织的美展中获奖。200多幅作品在《人民日报》《光明日报》《农民日报》《中国文化报》《中国美术报》《艺术世界》等媒体发表。余东农民画还远走他乡，远销北京、上海、香港、台湾、澳门、深圳，甚至走出国门，在日本、阿曼举办画展。

在经济效益方面，2021年，余东村农民画及相关文创产业产值达3000多万元，村集体经济收入达115多万元，村民人均收入增长至3.4万元。2023年，余东村农民画相关产业产值近3000万元，接待游客50万人次。

五、丽水市松阳县四都乡陈家铺村

（一）村庄概况

松阳县陈家铺村位于四都乡寨头岭，海拔850余米，距县城15千米，是一座建在悬崖峭壁上的“崖居式”国家级传统村落。村域面积约660公顷，有3个自然村、336户、850人，其中陈家铺自然村为国家级传统村落（图8-39）。

图8-39　陈家铺村俯视图

（二）经验做法

拯救老屋，筑巢引凤。以传统村落保护发展为切入点，开展拯救老屋行动，完成50余幢老屋修复工作，为乡村经济发展奠定基础。随后，以国家传统村落资源，辅以村集体让利的方式吸引优质项目落地，引进爆点业态“全球十大最美书店”先锋书店。先锋书店·陈家铺平民书局承租村集体闲置办公楼，经过微改造，成为远近闻名的乡愁旅游目的地（图8-40）。

招商引资，盘活资源。通过“双招双引”吸引工商资本投资约1亿元，先后建成云夕松阳国际文化交流中心、飞鸟集等项目（图8-41）。积极将各类闲置房屋、农田、山林等资源流转至村集体，采用“租用+审批”“村集体入股”等模式盘活农村闲置资产，把闲置土地、民房盘活利用，村集体以出租闲置房屋以及入股分红获得收益，每年可达15万元，并为本村提供就业岗位10多个。

图8-40　先锋书店·陈家铺平民书局

图8-41　云夕松阳国际文化交流中心

业态多元，共富共享。充分适应时代变化，构筑生态农业、乡村旅游、民宿经济、文化创意等多元化乡村经济，培育“民宿+文化+艺术”等新业态，植入咖啡吧、书店等业态载体，建构出一个具有文艺范的新农村。不少村民主动返乡创业，通过经营农家乐，推出番薯干、笋干等森林康养农产品，开发具有松阳辨识度的文创产品，共享生态产品价值实现的红利。

（三）建设成效

陈家铺村坚持“文化引领活态保护”和“品质优先融合发展”理念，立足“生长型”民宿经济，带动村民将美丽风景转变为美丽经济（图8-42）。2014年，陈家铺村成功入选第三批国家级传统村落名录。2018 年，先锋书店 · 陈家铺平民书局开业，成为文化和旅游的新地标，并荣获全国“年度最美书店”称号。2022 年，陈家铺村被评为年度浙江省美丽乡村特色精品村。2023 年，村集体经济收入 159.13 万元，其中经营性收入 95.45 万元，收入来源以特色农业、民宿产业为主。共接待游客超 60 余万人次，实现旅游收入超 3000 万元。

图 8-42　陈家铺村全景图

第三节　乡村经营及产业发展典型案例

“千万工程”实施以来，浙江省先后发布了《中共浙江省委　浙江省人民政府关于高质量推进乡村振兴争创农业农村现代化先行省的意见》《浙江省人民政府办公厅关于引导支持农业龙头企业高质量发展的若干意见》《浙江省农民专业合作社提升行动实施方案》《浙江省乡村旅游促进办法》等多项政策文件，在农业产业化、社会化、品牌化以及三产融合等方面取得了丰厚的成果。如在特色农产品品牌认证方面，截至 2021 年，全省累计注册地理标志 367 件（253 件商标 +114 件产品），其中 14 件地理标志商标获得驰名商标认定，18 种地理标志产品进入中欧互保名录，获准使用地理标志专用标志的相关市场主体经济效益平均提升 15%。在三产融合方面，至 2021 年底，全省累计创成 A 级景区村 11531 个，覆盖率达 56.5%，入选全国乡村旅游重点村 47 个、重点镇 4 个，总数均居全国第一；全省拥有民宿 1.9 万余家，其中等级民宿 859 家，总床位超 20 万张，乡村旅游和休闲农业接待游客 3.9 亿人次，年营业收入超 100 亿元，就业人数达 15 万人以上。

一、金华市东阳市南马镇花园村

（一）现状概况

东阳市南马镇花园村地处浙江中部，距东阳城区 16 千米，2020 年，花园村常住人口 6.5 万人，其中本地村民 1.4 万余人，村域面积 12 平方千米。

（二）发展背景

花园村已有690多年的历史，改革开放以前是一个有名的穷山村。如今，花园村先后荣获中国城乡一体化发展十佳村、全国文明村、中国村官培训基地、全国新农村建设A级学习考察点等多项荣誉。

（三）经验做法

1. 挖掘传统工艺，以工强村

被誉为中国木雕之乡的浙江东阳，有千余年的木雕历史。花园村作为木雕一乡的典型代表，20世纪80年代初，花园村村委就提出，花园村要发展，必须摆脱传统观念，走以工富农、以工强村道路。通过整合资源，实施分类开发，花园村已经形成了原木进口、板材销售、电脑雕花、红木及仿古家具等一条龙的红木产业链，红木家具生产企业可以轻松地获得各种生产资料。

2. 从生产到销售，实现红木产业的集聚优势

2010年12月23日，花园红木家具城一期开业，花园人开始书写红木市场传奇；2012年10月5日，花园红木家具城二期开业，花园村被农业部授予“中国红木家具第一村”称号；2013年1月21日，花园红木家具城三期开业，标志着全国乃至东南亚最大红木家具专业市场正式诞生；2013年9月30日，花园红木家具城四期开业，美联红木胡冠军艺术馆（国内最大红木家具企业之一）落户花园村并开馆；2014年11月16日，花园红木家具城五期开业，标志着全球最大红木家具专业市场正式集结完毕；2019年11月12日，花园红木家具城六期开业，进一步完善花园红木家具产业链并形成集聚优势；2019年底，花园红木家具城未雨绸缪，以“互联网＋实体市场”为突破口，整合人才和资源，投入巨资研发并打通线下线上红木市场新零售渠道，推出新零售智慧红木市场“花园购”并搭上了“网络快车”（图8-43）。

3. 无木成林，搭建创富平台打通全产业链

花园村打造了一个“无中生有”的红木传奇。这里没有原材和区位优势，但2005年以来，花园村通过资源整合、分类开发和产业引导，积极为企业做好服务、搭建平台，形成了大型原木市场、板材市场、工艺品一条街、红木家具一条街以及红木家具产业园，集聚了全世界30个国家40多个品种的珍贵木材，拥有的红木家具企业数量占东阳市红木家具企业的1/3以上。由此，花园村具备了红木家具业发展所需的各种资源，可以让红木家具企业轻松地获得各种生产资料。而且，通过各生产环节的集聚，红木家具企业能在此实现以最少的

图 8-43　花园红木家具城

投入获得最大的产出，它们不需要走“小而全”的路子把生产要素配备齐全，只要把生产环节分解发包给各配套企业，自己则轻装上阵做好核心环节，如设计、制作、拼装以及品牌运营，省下了一大笔“招兵买马”的成本。

2018 年 9 月，花园红木家居小镇入选浙江省级特色小镇第四批创建名单，以“红木文化传承地 · 红木家居聚集区”为战略定位，聚焦“时尚”和“文化”产业，致力构建文化创意、研发孵化、智能制造、展示贸易、会展服务、品牌营销、物流服务于一体的红木家居全产业生态链，打造中国红木产业文化要素集聚区、红木产业全产业链发展示范区。

4. 从全产业链到“一站式”服务，高标准建设产业配套设施

为了红木产业更好地发展，花园村建设了大师艺术作品街、红木长廊，成立了国际物流中心，配送范围涵盖国内外；设立评估中心，严把质量关，出库产品均为优质认证；坚持“货真价实　诚信经营”，致力服务更完善高效……现在，花园红木已成为国内红木行业的领跑者，红木产业是花园村真正的富民产业。

（四）特色亮点

从一个村到一座城，打造村域小城市。2020 年，花园村常住人口 6.5 万人（本地村民 1.4 万余人，“新花园人”5 万多名），面积 12 平方千米。村域内建设了十六年一贯制的国际化学校、按照二级甲等医院标准建设的综合性医院，更有大型商业综合体、超五星酒店、会展中心、生态公园、金融机构、特色街道、文化广场、体育广场、博物馆、体育馆、游泳馆、图书馆、游乐园、车辆检测中心等一系列具备城市特质的基础设施与公共服务（图 8-44）。2020 年 10 月，花园村被列入浙江省第四批小城市培育试点，成为全国首个“村域小城市”，浙江省首个单独以村为单位创建成功的国家 AAAA 级旅游景区。

图 8-44　花园村全景鸟瞰

（五）发展成效

2022 年，花园村实现营业收入 655 亿元，村民人均年收入达 16.5 万元。花园村打造全球最大红木家具专业市场及全国最大名贵木材产易集散地，花园集团成为国家级企业集团，名列中国民营企业 500 强，拥有红木家具与木制品行业个体工商户 1871 家，吸引了 2300 多家品牌（店）进驻花园红木家具城，市场总面积约 50 万平方米，已连续多年领跑中国商品市场综合百强家具类市场，稳坐全球红木家具专业市场“头把交椅”，吸引了全国各地的高端人才、务工人员和创业者在此集聚。

二、绍兴市柯桥区漓渚镇棠棣村

（一）现状概况

棠棣村位于绍兴市柯桥区漓渚镇西北部，是一个以花闻名、以花为业、以花致富的小山村，素有“棠棣无处不逢花”美誉（图 8-45）。该村总面积 2.91 平方千米，村民 1500 余人，年人均纯收入超过 12 万元。棠棣村先后荣获“全国文明村”“全国民主法治示范村”“全国乡村振兴示范村”“国家级美丽宜居示范村”等荣誉。

（二）发展背景

21 世纪初，棠棣村虽然都在种植花木，但是尚未整合资源进行产业化发展，主要模式也是传统的“山上挖兰、培育，外地推销”。

图 8-45　棠棣村风貌

（三）经验做法

1. 以头雁领航，模范带动村民增收

村党委牵头，发挥头雁示范引领作用，带领全体党员和村民攻坚克难，率先联合村内多个党员花木大户，成立棠棣花木互助组织，带动花农增收。在村党委的组织下，棠棣村建设成为以兰花为特色产业、花卉苗木为主导产业的花木产业特色村。

2. 以党建联建，片区组团携手共进

单打独斗不如抱团共进，依托“花香漓渚”国家级田园综合体，棠棣村与周边 6 个村社携手创建了花香漓渚大棠棣片区党建联建，构建“合作社 + 公司 + 农民”的模式，以党组织为纽带，打破村际壁垒，实现产业抱团发展、村企联营共建、农民组团共富、社会联动

共治，以先富带动后富，帮助经济薄弱村提振集体经济。2022 年，党建联建内各村花木销售额超 2 亿元。

3. 以强村公司，积极探索村庄经营

棠棣村与立尚文化传播有限公司联合组建“花满棠”强村公司，实现运营团队零运营费带资入场，村集体以盘活土地、大棚等资源，企业以资金投入、运营技术分别按照 45%、55% 入股运营，并按营业产值的百分比分红，打造“花满棠棣”主题品牌（图 8-46），结合花木产业打造“花神庙”，引进“花神节”，推动村集体经济“自主造血”。

图 8-46 “花满棠棣”活动现场

4. 以资源盘活，促进产业迭代升级

全面盘活“闲置大棚”等低效资源，建设成为约 4000 平方米的兰花数字工厂（图 8-47）。依托传感器、销售数据库等技术载体，将数字化引入兰花培育、销售全产业链，实现兰花特色产业“二次创业”。扶持发展直播电商 8 家，增加兰花销售额 15% 以上，实现了棠棣兰业从“一根扁担走天下”到“一台电脑卖天下”的转型。

图 8-47 棠棣村兰花数字工厂

5. 以引育一体，保障产业人才支撑

聚焦“两进两回”，全力推动“三乡三创”，与省内外 7 所高校达成合作，建立定向实践基地，推进 10 余个乡贤创业项目。通过乡村振兴实训基地开展本土人才培训，已培育本土“星级园艺师”100 余名。与浙江省农业科学院合作成立兰花博士专家工作站，引进 5 名兰花培育方向的博士科研骨干，加快兰花最新科技成果的转化应用。

（四）特色亮点

棠棣村在近二十年践行“千万工程”的过程中，逐渐形成了党建引领凝聚共识、产业发展助推共富、治理迭代塑造和谐的“棠棣”模式，依托坚实的基层基础，凝聚乡村振兴人人参与的强大合力，让党员村民、乡贤人才、社会资本多元主体一同发力，通过数字赋能、资源盘活、联建聚力等多元举措，将“美丽资源”转化为“美丽财富”，真正让富裕之花开满了这个小村庄（图 8-48）。

图 8-48　实施“千万工程”后的棠棣村新貌

（五）发展成效

依靠着独特的“棠棣”模式，棠棣村从一个偏僻落后的小山村，蝶变成以花闻名、以花为业、因花致富的新时代和美乡村。2022 年村民人均收入超过 12 万元，游客量超 14 万人次。

三、金华市义乌市后宅街道李祖村

（一）现状概况

义乌市李祖村位于后宅街道西南部，毗邻义乌高铁站，距离义乌市区约 9 千米，交通区位优势显著。村域面积约 109.65 公顷，有 2 个自然村，333 户、708 人（图 8-49）。

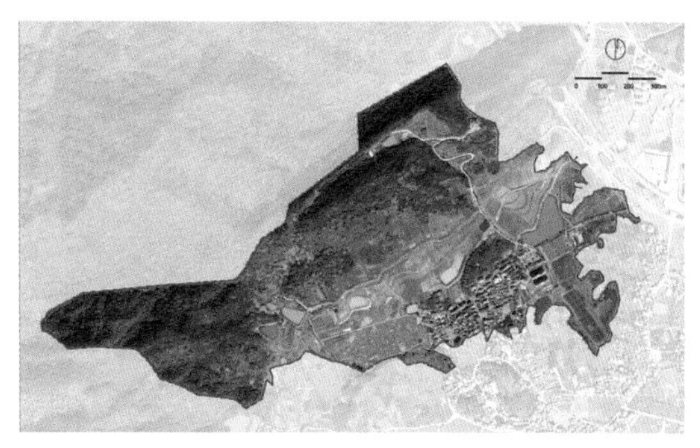

图 8-49　李祖村村域范围图

（二）发展背景

过去，李祖村四面环山，位置偏僻，交通不便，经济落后，一直是远近闻名的贫困村。当地人把这类“脏、乱、差、穷”的落后村称作“水牛角村”。2003 年，浙江省启动“千村示范、万村整治”工程，为无数小村庄描绘了新的未来蓝图。2004 年，李祖村村民在政策的激励下，开始探索如何把“绿水青山”变成“金山银山”的发展之路。

（三）经验做法

1. 做好“引”文章

探索职业经理人运营模式，招引“乡遇文旅”团队开展统一招商、产业孵化、活动策划等，将重点放在年轻创客和新型业态的培养引进上，以“在这里我们和一批有趣的人做乡邻”理念吸引更多年轻人加入。推进优质基础配套设施建设，先后建成乡村会客厅、妇女儿童驿站、康养驿站等应用场景（图 8-50）。多方筹资保障顺利度过培育期，村集体与义乌市水务集团、农商银行等结对共建，保障村庄提升的部分建设资金。运营团队还与村集体探索招商举措，助力青年创客进村轻资产创业。

图 8-50　李祖村共富广场

2. 做好“育”文章

众筹激发更多村民化身创客，设立强村公司，运营公司与村集体一起打造“妈妈的味道”美食街、十亩时光共享营地等一批产业项目，带动 100 多位本村村民和周边村民实现“家门口就业”。利用村内老旧厂房改造为集创业指导、创业孵化、电商培训于一体的众创空间，成立义乌市农创客发展联合会，引入新女性共富联盟、青年众创联盟等社群，提升创业孵化能力，实现抱团发展。

3. 做好“融”文章

讲好“有礼”故事融文化，溯源李祖文化脉络，以梨为形、以礼为魂，讲述李祖村“有礼”故事，打造“有礼的祖儿”村庄品牌（图 8-51），联合创客开发“争做有礼人”“李祖乡约”等文创产品，通过“礼文化”增强创客对于村落文化的认同感、融入感、归属感。开展“乡村造节运动”，策划邻里节、创客音乐节等文化活动，构建“共建、共创、共享”的乡村生活共融体。

图 8-51　有礼的祖儿品牌

（四）特色亮点

“千万工程”实施以来，李祖村经历了从“水牛角村”到国际文化创客村的转变，是乡村振兴和共同富裕的生动写照。李祖积极村做好“引、育、融”三字“金钥匙”招才引智，以“农创客促增收”点燃乡村振兴新引擎，优化乡村营商环境，保持创业创新活力，打造了一个农创客集聚、新老村民融合的新时代众创乡村（图 8-52）。

图 8-52　李祖村鸟瞰图

（五）发展成效

李祖村的蝶变不仅改写了自己的命运，也为中国乡村振兴提供了可复制的模式。截至 2023 年底，李祖村农创客队伍累计带动销售额达 500 万元，村民人均增收 2500 元，年游客量超过 20 万人次，村集体收入近 300 万元。

四、台州市温岭市石塘镇海利村

（一）现状概况

台州温岭市石塘镇海利村位于温岭市石塘镇东南沿海，由原三岙、四岙、五岙三村合并而成，北接钓浜、西邻金沙村、南朝大海、东面环山（图 8-53、图 8-54），背山面海，地处石塘半岛旅游区核心区块内，沿海绿道穿村而过，海岸资源丰富。

图 8-53 海利村环山的自然地貌

图 8-54 海利村靠海的自然地貌

（二）发展背景

海利村是古老渔村，石屋鳞次栉比，建筑依坡而建，建筑色彩与山体协调，建筑以 2~3 层为主，形成具有“浙派民居”风格的滨海小镇风貌。

海利村早年由于交通不便，村民外出谋生，村庄日渐破败、垃圾成堆，闲置石屋 500 余间。

十多年来，随着石塘镇大力发展生态旅游，海利村积极参与其中，开展环境整治，并依托得天独厚的滨海风光，整合丰富的石屋资源，擦亮民宿旅游金名片，走出了一条点“石”成金的共同富裕之路，先后获得国家级“最美渔村”“美丽宜居 浙江样板”双百村、“浙江省卫生村”等多项称号，并成为全省首批、台州首个完成验收的未来乡村试点村。

（三）经验做法

1. 盘活资源，凝聚经济发展合力

2012 年，石塘半岛旅游度假区规划出台，海利村正处于石塘旅游发展核心区。村两委班子通过召开两委联席会议、党员大会、村民代表大会，反复商议，听取党员群众意见，最

终形成了发展旅游产业的共识。村委会立足旅游发展定位，整合规划全村资源，积极向上争取道路拓宽、美丽乡村精品村建设、古村落保护、通景道路、停车场等项目，累计争取资金2000余万元，实现村内道路硬化拓宽，新增停车场3处，新增车位450个，不断完善基础设施建设，为后续发展民宿经济打下了坚实基础。

随着村庄环境的逐渐改善，配套设施的日趋成熟，对村里石屋有开发意向的投资商也越来越多，海利村始终坚持好中选优，严格把关，将民宿旅游做成精品，做大影响。海利村党总支依托党建统领网格智治，由网格团队包干负责本区块内民宿的消防安全巡查、日常服务走访等。每逢“五一”“国庆”假期等旅游旺季，各网格团队组员都主动亮身份、做表率，积极参与景区秩序维护、景区向导等服务，为游客营造安心舒心的旅游环境。

2. 招商引资，撬动民宿产业崛起

“海山生活”点燃了结合石屋保护与渔村乡村振兴的“第一把星火”，通过对工商资本的不断引进，海利村盘活300多间临海石屋用于精品石屋民宿开发，并严格把关，将民宿旅游做成精品，扩大影响（图8-55）。得益于村庄环境的显著改善，同时依托得天独厚的滨海风光，海利村从鲜为人知的静僻渔村，变成了都市人向往的“诗和远方”，全村的石屋从曾经的无人问津到如今租金翻涨，曾经的“老破小”转身变成了抢手的“香饽饽”。通过盘活闲置石屋，修缮340间、流转196间，如今海利村每间石屋从原先的空置状态到目前可为村民带来1800元/月的租金收入，并成功带动本村500多名渔民转产转业，常住居民人均纯收入提升到6万元，村集体收入也逐年增长。

图8-55　石塘石屋海上民居

方兴未艾的民宿经济、重磅打造的沿海绿道，拉动了石塘镇和海利村旅游产业的升级，也给当地群众带来了发展红利。面对发展机遇，不少村民搬回村子，当地渔民也“洗脚上岸”，开启了发展民宿旅游的转型之路。

3. 挖掘文化，打造未来乡村示范

为进一步做大旅游产业，让更多村民享受到旅游发展红利，海利村村两委班子多次到台州周边景区学习，邀请专业人员到村指导旅游工作，逐渐形成了从单一景点旅游向全村旅游转变的发展共识。目前，海利村已打造网红观景平台——对戒平台，360度海山尽览，先后完成三四五岙游步道、文化广场建设。2018年，海利村积极促成了“大师奖”博物馆在村里落户，成为本土与国际设计师交流学习的平台，也为当地乡村振兴注入了文化元素。

同时，成功引进中国美术学院、江苏文联等在石塘镇海利村建立文学创作基地，推动奢野即来文旅项目成功签约海利，为石塘创建国家级旅游度假区探索了一条颇具时代特色的文旅融合发展之路。此外，海利村积极发掘石屋文化、海洋文化等旅游文化资源，带动原先单一的石屋旅游业态向滨海休闲、餐饮购物、民俗体验等新业态进发。

（四）特色亮点

1. 将自然风貌与乡土文化保护作为产业发展的基础

海利村在对全村山体、海滩、水系、道路、公共设施现状调研基础上，突出以人、自然、建筑相融的整体空间环境特色，将村庄质朴、厚重、自然的风貌及乡土文化加以保护，同时融入时代特色，打造海利村特色新农村。改造过程中，重点围绕村闲置石屋资源的保护与开发利用，通过规划的综合引领，结合重点区块进行精品线路、历史文化保护和利用等项目设计，加大环境综合整治和多方位资源整合，差异化打造滨海民宿群（图 8-56），形成目标明确、布局合理、定位科学、特色鲜明的美丽宜居乡村。

图 8-56　滨海特色民宿

2. 适时将生态文化红利可持续的转化为经济效益

海利村作为石塘半岛旅游度假区的重要组成部分，其成功转型并非一蹴而就，贯彻改革创新，提取生态红利，走出了一条点“石”成金的共同富裕之路。形成以项目建设为突破口，以文旅深度融合为发展路径，实现石塘旅游发展破茧蝶变的全新格局。

（五）发展成效

2022 年，海利村入选全省第一批未来乡村、中国美丽休闲乡村和数字乡村建设案例集。2022年，实现村级集体经济收入 170 多万元。截至 2023 年 10 月，海利村有石屋民宿 28 家，每年吸引游客 100 多万人次。

五、舟山市嵊泗县花鸟岛花鸟村

（一）现状概况

舟山市嵊泗县花鸟乡位于舟山群岛最北端，因其形似飞鸟，且岛上植被众多，故得名花鸟，建于 1870 年的花鸟灯塔被誉为“远东第一灯塔”。花鸟乡总面积 4.05 平方千米，其中

图 8-57 “花鸟”Logo

图 8-58 花鸟村鸟瞰

陆地面积 3.47 平方千米，海岸线长 25.77 千米。花鸟乡下辖花鸟村、灯塔村 2 个行政村，户籍人口 806 户、1937 人，常住人口 872 人。花鸟村为花鸟乡政府所在地，2013 年起打造“定制旅游”，主打爱情主题，现已成为长三角高端海岛旅游网红村，多部著名影视剧拍摄地（图 8-57、图 8-58）。

（二）发展背景

曾经的花鸟由于海岛发展瓶颈，人口外流，老龄化严重，传统产业衰退，是典型的“空心岛”“老人岛”，发展面临着巨大挑战。2013 年，花鸟村以生态资源保护为前提，探索出一条以经济崛起为核心、以全民共享共同富裕为目标的离岛村落可持续发展之路。在低碳循环的理念下，把蓝海金沙、岛礁村落等原生态环境，作为村庄开发建设的核心资源，在全国首创了海岛生活垃圾综合处理。随着海岛生态工程的逐步推进，花鸟村不仅村容村貌改变了，生态立岛的理念也牢牢根植于村民心中。

（三）经验做法

1. 坚持生态优先，不断优化本岛环境

首先，花鸟村引导全岛居民、游客树立低碳生活理念，通过严控岛内机动车保有量、实施整岛垃圾外运、泡沫养殖浮球替换、新建改建绿色环保民宿等措施，提高资源利用率，推行无废花鸟。

其次，花鸟村定期开展“净滩”、环境卫生大整治等环保活动，沙滩礁石、村街小巷、房前屋后实现整洁化，利用废旧物改造和就地取材的方式打造景观节点，保护全岛生态环境。

然后，花鸟村每年通过码塔线景观绿化提升工程、中心街绿化美化工程、生态林绿化工程等进一步提升花鸟整体美感，森林覆盖率维持在 60% 以上。

此外，花鸟村注重风貌控制和指导，形成以浪漫白色为主、村庄肌理轮廓原生自然为特点的花鸟形象。利用现有环境和原有建筑，精心设计、合理利用，打造集打卡、创意、实用于一体的景观小品（图 8-59~ 图 8-62）。针对村庄景观门户、重要节点、主要街巷、美丽庭院、穿围透绿、杆线序化等细节处打磨做精，促进乡村风貌有机更新。

2. 完善全岛旅游配套设施

首先，花鸟岛着力推进全岛数字化水平。依托数字海岛工程，推出“掌上花鸟”“低碳花鸟”小程序，提供掌上导游、在线资讯等一系列服务，智能监控报警为景区镇综治管理提供助力，进一步增强旅游服务体验。

其次，花鸟村注重提升涉旅项目体验度，高标准建设南湾艺术带，优化提升码塔线、西子洋徒步道、小石弄生态步道等绿道慢行系统，精心打造最美海岛风景线，切实优化全域旅游服务配套（图 8-63~ 图 8-66）。

图 8-59 “致爱书房”爱情主题驿站

图 8-60 花鸟岛爱情主题雕塑

图 8-61 “花鸟之约”爱情主题雕塑

图 8-62 花鸟爱情主题广场

图 8-63　花鸟人大代表联络站

图 8-64　南岙广场

图 8-65　民宿内景

图 8-66　花鸟民宿

3. 推动产品业态迭代升级

花鸟岛完成由艺术小岛向浪漫爱情岛屿的定位转变，并将两者有机结合。

首先，花鸟岛以合作交流促发展。与国内外艺术院校、国潮车间等工作室合作，迸发艺术火花，加强学术交流和创作，通过打造诗歌之岛、短视频拍摄基地等，提升花鸟的文化内涵。引入艺术家打造艺创空间共富工坊、乡村记忆活动中心、花鸟低碳艺术中心等参观体验场所，推出蓝晒、鱼拓、环保公益画等项目，丰富在岛活动。

其次，花鸟岛以节庆活动强体验。紧抓时下热点和定位属性，高标准举办“520 我们结婚吧”、七夕、第三届灯塔国际艺术节等活动，进一步丰富每月内容，在传统节日活动的基础上，充分彰显花鸟文化，使各类特色活动成为常态，不断提升游客在岛体验感（图 8-67、图 8-68）。

再次，花鸟岛以引领扶持促品质。在业态招引审批上，避免同质同类型产品过多而形成不良竞争，相继引入西班牙餐厅、威士忌酒吧、帆船项目等，推出扶持政策改造升级本地

图 8-67　婚登基地

图 8-68　书信亭

商户，新增咖啡营地、海岛微光旅拍工作室、微醺小酒馆、blue 咖啡馆、手艺人共创空间等近 10 家小型业态。如村口奶茶成为年度热门网红打卡店铺，成功助力花鸟品牌宣传，旅游体验感进一步提升（图 8-69、图 8-70）。

图 8-69　村口奶茶

图 8-70　低碳馆

（四）特色亮点

花鸟村坚持旅游度假整岛运行，力求管理服务的规范性。花鸟村成立微度假旅游发展有限公司，委托专业团队负责花鸟岛“定制旅游”的整体运营；严格设定各类社会资本的入岛门槛，保证了岛上“定制旅游”的高水平管理。

在此基础上，花鸟村先后出台《花鸟岛定制旅游民宿纳管标准》《花鸟旅游示范岛民宿等级划定标准》，对民宿纳管实施分类准入，建立分级扶持制，还针对全岛民宿开展“一宿一提升”专项工作，从庭院、公共区域等方面提出整改意见。

此外，花鸟村扩展闲置农房租赁管理平台的功能，切实盘活各类包括军产、国资、农房、宅基地等闲置资产，将民宿房前屋后的闲置村集体土地以一定的收费比例租赁给民宿业主，推动民宿综合体、民宿聚落的演进，形成花鸟独有的区域民宿品牌。

（五）发展成效

如今的花鸟已嬗变成“青年岛”“艺术岛”，连续举办两届灯塔国际艺术节以及其他节庆活动。

2019 年，文化和旅游部公布了第一批全国乡村旅游重点村名单，花鸟村榜上有名；同年，农业农村部推介花鸟村为 2019 年中国美丽休闲乡村；2022 年，花鸟村成功入选浙江省首批未来乡村；2023 年 11 月，花鸟村成功入选世界旅游联盟旅游助力乡村振兴案例。现在的花鸟村已然蜕变成为舟山乃至浙江省旅游的一张金名片。

第四节　乡村治理典型案例

二十年来，浙江省在“八八战略”的指引下，继承和发扬新时代“枫桥经验”“后陈经验”，推行“自治、法治、德治、智治”相互融合的现代乡村治理体系，积极探索乡村治理新模式、新路径。将民主法治示范村创建作为基层依法治理工作载体、法治浙江基础工作，并将其与“文明村”等创建结合起来，不断深化村民自治实践，帮助培育了武义“后陈经验”、象山“村民说事”、安吉“余村经验”、桐乡“三治融合”等一大批乡村治理典型，为新时代乡村治理和城乡协调发展提供了浙江经验与样本。

截至 2022 年，浙江全省累计建成省级以上民主法治村 1643 个，县级以上民主法治村占比 90% 以上，18886 个村建立法律顾问、法律服务工作室。累计认定善治示范村 8097 个，全国乡村治理体系建设试点示范单位 10 个、示范乡镇 12 个、示范村 121 个，总数全国第一。行政村党务、村务、财务“三务”公开水平达 99.8%，村级治理智能化水平稳步提升。

一、杭州市余杭区径山镇小古城村

（一）现状概况

小古城村位于浙江省杭州市余杭区径山镇，地处大径山乡村国家公园核心区，北枕金钟山南面苕溪，山清水秀，素有“江南画中村”的美誉。村庄自然资源丰富，气候条件优越，交通便捷，207 省道、钱双县道穿境而过。2023 年，小古城村庭院绿化率 34%，休闲绿地 18 亩，林地（森林、竹林）面积达 14000 余亩，森林覆盖率 80%。

（二）发展背景

20 世纪八九十年代，小古城村房屋破旧、道路崎岖、交通不便利、人居环境较差，在公共空间、建筑空间、道路街巷空间等方面都存在问题。“千万工程”实施以来，小古城村开展立面整治、围墙实改通、建设公园、整修道路，加大基础设施建设，通过美化村庄环境，优化村庄结构布局，发展绿色产业，打造宜居、宜业、宜游的美丽乡村。

（三）经验做法

1. 多举措改善村庄环境

小古城村通过降围墙、清土地、整立面、建公园、修道路等举措，美化村庄人居环境，拆除不雅观建筑 2.6 万余平方米，完成外立面整治 1.8 万余平方米，使公共景观与美丽庭院融为一体。经过深度环境治理，构筑“畅、安、舒、美”的自然生态，小古城村擦亮了生态底色，重塑乡村韵味（图 8-71）。

图 8-71　小古城村俯瞰图

2. 党建引领大力推进环境整治

小古城村村干部先行，党员跟进，联村指导员包户，加强全域基础环境整治，每天早上 8 点召开整治例会，村内的小组代表、网格长、村干部以及组团联村的镇街干部共 10 多个人分成 5 个微工作组，每组包干一个区域，每位组员包干一定的整治户数，做到责任到人，有效推进了整治工作。

3. 利用良好生态基底打造绿道系统

小古城村修建 5 千米环村绿道，含小古城环线绿道和茶山慢道，融合了径山自然风光和禅茶文化，成为大径山乡村国家公园中的山水风景画廊、城镇休闲纽带。绿道设计遵循“自然生态、生活野趣、文化保护”原则，力求体现生态环保理念，凸显野趣及自然风貌。在保护和恢复乡土景观、自然风貌的同时，体现地方历史和文化内涵。将自然风光、新农村、生态公园、历史文化古迹等联系起来，集市民休闲娱乐、游客旅游观光于一体。

（四）特色亮点

小古城村用创新文化旅游产品展示富集的生态资源。2015 年，余杭区委、区政府启动“大径山乡村国家公园”建设，着力打造“醉美余杭 · 一带一路”大径山国家级休闲度假品牌。小古城村作为核心村，紧紧围绕“大径山乡村国家公园”规划，引进阳光农场、阳光菜园、英特营地等优质农文化和旅游项目，鼓励村民积极投身乡村旅游产业。在村领导班子及广大村民的支持下，小古城村结合本村实际，对旅游开发、产品打造、品牌形象进行了统一规划，建设了小古城环线绿道，打造集美食、民宿、观光度假、农耕体验、农旅文创于一体的乡村度假胜地。

（五）发展成效

小古城村先后荣获国家级生态村、3A 级村落景区、浙江省文化示范村、浙江省森林村庄、浙江省美丽宜居示范村等荣誉。2022 年，小古城村接待游客 42 万余人次，实现直接休闲产业收入 4630 万元，村集体经济收入 1007.48 万元，创造直接就业岗位 650 余个，有力推动了农民增收，带动共同富裕。

二、杭州市淳安县枫树岭镇下姜村

（一）现状概况

下姜村位于浙江省杭州市淳安县枫树岭镇，是一个历史悠久且风景秀丽的村庄，古名“雅墅峡涧”，意为山谷峡溪里的风雅村舍（图 8-72）。下姜村距离淳安县的县城千岛湖镇大约 58 千米，由下姜、乍尔、伊家、后龙坑四个自然村合并而成，总面积达到 10.76 平方千米。村庄的自然环境得天独厚，山林面积广阔，森林覆盖率高达 97%，拥有丰富的自然资源和生态公益林（图 8-73）。

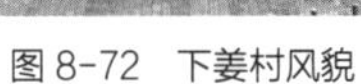
图 8-72　下姜村风貌

图 8-73　下姜村俯瞰

（二）发展背景

在 20 世纪的八九十年代，由于交通不便和人均耕地少，村民们生活困苦，不得不依赖于破坏性的生产方式，如大规模砍伐森林和烧制木炭，导致生态环境严重恶化。村庄的基础设施十分落后，露天厕所、羊圈遍布，生活垃圾随意排放，河水污染严重，整个村庄的环境可以用“脏乱差”来形容（图 8-74）。

昔日“脏乱穷”变身“绿富美”（图 8-75），源自近些年来，下姜村切实抓好基层党组织建设，培优先锋力量、抱团发展产业、做实网格治理，不断提升乡村发展成色，努力将下姜村建设成“农家乐、民宿忙、瓜果香、游客如织来”的宜居宜业和美乡村。

图 8-74　2003 年下姜村风貌

图 8-75　2007 年下姜村风貌

（三）经验做法

1. 党建引领，抓实村干部队伍管理

下姜村创新量化“四种人”先锋指数考评体系，推行实施党员“十二条”准则，开设“初心、廊桥、板凳、农家”四类教学课堂，推出“初心、担当、奋进”三张地图，充分激活基层党组织、党员的干事创业动力（图 8-76）。

为进一步压实村干部责任，下姜村制定村干部教育管理“六条禁令”，从严抓实村干部队伍管理。激发党员先锋模范作用，集中开展党员“亮家训、晒承诺”活动，建立景区党员先锋岗，深化村级党群服务中心品牌化建设，持续推动党员在“五水共治”、美丽宜居示范村、强村富民等工作中做贡献，以党风引领乡风文明建设。2021 年 5 月，下姜村党总支被评为全国先进基层党组织（图 8-77）。

图 8-76　干部培训

图 8-77　全国先进基层党组织证书

2. 推行基层社会治理创新

下姜村通过“五个一”推进“三治”融合，即“一约”——村规民约、“一训”——族规家训、“一团”——群英智囊团、“一室”——老姜调解室、“一中心”——综治工作中心，打造了具有下姜特色的基层社会治理“下姜生态”（图 8-78）。在基层治理联动环境整治方面，下姜村实行“1+6”党员联系模式，制定环境整治“五不标准”，实现清洁乡村“无死角、全覆盖”。

图 8-78　法治宣传之窗

此外，下姜村推行村民自治机制，通过定期召开村民代表大会，增强村民对治理事务的参与度。村民不仅可以参与决策，还可以对村干部的工作进行评议。这种形式提高了治理透明度，增强了村民的归属感和参与感。

3. 推进政务平台信息化建设

下姜村积极推进信息化建设，建立了村务公开和电子政务平台，运用智慧化手段，创新推出“姜哥代办”数字服务，村民点点手机就能办理快递到家、医疗报销、登记审批等业务。目前，老百姓关注的 33 类高频民生事项已经实现“办事不出村”，让村民可以随时查询与自己生活相关的信息，提升了治理透明度和工作效率。

4. 推进公共服务与文化服务建设

针对“一老一小”等特殊困难群体，下姜村依托村党群服务中心建起“乐享中心”，老年食堂、活动室、图书室等一应俱全，全县第一个 5G 基站建起来了，村卫生室开设了远程诊疗，村民足不出村就可以挂上省城大医院专家号。

此外，下姜村注重农耕文化优秀遗产与现代文明要素结合，推动乡村文化底蕴的挖掘、传承，并通过奖励机制激励美德传承，设立了“红黑榜”。下姜村还设置居民文化广场，设立了村民幸福院，开展系列文化活动，如春节联欢晚会、重阳老人节等，增强了乡村活力（图 8-79、图 8-80）。

图 8-79　文化礼堂

图 8-80　村史展览

（四）特色亮点

下姜村采取党员联户模式，切实解决群众急难愁盼，以自然村、村民小组为基本单元，优化设置治理网格，村干部人人联网格，党员人人入网格，还因势利导把退休教师、民宿业主等力量吸收到网格中，开展组团式服务，定期上门问需，让群众急事难事在家门口就能第一时间得到解决。

（五）发展成效

联合党委牵头，下姜村开展“我们一起富”行动。2021 年，由下姜村景区公司和枫树岭镇 18 个村共同出资成立“下姜梦”农业科技有限公司，共建 32 个消薄增收基地，抱团打造“进城卖山货”品牌，公司成立以来，每年为村集体增收近 20 万元。此外，下姜村联合周边村共同建设教育基地，打造 3 条辐射周边的沉浸式特色教学线路（图 8-81）。2021—2023 年，共接待培训游客 2.5 万人次，创收 1200 余万元。2022 年，“大下姜”核心区 25 个村集体经济总收入达 2617.8 万元，平均每个村 104.7 万元。

图 8-81　下姜村景区风貌

三、绍兴市诸暨市枫桥镇枫源村

（一）现状概况

诸暨市枫源村，是闻名遐迩的“枫桥经验”发源地之一。村庄总面积 5.93 平方千米，有 618 户、1760 人。枫源村曾荣获“全国民主法治示范村”“浙江省善治示范村”等殊荣。枫源村不仅风景如画，更在高岭土开采、轻纺、运输及工程承包等领域蓬勃发展，织就一幅繁荣发展的乡村新图景（图 8-82、图 8-83）。

图 8-82　枫源村鸟瞰

图 8-83　枫源村滨水景观

（二）发展背景

20 世纪 60 年代初，诸暨市枫桥镇通过发动和依靠群众，就地化解矛盾，坚持矛盾不上交，“枫桥经验”由此诞生，枫源村便是“枫桥经验”发源地之一。近年来，枫源村坚持运用新时代“枫桥经验”，依靠群众发动群众，创造出连续 18 年“群众零上访、干部零违纪、百姓零刑事、村里零事故”的“四零”记录。

（三）经验做法

1. 聚焦“怎么议”做好基层治理。

一是重大事务“三上三下”，即收集议题环节群众意见上、干部征求下；酝酿方案环节初步方案上、民主恳谈下；审议决策环节党员审议上、代表决策下（图 8-84）。二是日常事务“问议办评”，采用“定期问事、开放议事、规范办事、民主评事”四事工作法。三是应急事项“靶向即议”，做到议、决、处“三即时”处置结果向全体村民公开。

图 8-84　枫源村宣传标识

2. 围绕“怎么解”发挥多元力量。

一是用好社会组织，成立“乡贤参事议事会”“红枫义警会”等 12 个社会组织。二是发挥网格力量，构建“村党总支—网格党支部—微网格党小组—党员联户”四级联动机制。三是注重特殊群体，注重发挥老党员、人大代表、政协委员、乡贤等群体作用，精准对接群众急难愁盼问题。

3. 着眼“怎么好”强化协商能力。

一是做大线下“主阵地”，整合村党群服务中心、文化礼堂等资源，扩展村级议事协商平台。二是做强数字“云平台”，利用“浙里兴村治社”等数字化场景实现平台实时办理。三是做优专业“大联盟”，依托村级“共享法庭”，打通信访、调解、诉讼“三支队伍”，衔接信访、调解、诉讼“三个环节”。

（四）特色亮点

枫源村积极探索实施“红色 + 文化 + 旅游”发展模式，组织编撰枫源村首本村志《枫源村志》，将“枫桥经验”发展历程、新时代“枫桥经验”探索等内容均收录在内。精心打造“枫桥经验”学堂，引进旅游公司、党校等合作伙伴，培育乡村讲师，开办农家乐、精品民宿，“枫桥经验”红色研学旅游成为一抹亮色。

（五）发展成效

枫源村在“千万工程”中取得了显著成就。村庄环境得到全面整治，实现了生活垃圾分类和生活污水处理全覆盖，连续 6 年获得省级荣誉（图 8-85）。特色产业如茶叶、香榧年产值超 20 亿元，2022 年农民人均可支配收入达 49700 元，城乡居民收入比 1.62，位列全国县域前茅。社会治理创新实施“三事分议”法，提升了治理效率和村民满意度。

图 8-85　枫源村广场

四、金华市武义县白洋街道后陈村

（一）现状概况

后陈村位于金华市武义县东部城郊，紧邻金丽温高速武义出口，武义江傍村而过，村域面积 2 平方千米。2004 年武义县在后陈村开展完善村务公开民主管理试点工作，先后通过《后陈村村务管理制度》《后陈村村务监督制度》及建立村务监督委员会的决议，选举产生全国首个村务监督委员会。该村先后获评全国先进基层党组织、全国乡村治理示范村名单、全国村级议事协商创新实验试点单位、第九批“全国民主法治示范村”。

（二）发展背景

20 世纪 90 年代中期，后陈村有 1200 余亩土地陆续被征用，征用款累计达 1900 余万元，在此过程中由于重大决策不公开、村务管理不透明、财务支出不规范等问题，村民对村干部产生信任危机，由全县闻名的“红旗村”变成“问题村”。2004 年 6 月 18 日，该村诞生了全国首个村务监督委员会，代表村民全方位、全过程监督村里的人、财、事，解决当时村里决策不民主、财务不公开导致的干群矛盾突出的问题（图 8-86）。正是这个“草根”创举，让后陈村“由乱到治”。2005 年 6 月 17 日，省领导到武义后陈村调研时指出，“这是农村基层民主的有益探索，方向肯定是正确的。”并总结提炼为“后陈经验”。后陈村历经多届村班子、村干部的更替，3000 余万元的村庄建设投入以及 100 多户的农户新居动迁，实现了连续多年村干部“零违纪”、村务“零上访”、工程“零投诉”、不合规支出“零入账”。

（三）经验做法

1. 奉行阳光村务，实施村务全面公开

在后陈村，大到组织上千万元的项目投资听证会，小到村里的日常开销，都要张榜公布；村务监督委员会每月定期检查村集体账目，形成了“村党支部书记说事、监委会主任说账”的惯例；开办村报——“后陈月报”，每期 4 个版面，不仅详细刊登上月财务收支情况，还公

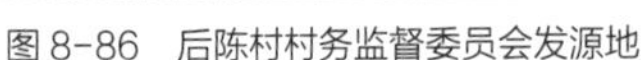

图 8-86　后陈村村务监督委员会发源地

图 8-87　阳光村务图

开村里各种大小事务，甚至对一些问题情况进行曝光（图 8-87）。通过奉行村务公开，一方面规范了小微权力运行，从源头上减少了村干部违纪违法的可能性；另一方面增强了老百姓对村干部的信任感，提升了基层干群关系。

2. 建立议事协商平台，推动全过程人民民主

建立“邻舍家”村级议事协商机制，采取村民议事会、村民理事会等形式，实现“众人的事情众人商量着办”；建立由村务监督委员会、老党员、律师等组成的评判委员会，对村庄大小事务进行监督。建立议事协商平台，畅通了村民常态化行使民主权利的通道，完善“村官村民选、村策村民定、村务村民理、村事村民管”的基层全过程人民民主运行体系（图 8-88）。

3. 健全村务监督机制，规范基层权力运行

自村务监督委员会成立以来，后陈村不断健全村务监督工作机制，推行“双述职两反馈”村务监督工作十法、村务监督规范化建设 20 条、村务监督流程图，通过制度设计规范权力运行；同时根据情况与时俱进，前后修订了 4 次《村务管理制度》和《村务监督制度》，不断创新完善有效的模式，有效提升了基层治理水平。

图 8-88　“后陈经验”全过程人民民主运行体系

（四）特色亮点

1. 以村务监督委员会健全全过程人民民主体系

后陈村以村务监督委员会为核心，确定了以“一个机构、两项制度”为核心的“后陈模式”。其基本定位，是将村务管理与村务监督适当分离，形成相对独立的制约制衡机制，依靠内部有效机制来解决和防范村干部的腐败问题，这是一种建立健全基层民主管理机制的有益探索和创新实践。

通过建立村务监督委员会，为村民提供了一个民主监督的平台、民主决策的桥梁、民主管理的岗哨。在基层权利构架方面，党支部是领导核心，村委会是村务决策的执行管理机构，监委会是监督机构，村民代表会议是村里的决策机构。监委会的建立，健全了民主选举、民主决策、民主管理、民主监督的全过程链条，是基层“完善村民自治制度的新实践”。

2. 推行数字监督模式提升治理效率

随着新闻媒介逐步更新，后陈村的村务公开监督形式也不断变化。从有线电视频道到月报，再到微信小程序，如今后陈村通过微信建群，让每户人家都能够及时收到村里的公告，了解村情村况，村民如有意见和建议，可以直接在微信小程序上反映给上级部门。

2021 年以来，后陈村在武义县部署下，建立数字监督平台，设置审批运行、监督一点通、大数据分析三个子平台，紧盯村务运行的“人、财、事”重点，梳理群众关心关注的集体“三资”、印章使用、工程项目、民生救助等高频事项并开设对应功能板块，推动监督更加公开高效透明。该平台上线以来，武义县已有 11 万余项村级事务在系统中运行，发现不合规事项 148 次，其中发出黄色预警 13 次，推动 12 类问题整改，检举控告件较往年下降 80%，目前该平台在金华市已覆盖行政村 2827 个。

（五）发展成效

自 2004 年村务监督委员会成立以来，后陈村实现了“从乱到治”的华丽转身，“后陈经验”由“治村之计”上升为“治国之策”，并得到省委省政府的关注。

各级领导为后陈村农民的首创鼓劲、引航从未间断，先后作出 8 次重要指示批示，呵护“后陈经验”茁壮成长。村务监督委员会制度先后写入《中华人民共和国村民委员会组织法》《中国共产党农村基层组织工作条例》，并在全国范围内推广。

在经济效益上，十多年来村集体收入增长 43 倍，村民年人均收入翻三番。2022 年村集体年总收入达 780 余万元，村民年人均分红 2600 元。

在社会效益上，“后陈经验”以问题倒逼发展、由民主监督萌芽，逐步成长为全过程人民民主基层实践的鲜活样本，凝练为中国特色社会主义民主政治建设的生动缩影。2009 年，金华4813个行政村全覆盖；同年，浙江全省3万个行政村全挂牌；截至2023年，“后陈经验”在全国69万余个行政村落地生根。

五、宁波市奉化区萧王庙街道滕头村

（一）现状概况

滕头村位于奉化城北6千米，距宁波27千米，至宁波栎社机场15千米，距溪口12千米，是一个以生态农业和绿色发展闻名的村庄。滕头村以其优美的环境和独特的发展模式获得了国内外的广泛认可，是“全球生态500佳”之一，并且是国家5A级旅游景点。它以“生态农业”“立体农业”“碧水、蓝天”绿化工程，形成别具一格的生态旅游区，在国内外颇享盛名（图8-89）。

图8-89 滕头村风貌

（二）发展背景

滕头村1960年成立党支部，从20世纪70年代开始拆旧建新，对农村32幢房屋进行改造，逐步将一个原先“田不平、路不平，亩产只有二百零”的落后村，打造成了全国共同富裕先行示范乡村实践样板。如今的滕头村先后获评“全球生态500佳”“世界十佳和谐乡村”、全国爱国主义教育示范基地等70多项国际、国家级荣誉，村党委获评全国先进基层党组织。

2015年，滕头村区域党建联合体组建成立。该联合体以滕头村党组织为核心，联合周边有共同愿景、内在需求、发展纽带的青云村、傅家岙村、肖桥头村、塘湾村、林家村和陈家岙村六个村的党组织，通过“规划联定促融合、产业联兴促发展”的方法，推动各村之间打破壁垒，形成占地16.7平方千米的发展空间，推动区域共同富裕。

（三）经验做法

近年来，奉化区滕头区域党建联合体通过“五联五促”，把7个村拧成一股绳，实现区域内经济发展、规划建设、公共服务、党的建设等各项事业联动推进。

1. 组织联建促提升

一是完善议事决策平台。党建联合体组建滕头区域党建联席会议，每季度召开一次，各村干部共商区域大事、共议各村难事，强化各村“立足片区谋事、借助邻村成事”的抱团意识。

二是创新学习交流平台。联合体定期开展工作交流，共享各村在村级班子建设、党员队伍管理、集体经济发展、村务规范运行、干部服务群众、村庄整治提升、土地整理开发等领域的好做法，特别是学习借鉴滕头村的先进经验，加强村村合作。

三是创新经济合作平台。联合体实施干部“对口帮带”。傅家岙村、肖桥头村、塘湾村、青云村曾有 4 名村级后备干部到滕头村挂职学习，滕头村则精心挑选了 4 名干部结对指导。

2. 民生联动促和谐

一是完善民生服务。建成“一站式”区域综合服务大厅，发挥服务资源和阵地优势，将证照办理、民政社保、户籍计生等服务项目集中办理，实现了为群众“开一扇门、办万家事”，为基层群众提供便捷高效服务（图 8-90、图 8-91）。

图 8-90　滕头村党群服务中心

图 8-91　党群服务中心内部

二是推行资源共享。整合区域内现有独立的图书室、文体活动中心、金融网点、居家养老等公共服务资源，让区域各村互通共享，利用滕头村场地优势，组织区域广场舞、越剧、老年门球比赛等文体交流活动，增进村民之间的感情交流（图 8-92）。

图 8-92　滕头法治文化长廊

三是文明齐创。利用“党建进组、服务入户”网格化管理建立的水电、家政服务团组，为区域村民提供“5 分钟响应”服务，整合区域党员、青年、妇女、职工志愿者队伍，积极参与“五水共治”、创建宁波卫生街道等重点工作。

3. 区域联手促稳定

一是加强治安防控。成立区域联合调解中心，不定期召开矛盾纠纷排查调处碰头会，保证准确及时掌握安保动态，协调处理区域内突发性事件；组建“联合巡逻队”，不定期开展义务巡逻，共同维护区域和谐稳定（图 8-93、图 8-94）。

二是开展纠纷调解。成立老娘舅工作室，落实 15 名“老娘舅”，重点调处区域内村民之间矛盾纠纷，不断融洽邻里关系、承租关系、劳资关系，进一步促进区域社会和谐度。

三是加大村规民约教化约束力度。根据各村不同情况调整制定切合实际的村规民约，同时，设立区域困难群众帮扶基金，面向区域困难群众提供针对性帮助。

图 8-93 “法助共富”宣传栏

图 8-94 滕头村法治成语宣传栏

（四）特色亮点

“滕头区域”创新性地采用基层党建联合体的模式，促进乡村治理的现代化，助推乡村振兴。

在基层党建联合体的治理与推动下，基层党建的短板得到补足，各村党组织的引领作用得到有效发挥，强化了内部矛盾的调处，实现了各类资源的整合，破解了内涝问题、政策落实、政务手续等一系列难题，并且加快了城乡一体化建设各项工程的进度。

（五）发展成效

区域联合体的建立，显著提升了乡村治理水平，并且进一步激发了乡村经济活力，带动了村民收入的稳步增长。2023年，滕头村实现社会生产总值130.59亿元，村民人均纯收入达8.2万元。据统计，滕头村现有39家控股集团，2023年享受各类减免迟缓税费金额2000余万元。

附　录

附表 1 "千万工程"各阶段政策文件

阶段	年份	主要政策文件
"千村示范、万村整治"阶段（2003—2010 年）	2003 年	《中共浙江省委办公厅 浙江省人民政府办公厅关于实施"千村示范、万村整治"工程的通知》 《中共浙江省委办公厅 浙江省人民政府办公厅关于成立"千村示范、万村整治"工作协调小组的通知》 《浙江省农业和农村工作办公室 浙江省建设厅 浙江省民政厅关于做好"千村示范、万村整治"工程规划编制工作的通知》
	2004 年	《中共浙江省委办公厅 浙江省人民政府办公厅关于调整浙江省"千村示范、万村整治"工作协调小组成员的通知》
	2005 年	《浙江省"千村示范、万村整治"工作协调小组关于进一步做好"千村示范、万村整治"工程实施工作的若干意见》
	2006 年	《省农办 省环保局 省建设厅 省水利厅 省林业厅关于加快推进"农村环境五整治一提高工程"的实施意见》
	2008 年	《中共浙江省委办公厅 浙江省人民政府办公厅关于深入实施"千村示范、万村整治"工程的意见》
		《浙江省"千村示范、万村整治"工程专项资金管理办法》
	2009 年	《中共浙江省委 浙江省人民政府关于加快农村住房改造建设的若干意见》
	2010 年	《中共浙江省委办公厅 浙江省人民政府办公厅关于深入开展农村土地综合整治工作扎实推进社会主义新农村建设的意见》
		《中共浙江省委办公厅 浙江省人民政府办公厅关于加快培育建设中心村的若干意见》
"千村精品、万村美丽"阶段（2011—2020 年）	2011 年	《浙江省美丽乡村创建先进县评价办法（试行）》
	2012 年	《中共浙江省委办公厅 浙江省人民政府办公厅关于深化"千村示范、万村整治"工程全面推进美丽乡村建设的若干意见》
		《中共浙江省委办公厅 浙江省人民政府办公厅关于加强历史文化村落保护利用的若干意见》
		《中共浙江省委办公厅 浙江省人民政府办公厅关于成立浙江省历史文化村落保护利用工作协调小组的通知》
	2014 年	《中共浙江省委办公厅 浙江省人民政府办公厅关于深化"千村示范、万村整治"工程扎实推进农村生活污水治理的意见》
	2015 年	《浙江省人民政府办公厅关于进一步加强村庄规划设计和农房设计工作的若干意见》
		《浙江省人民政府办公厅关于加强农村生活污水治理设施运行维护管理的意见》
		《浙江省美丽乡村建设专项资金管理办法（试行）》

续表

阶段	年份	主要政策文件
“千村精品、万村美丽”阶段（2011—2020年）	2016年	《浙江省人民政府办公厅关于加强传统村落保护发展的指导意见》
		《浙江省美丽乡村示范县评价办法（试行）》
	2017年	《中共浙江省委办公厅 浙江省人民政府办公厅关于扎实推进农村生活垃圾分类处理工作的意见》
		《浙江省人民政府办公厅关于切实加强农房建设管理的实施意见》
	2018年	《浙江省高水平推进农村人居环境提升三年行动方案（2018—2020年）》
	2019年	《中共浙江省委办公厅 浙江省人民政府办公厅关于深化“千村示范、万村整治”工程高水平建设新时代美丽乡村的实施意见》
		《浙江省新时代美丽乡村认定办法（试行）》
	2020年	《中共浙江省委办公厅 浙江省人民政府办公厅关于进一步加强历史文化（传统）村落保护利用工作的意见》
“千村引领、万村振兴、全域共富、城乡和美”阶段（2021年至今）	2021年	《浙江省农业农村厅 浙江省“千村示范、万村整治”工作协调小组办公室 浙江省财政厅关于开展共同富裕新时代美丽乡村示范带培育建设工作的通知》
		《浙江省共同富裕新时代美丽乡村示范带培育建设工作验收办法（试行）》
	2022年	《中共浙江省委 浙江省人民政府关于坚持和深化新时代“千万工程”全面打造乡村振兴浙江样板的实施意见》
		《浙江省人民政府办公厅关于开展未来乡村建设的指导意见》
		《浙江省未来乡村创建成效评价办法（试行）》
	2023年	《浙江省县城承载能力提升和深化“千村示范、万村整治”工程实施方案（2023—2027年）》

附表2 “千万工程”重要阶段实施意见

年份	文件名	主要内容
2003年	《中共浙江省委办公厅 浙江省人民政府办公厅关于实施“千村示范、万村整治”工程的通知》	明确“千村示范、万村整治”工程的总目标：用5年时间，对全省10000个左右的行政村进行全面整治，并把其中1000个左右的行政村建设成全面小康示范村
2012年	《中共浙江省委办公厅 浙江省人民政府办公厅关于深化“千村示范、万村整治”工程全面推进美丽乡村建设的若干意见》	明确美丽乡村建设总体目标：按照科学规划布局美、村容整洁环境美、创业增收生活美、乡风文明身心美的要求，打造宜居宜业宜游的农民幸福生活家园、市民休闲旅游乐园的美丽乡村。到2017年全省绝大多数县（市、区）达到美丽乡村创建先进县标准，20%左右的县（市、区）培育成美丽乡村示范县，60%以上乡镇开展整乡整镇美丽乡村建设，10%以上行政村成为美丽乡村精品村或特色村，5%以上农户成为美丽乡村样本户

续表

年份	文件名	主要内容
2019 年	《中共浙江省委办公厅 浙江省人民政府办公厅关于深化“千村示范、万村整治”工程高水平建设新时代美丽乡村的实施意见》	总体目标：到 2022 年，建设新时代美丽乡村 20000 个，建成与大花园“四条诗路”相衔接的美丽乡村风景带 300 条，培育美丽乡村示范县 40 个，沿着海岸线、钱塘江、衢江和浙北平原、金衢盆地分别打造海洋风情、钱江山水、生态绿谷、江南水乡、和美金街“5 朵金花”组团，基本建成新时代美丽乡村，实现高质量乡村振兴
2022 年	《中共浙江省委 浙江省人民政府关于坚持和深化新时代“千万工程”全面打造乡村振兴浙江样板的实施意见》	到 2027 年，农村人居环境质量全面提升，生态文明制度体系更加成熟，高效生态农业强省建设再上台阶，农民群众获得感、幸福感、安全感显著提升，基本建成乡村振兴样板区。乡村内生活力充分激发，建成示范村 1000 个以上，“千村引领”的优势更加凸显；乡村产业、人才、文化、生态、组织“五个振兴”协同推进，和美乡村建成率 90% 以上，“万村振兴”的气象全景呈现；农民农村共同富裕取得突破性进展，“三大差距”明显缩小，城乡居民收入倍差缩小到 1.85，“全域共富”的格局基本构建；城乡基础设施一体化和基本公共服务均等化水平更高，城乡融合发展体制机制更加完善，常住人口城镇化率达到 76% 以上，“城乡和美”的图景全面展现

附表 3 “千万工程”重要行动计划

年份	文件名	主要内容
2010 年	《浙江省美丽乡村建设行动计划（2011—2015 年）》	1. 实施“生态人居建设行动”。推进中心村培育、农村土地综合整治和农村住房改造建设，推进生态家园建设，完善农村联网公路、农民饮水安全、农村电气化等基础设施配套。 2. 实施“生态环境提升行动”。完善垃圾处理、污水治理、卫生改厕等环保设施，推广农村节能节材技术，推进农村环境连线成片综合整治，开展村庄绿化美化，建立农村卫生长效管护制度。 3. 实施“生态经济推进行动”。发展乡村生态农业和乡村生态旅游业，发展新兴产业，促进农民创业就业，构建高效的农村生态产业体系。 4. 实施“生态文化培育行动”，培育特色文化村，开展文明村镇创建，积极引导村民追求科学、健康、文明、低碳的生产生活和行为方式，增强村民的可持续发展观念，构建和谐的农村生态文化体系
2016 年	《浙江省深化美丽乡村建设行动计划（2016—2020 年）》	1. 实施美丽乡村提质扩面行动，编制美丽乡村全域规划，推进美丽乡村连线成片，开展美丽乡村示范创建，推动美丽乡村建设从“一处美”向“一片美”转型。 2. 实施人居环境全面提升行动，完成农村生活污水治理，普及农村生活垃圾分类处理，打造生态田园人居环境，建立健全长效管护机制，推动美丽乡村建设从“一时美”向“持久美”转型。 3. 实施特色文化传承保护行动，保护好历史文化村落，培育好特色精品村，建设好浙派民居，建设农村文化礼堂，推动美丽乡村建设从“外在美”向“内在美”转型。 4. 实施创业富民强村行动，大力发展新型业态，积极培育农村创新创业队伍，注重开展村庄经营，积极推进扶贫开发，推动美丽乡村建设从“环境美”向“发展美”转型。 5. 实施乡风文明培育行动，加强依法治理，完善村党组织领导的村民自治机制，加强道德教化，树立文明乡风，推动美丽乡村建设从“风景美”向“风尚美”转型

续表

年份	文件名	主要内容
2016 年	《浙江省深化美丽乡村建设行动计划（2016—2020 年）》	6. 实施农村改革攻坚行动，深化农村产权制度改革，推进户籍制度改革、构建“三位一体”农民合作经济组织体系，推动美丽乡村从“形态美”迈向“制度美”
2021 年	《浙江省深化“千万工程”建设新时代美丽乡村行动计划（2021—2025 年）》	1. 坚持标准化推进，实施全域共美行动。优化美丽乡村整体布局；提升乡村建设标准化水平，标准化推进乡村基础设施建设；强化片区化打造、组团式发展导向，点线面结合开展新时代美丽乡村标杆县、示范乡镇、风景线、特色精品村和美丽庭院等建设。 2. 坚持精细化建管，实施环境秀美行动。以“三清三整三提升”为重点，抓实农村生活垃圾分类处理。开展农村公厕服务提升行动和启动新一轮“一村万树”五年行动，建设生态宜居乡村；微改造推动乡村有机更新，推进成省级美丽宜居示范村和浙派民居建设；实现农村人居环境管理长效化精细化。 3. 坚持数字化赋能，实施数智增美行动。加快数字乡村基础设施建设，推进乡村产业数字化，推进未来乡村建设。 4. 坚持品牌化经营，实施产业壮美行动，提升美丽乡村品牌效应，壮大乡村美丽产业，深化“两进两回”行动。 5. 坚持人文化引领，实施风尚淳美行动，抓好农村精神文明建设，建设农村文化礼堂 2.0 版，实现 500 人以上行政村农村文化礼堂全覆盖，建好新时代文明实践中心。加强历史文化（传统）村落保护利用，每年公布 20 个历史文化（传统）村落保护利用示范村。传承优秀乡土文化。积极开展全球和中国重要农业文化遗产申报。弘扬优秀农耕文化。坚持均等化服务，实施生活甜美行动加大对山区村、薄弱村美丽乡村建设扶持力度，深化千万农民素质提升、高素质农民培育、十万农创客培育等工程；补齐农村公共服务短板，建设善治乡村

附表 4　浙江省村庄保护工作体系梳理

序号	工作流程	主要要求	内容概述	政策文件
1	调查建库	全面调查登记	对历次调查发掘的传统村落，各地要按国家和省有关要求，对传统村落的物质和非物质文化遗产尽可能准确、深入、完整地进行调查和登记。制定《浙江省传统村落调查登记表》，统一调查表式、标准和要求，指导各地开展调查	《浙江省人民政府办公厅关于加强传统村落保护发展的指导意见》
		规范建档立案	各地要以“一村一档”的形式，及时组织编制传统村落档案，完整保存调查登记过程中形成的文本及数字档案。建立全省传统村落管理信息平台，组织市县及时录入调查数据和村落档案信息。各级国家综合档案馆要及时接收当地传统村落档案，并建立专题数据库	
		分级名录保护	加快建立省市县三级名录保护机制。参照住房城乡建设部《传统村落评价认定指标体系（试行）》，制定省级传统村落评价标准，组织开展省级传统村落评审认定。各市、县（市、区）也要结合本地实际，制定市、县级传统村落认定标准，开展评审认定。建立传统村落名录警示和退出机制	

续表

序号	工作流程	主要要求	内容概述	政策文件
2	申报审核	申报主体	县级以上人民政府城乡建设主管部门会同同级文物主管部门，负责本行政区域内历史文化名村的申报、保护规划的编制与实施、监督检查等具体工作	《浙江省历史文化名城名镇名村保护条例》
3	规划编制	编制程序	历史文化名村所在地城市、县级人民政府，应当自批准公布之日起一年内组织编制完成相应的保护规划，并报送省人民政府审批	《浙江省历史文化名城名镇名村保护条例》
			推进保护规划全覆盖。各地要及时组织编制或修编传统村落保护发展规划，严格履行规划审批程序。国家级和省级传统村落保护发展规划须按要求组织技术审查同意后方可进入审批程序	《浙江省人民政府办公厅关于加强传统村落保护发展的指导意见》
		编制内容	保护原则、保护内容和保护范围；保护措施、改造利用强度和建设控制要求；传统格局、历史风貌和传统文化生态保护要求；历史文化街区、名镇、名村的核心保护范围、建设控制地带及其保护要求；文物保护单位、文物保护点名录及其保护措施；历史建筑名录及其保护要求；非物质文化遗产保护传承要求；保护规划分期实施方案	《浙江省历史文化名城名镇名村保护条例》
		规划公示	保护规划报送审批前，组织编制机关应当将保护规划草案予以公告，并通过论证会等方式征求专家和公众的意见。公告时间不少于三十日。历史文化名村经批准公布后，所在地城市、县级人民政府应当自批准公布之日起三十日内通过政府门户网站、现场公告牌、新闻媒体等形式，向社会公布经依法批准的保护范围	
4	底线管控	保护范围内建设管控	开山、采石、开矿等破坏传统格局和历史风貌的活动。占用保护规划确定保留的园林绿地、河湖水系、道路等。修建生产、储存爆炸性、易燃性、放射性、毒害性、腐蚀性物品的工厂、仓库等。法律、法规禁止的其他行为	
		新建、扩建内容管控	不得进行新建、扩建活动。但是，新建、扩建必要的基础设施和公共服务设施除外。公路、铁路、高压电力线路、输油管线、燃气干线管道不得穿越历史文化街区、名镇、名村核心保护范围；已经建设的，应当按照保护规划逐步迁出	
5	有序建设	建设程序	在历史文化街区、名镇、名村保护范围内的建设活动，自然资源主管部门依法核发选址意见书、提出规划条件或者核定规划要求前，应当征求同级文物、城乡建设主管部门的意见	
		社会公示	在历史文化街区、名镇、名村保护范围内的建设活动，自然资源主管部门依法核发建设工程规划许可证或者乡村建设规划许可证前，应当将建设工程设计方案通过政府门户网站、现场公告牌等形式予以公示，征求公众意见，告知利害关系人有要求举行听证的权利。公示时间不少于二十日	
		保障措施	历史文化街区、名镇、名村保护范围内新建、扩建基础设施以及进行绿化配置的，应当符合国家和省有关标准、规范。在历史文化街区、名镇、名村保护范围内改建、翻建建筑物，因保持或者恢复其传统格局、历史风貌的需要，难以符合相关建设标准和规范的，在不突破原有建筑基底、建筑高度和建筑面积且不减少相邻居住建筑原有日照时间的前提下，可以办理规划许可手续	

续表

序号	工作流程	主要要求	内容概述	政策文件
6	评估督导	管理主体	各级人民政府负责本行政区域内历史文化名村的保护与监督管理工作。历史文化名村所在地城市、县级人民政府可以成立保护委员会。将历史文化名城名村的保护纳入国民经济和社会发展规划，所需资金纳入本级财政预算	《浙江省历史文化名城名镇名村保护条例》
		资金保障	省人民政府和历史文化名城、街区、名镇、名村所在地城市、县级人民政府设立保护专项资金，用于保护规划编制、基础设施和居住环境改善以及历史建筑保护等工作	
			对每年100个左右列入重点保护范围的传统村落，省财政整合有关专项资金，用于支持开展全面普查建档、规划设计覆盖、风貌保护提升和特色产业培育等行动。各地要将传统村落保护发展工作费用纳入地方财政预算，并加强资金整合，加大对传统村落保护的投入。省国土资源厅每年单列下达的农民建房专项新增建设用地计划指标，在利用山坡地且不占用耕地的情况下，可适当放宽宅基地和人均建设用地控制指标	《浙江省人民政府办公厅关于加强传统村落保护发展的指导意见》

附表5 “千万工程”现场会主要内容

年份	发展阶段	主要内容	考察村庄
2003年	千村示范、万村整治	**提出农村新社区建设的目标，**努力建设一批“村美、户富、班子强”的全面小康示范村，整体推进农村新社区建设，使全省农村面貌有一个根本性改变。坚持规划先行，以点带面，着力提高农村新社区建设的水平。要把村庄整治与农村新社区的建设结合起来，用城市社区建设的理念启发农村新社区的建设，努力把示范村建设成为经济繁荣、环境优美、政治民主、社会文明、生活富裕、服务配套的社会主义农村新社区，为浙江省和全国全面建设小康社会探索路子，提供样板	萧山梅林村
2004年		**建设农村新社区要上新台阶，**进一步提高村庄规划水平和建设品位，以示范村建设为载体，规划建设一批传承历史文化、巧借山水景观、反映地方特色、体现田园风光、融合现代文明的现代农居和农村新社区。农村新社区建设既要重视硬件建设更应重视软件建设，围绕人的全面发展和社会文明程度的提高，进一步发展壮大特色经济，为改善农村群众的精神文化生活提供物质保障	安吉鲁家村
2005年		要**以建设全面体现小康水准的社会主义新农村为目标，以农村新社区建设为重点，**统筹城乡发展，按照以城带乡、以乡促城、城乡互动的思路，推动社会公共资源向农村倾斜、城市公共设施向农村延伸、城市公共服务向农村覆盖、城市文明向农村辐射，促进乡镇企业向工业园区集中、农村人口向城镇集中、农民居住向农村新社区集中、农田经营向农业专业大户集中，把传统村落整治建设成为规划科学、经济发达、文化繁荣、环境优美、服务健全、管理民主、社会和谐、生活富裕的农村新社区	大云镇缪家村

续表

年份	发展阶段	主要内容	考察村庄
2006年	千村示范、万村整治	**围绕中央提出的新农村建设"生产发展、生活宽裕、乡风文明、村容整洁、管理民主"的要求，**加快工程建设进度，彰显整治建设的特色，着力提高农村新社区的示范水平，着力抓好工程建设的薄弱环节，着力探索长效管理机制，扎实推动社会主义新农村建设的深入开展	磐安县陈界村、管头村和武义县后陈村、郭洞村
2007年		**全面推进村庄整治与建设农村新社区相结合，以规范化的农村新社区建设为目标，**使村庄的人居环境达到"八化"标准，即布局优化、道路硬化、村庄绿化、路灯亮化、卫生洁化、河道净化、环境美化和服务强化，有条件的地方还要讲究建筑风格，社区服务达到"八个配套"，即社区医疗、社区教育、社区文化、社区购物、社区福利、社区保洁、社区治安、社区管理等服务配套	石梁镇坎底村、张西村
2008年		**实施新一轮的"千村示范、万村整治"工程，**在更大范围上实现农村民生的全方位改善，要加强村级集体经济发展，促进富民强村；大力推进中心村建设和人口集中居住，促进宅基地复垦和农用地流转；要由点到线到面整乡整镇连片推进村庄整治；发掘和弘扬优秀的传统文化，发展农村文化，加强农村文化基础设施建设；积极健全长效机制；强化政府主导，扩大社会参与	金华市金东区村庄整治建设
2009年		**突出农村土地综合整治内容，推进村庄布局规划编制，**启动实施"中心村培育工程"，推进农村宅基地整理复垦，推进农村宅基地制度、农村金融体制改革，完善农村社会管理体制	普陀区朱家尖街道的福兴村、莲花村
2010年		**突出美丽乡村连线成片整治建设要求，**全面提升"千村示范、万村整治"工程，全面完成"道路硬化、垃圾处理、污水治理、卫生改厕和村庄绿化"五大项目，推进连片整治，打造一批各具特色的美丽乡村风景线	余姚市梨洲街道阳光公寓、北仑区大碶街道九峰山片区和鄞州区姜山镇翻石渡村
2011年	千村精品、万村美丽	**启动建设美丽乡村，**进一步明确美丽乡村建设的基本要求，坚持把提升农民生活品质作为建设美丽乡村的根本、坚持把发展农村生态经济作为建设美丽乡村的基础、坚持把优化农村生态环境作为建设美丽乡村的重点、坚持把发展乡村文化作为建设美丽乡村的特色。加强历史文化村落保护利用	桐庐县江南镇窄溪农民集聚安置点
2012年		**培育中心村，加强历史文化村落保护与利用，**在"四边三化"基础上，坚持打造精品和实现普惠相结合，推进美丽乡村创建先进县示范县、美丽乡村示范乡镇、美丽乡村精品村、美丽乡村庭院清洁户四级联创，形成村点出彩、沿线美丽、面上洁净的美丽乡村格局	莲都区下南山村、利山村、堰头村、大港头村
2013年		**启动治理农村生活污水工程，**向全省发出打赢农村生活污水治理攻坚战动员令	苍坡村、丽水街、下日川
2014年		**全面落实建设美丽浙江，**拓展美丽乡村建设的广度和深度，全面提升美丽乡村建设水平。一是打造美丽乡村建设升级版；二是要巩固农村"三改一拆""五水共治""四边三化"工作成果，推动农村生活污水治理常态化；三是要大力发展新型业态，进一步把美丽乡村建设的美丽成果，转化为农村经济发展的资源优势，四要传承好农村传统文化，保护好古村落，打造一批特色文化村，建设浙派民居	德清县武康镇五四村、莫干山镇燎原村和劳岭村

续表

年份	发展阶段	主要内容	考察村庄
2015年	千村精品、万村美丽	**贯彻新发展理念，全面打造美丽乡村升级版。**加强农村精神文明建设，培育村规民约、家规家训等良好乡风	柯桥区新未庄、香林村、棠棣村
2016年		**把安全摆在首位，**加快推进防洪排涝、地质灾害防治等基础设施建设，提高农村抵御重大自然灾害的能力。加快“美丽资源”向“美丽经济”转变，要进一步打开“绿水青山就是金山银山”的通道，推进“三位一体”改革；加强要农村精神文明建设，推进万个农村文化礼堂建设，深入推进历史文化村落保护利用	嵊泗县花鸟岛和五龙乡
2017年		**实施乡村振兴战略。**大力推进城乡融合发展，努力在新时代美丽乡村建设上走在前列。全面振兴农村产业，全面打造生态宜居的农村环境，全面塑造淳朴文明的良好乡风，全面加强乡村社会治理，全面创造农民群众的富裕生活等发展要求	大陈村和清漾村
2018年		**加强城乡融合发展。**一是建立健全县域乡村建设规划、村庄规划、村庄设计、村居设计四级体系，完成所有县域乡村建设规划编制。二是积极培育乡村产业振兴的新动能；要做好质量兴农、绿色兴农、科技兴农的文章，要做好工商资本和人才“上山下乡”的文章，要做好农村一二三产业融合发展的文章，做好农村土地制度改革的文章。三是要高质量建设美丽乡村，大力实施大花园建设行动计划。四是要补齐美丽城镇建设短板。五是加强乡村治理，加强农村基层党组织建设，加强“三治”的融合运用，不断提升乡村治理水平	胡陈乡梅山村、中堡溪村和越溪乡
2019年		**高标准深化“千万工程”，**全面开启高水平建设新时期美丽乡村建设新征程。重点抓好四个方面：一是要提升乡村规划的科学性和系统性。二是要打造点上精致、线上出彩、面上美丽的乡村风貌，高质量推进垃圾、污水、厕所“三大革命”；高标准推进美丽庭院建设，持之以恒的抓景观化建设，加强农村风貌指引，推动美丽乡村串珠成链、连片成景。三是要做好振兴乡村经济，促进农民致富这篇大文章，大力推进强村与富民；四是要加快构建“三治”融合的乡村治理机制	天台县张思村、后岸村
2020年		**注重各美其美，全域大美，**以“两进两回”为重要抓手，强化以工补农、以城带乡，深化农村改革，促进农村产业兴旺，夯实美丽乡村整体基础，擦亮历史文化村特色村精品村品牌，形成新时代美丽乡村集成示范带，打造东西南北中美丽乡村组团，率先破解城乡二元结构，率先构建推进共同富裕的体制机制，并提出全面实施新时代美丽乡村“六大行动”	义乌分水塘村、何斯路村
2021年	千村引领、万村振兴、全域共富、城乡和美	在共同富裕下深化“千万工程”，提出八个重点任务：推进农村人居环境提升，加快实现全域共美：推进乡村地区“扩中提低”，加快实现收入共增；推进乡村数字化改革，加快实现重塑共促；推进未来乡村试点，加快实现变革共进；推进新时代乡村集成改革，加快实现活力共兴；提升乡村文明风貌，加快实现精神共富。推进乡村治理体系和治理能力现代化，加快实现社会共治；深化清廉村居建设，加快实现清廉共建	临浦镇横一村、衙前镇凤凰村、进化镇欢潭村、瓜沥镇梅林村

续表

年份	发展阶段	主要内容	考察村庄
2022年	千村引领、万村振兴、全域共富、城乡和美	提出要高质量创建乡村振兴示范省，为以“两个先行”谱写中国式现代化浙江新篇章增色添彩，充分发挥“千万工程”龙头作用，加快构建“千村未来、万村共富、全域和美”乡村振兴新格局	溪口村、团石村、浦山村
2023年		现场会是在“八八战略”实施20周年，也是“千万工程”实施20周年背景下召开的，会议总结了“千万工程”20年来取得的历史性成就，提出要进一步增强“千万工程”再出发再深化再提升，绘就“千村引领、万村振兴、全域共富、城乡和美”的新画卷	—

附表6　财政投入政策文件梳理一览表

阶段	政策文件	财政保障政策内容
“千村示范、万村整治”阶段（2003—2010年）	《中共浙江省委办公厅 浙江省人民政府办公厅关于实施“千村示范、万村整治”工程的通知》	2003—2007年，省里每年安排一定的资金，主要用于示范村规划编制补助和村庄整治的以奖代补。各市、县（市、区）也要安排一定的配套资金
	《中共浙江省委办公厅 浙江省人民政府办公厅关于深入实施“千村示范、万村整治”工程的意见》	省里将进一步提高村庄整治的补助标准，重点支持村道硬化、垃圾处理、卫生改厕、污水治理等项目，并进一步向欠发达地区倾斜
	《浙江省“千村示范、万村整治”工程专项资金管理办法》	省专项资金实施以奖代补，重点对列入“千万工程”建设年度计划行政村的有关整治项目进行补助。省专项资金重点对开展村道硬化、垃圾处理、卫生改厕、污水治理四方面的整治建设项目进行以奖代补
“千村精品、万村美丽”阶段（2010—2020年）	《浙江省“千村示范万村整治”工程项目与资金管理办法》	省专项资金重点对列入待整治村环境综合整治年度计划的行政村开展的村道硬化、垃圾处理、卫生改厕、污水治理、村庄绿化五方面建设项目进行以奖代补
	《中共浙江省委办公厅 浙江省人民政府办公厅关于深化“千村示范、万村整治”工程全面推进美丽乡村建设的若干意见》	建立“政府主导、社会参与、农民自筹”的资金筹措机制，加大投入力度。按照专项性一般转移支付管理改革要求，进一步优化省级专项资金支出结构
	《中共浙江省委办公厅 浙江省人民政府办公厅关于加强历史文化村落保护利用的若干意见》 《浙江省历史文化村落保护利用工作协调小组办公室　浙江省财政厅　浙江省国土资源厅关于组织开展第一批历史文化村落保护利用重点村建设工作的通知》	建立“政府主导、社会参与、群众自筹”的历史文化村落保护资金筹措机制，将历史文化村落保护利用与易地搬迁、农村危旧房改造、农民饮用水、乡村文化中心、乡村体育、绿化示范村、现代商贸服务示范村、历史文化名村保护等工程有机结合起来，形成保护利用的合力

续表

阶段	政策文件	财政保障政策内容
“千村精品、万村美丽”阶段（2010—2020年）	《浙江省“千村示范万村整治”工程项目与资金管理办法》	省补助资金对列入历史文化村落保护利用重点村年度计划的行政村，开展古建筑修复、村内古道修复与改造等建设项目进行补助；对列入待整治村环境综合整治年度计划的行政村开展的村道硬化、垃圾处理、卫生改厕、污水治理、村庄绿化五大基础项目进行补助；对历史文化村落保护利用一般村的扶持，根据“深化千万工程、全面建设美丽乡村”年度工作检查结果等因素，省里安排一定的以奖代补资金
	《浙江省“千村示范万村整治”工程资金与项目管理办法》	对列入全省“千村示范、万村整治”工程建设计划的农村生活污水治理、历史文化村落保护利用等项目进行扶持
	《浙江省美丽乡村建设专项资金管理办法（试行）》	美丽乡村建设专项资金由省财政预算统筹安排，用于支持省委、省政府出台的改善农村人居环境、历史文化村落保护利用、发展农家乐休闲旅游业、提升农民素质水平等方面政策的资金
	《浙江省农业农村高质量发展专项资金管理办法》	专项资金扶持重点：粮食生产，畜牧业生产，渔业生产，农业科技创新推广、农产品质量安全，产业融合绿色发展，农业基础设施建设，省委、省政府关于乡村振兴战略实施和农业农村高质量发展要求支持开展的工作，以及省财政厅和省农业农村厅研究确定需要支持的农业农村改革示范试点等其他事项
“千村引领、万村振兴、全域共富、城乡和美”阶段（2021年至今）	《浙江高质量发展建设共同富裕示范区实施方案（2021—2025年）》	优化财政支出结构，加大民生投入力度，解决好民生“关键小事”，探索深化收入激励奖补、分类分档财政转移支付、区域统筹发展等方面改革。完善土地出让收入省级统筹机制，优先支持乡村振兴
	《浙江省乡村振兴促进条例》	优化对农村重点领域和薄弱环节的财政资金配置，结合民生实事项目加大财政支持，通过转移支付等方式加大对山区县、海岛县的财政支持，促进区域协调发展；通过生态补偿、水资源交易、公益林补偿、天然商品林补助和发展生态旅游、养生养老产业等方式，增加山区县、海岛县农村集体资产收益和农民收入
	《中共浙江省委 浙江省人民政府关于2023年高水平推进乡村全面振兴的实施意见》	把农业农村作为一般公共预算优先保障领域，省级预算内投资进一步向农业农村倾斜，各设区市土地出让收入用于农业农村的资金占比达到6%
	《浙江省县城承载能力提升和深化“千村示范、万村整治”工程实施方案（2023—2027年）》	各级财政要加强资金统筹整合，金融机构要灵活运用政策工具，加快构建财政投入撬动、金融重点倾斜、社会积极参与的多元化投入机制
	《中共浙江省委 浙江省人民政府关于坚持和深化新时代“千万工程”全面打造乡村振兴浙江样板的实施意见》	省财政和地方财政要加强涉农资金整合，加大对“千万工程”投入力度，到2025年土地出让收入用于农业农村比例达到10%以上

附表 7　土地指标保障政策文件梳理一览表

阶段	政策文件	土地指标保障政策内容
“千村示范、万村整治”阶段（2003—2010 年）	《中共浙江省委办公厅 浙江省人民政府办公厅关于实施“千村示范、万村整治”工程的通知》	积极盘活存量土地，保证村庄建设必要的用地，宅基地退建还耕实施前，省里按规划复垦耕地面积的 80% 配发周转指标
	《中共浙江省委办公厅 浙江省人民政府办公厅关于深入实施“千村示范、万村整治”工程的意见》	大力推进农村宅基地整理和村庄整理，落实宅基地、村庄整理新增耕地指标适当提高奖励资金标准和村庄整理新增非农建设用地指标优先用于新农村建设等政策。各地要确保当年可用新增建设用地指标总量的 10% 以上用于新农村建设、下山脱贫小区建设和地质灾害避险搬迁等项目
	《中共浙江省委 浙江省人民政府关于加快农村住房改造建设的若干意见》	各地要确保年度新增建设用地的 10% 左右专项用于新农村建设和农村私人建房。省里每年安排 8000 亩指标，专项用于农户下山脱贫和地质灾害避险迁建；每年安排 2 万亩建设用地周转指标支持农村住房改造建设
	《中共浙江省委办公厅 浙江省人民政府办公厅关于深入开展农村土地综合整治工作扎实推进社会主义新农村建设的意见》	通过农村土地综合整治，整合村庄建设用地空间，保障村庄建设用地合理需求，按照建设用地“先减后用、增减挂钩、平衡有余”原则，农村建设用地复垦产生的新增耕地，增减平衡后，允许置换用于建设用地的，应首先满足村庄整治区域内的村民建房、基础设施和公共服务管理设施建设及非农产业发展用地的需要，确实有余地的，可用于其他建设
	《中共浙江省委办公厅 浙江省人民政府办公厅关于加快培育建设中心村的若干意见》	在新增建设用地计划安排上，各地要对中心村建设用地给予倾斜，农村建设用地复垦产生的新增耕地，增减平衡后，应首先满足中心村的村民建房、基础设施和公共服务设施建设等需要
“千村精品、万村美丽”阶段（2010—2020 年）	《中共浙江省委办公厅 浙江省人民政府办公厅关于深化“千村示范、万村整治”工程全面推进美丽乡村建设的若干意见》	省有关部门要专项安排历史文化村落保护利用的建设用地指标，各地要确保当年可用新增建设用地指标总量的 10% 以上用于新农村建设。对历史文化村落保护利用重点村（省级），省里每村给予 15 亩建设用地指标，专项用于历史文化村落保护利用重点村的搬迁安置
	《中共浙江省委办公厅 浙江省人民政府办公厅关于加强历史文化村落保护利用的若干意见》	地方各级人民政府在建设用地计划安排上，要对历史文化村落保护利用用地给予倾斜和保障，将城乡建设用地增减挂钩拆旧腾出来的建设用地指标优先满足历史文化村落的农民建房、基础设施和公共服务设施建设等需要
	《浙江省历史文化村落保护利用工作协调小组办公室 浙江省财政厅 浙江省国土资源厅关于组织开展第一批历史文化村落保护利用重点村建设工作的通知》	对历史文化村落保护利用重点村（省级）每村给予 15 亩建设用地指标，专项用于历史文化村落保护利用重点村的搬迁安置。城乡建设用地增减挂钩周转指标优先满足历史文化村落搬迁农户易地安置和公共服务、配套设施建设用地需要
	《浙江省人民政府办公厅关于加强传统村落保护发展的指导意见》	省国土资源厅每年单列下达的农民建房专项新增建设用地计划指标，各地要重点保障传统村落中无房户、危房户、住房困难户等农户易地搬迁建房用地需求，切实防止因农户拆旧建新破坏整体风貌；在利用山坡地且不占用耕地的情况下，可适当放宽宅基地和人均建设用地控制指标

续表

阶段	政策文件	土地指标保障政策内容
"千村精品、万村美丽"阶段（2010—2020年）	《浙江省人民政府关于推进乡村产业高质量发展的若干意见》	新编县乡级国土空间规划应安排不少于10%建设用地规模，重点保障乡村产业发展用地。省级制定土地利用年度计划时，统筹安排至少5%新增建设用地指标保障乡村重点产业用地，市县政府相应安排一定建设用地指标。开展土地综合整治，盘活乡村闲置宅基地、废弃地、生产与村庄建设复合用地支持乡村产业发展
"千村引领、万村振兴、全域共富、城乡和美"阶段（2021年至今）	《浙江省深化"千万工程"建设新时代美丽乡村行动计划（2021—2025年）》	城乡建设用地增减挂钩土地节余指标调节收益优先支持腾出指标的农村建设新时代美丽乡村。土地综合整治节约的建设用地重点用于美丽乡村建设、美丽经济发展。按规定保障省级历史文化（传统）村落保护利用重点村安置建房用地指标
	《浙江省人民政府办公厅关于开展未来乡村建设的指导意见》	项目村通过土地整治等方式获得的节余建设用地和补充耕地指标收益，优先用于耕地保护、高质量乡村建设、美丽田园建设和生态修复提升，整治产生的节余指标优先用于农村产业用地需求。坚持节约集约用地建设未来乡村，保障好项目村农民建房、基础设施建设、产业发展用地计划指标
	《浙江省人民政府办公厅关于引导支持农业龙头企业高质量发展的若干意见》	省级制定土地利用年度计划时，应至少安排5%新增建设用地指标保障乡村重点产业和项目用地。各地在安排年度新增建设用地计划时，应合理安排农业龙头企业等新型农业经营主体的扩建、新建项目用地
	《浙江省乡村振兴促进条例》	编制县、乡镇国土空间总体规划时，应当安排不少于10%的建设用地指标，重点用于保障乡村产业用地。村民住宅建设用地计划指标实行单列管理。通过土地整治，将农村建设用地垦造为农用地后腾出的建设用地指标，优先用于土地整治项目所在村的产业、公共服务设施和村民住宅用地；节余的建设用地指标调剂取得的收益，应当按照国家和省有关规定全部用于土地整治涉及的村民住宅改建和基础设施、公共服务设施建设以及耕地地力培育、整治后耕地的后续管理维护等支出
	《浙江省自然资源厅 浙江省发展改革委 浙江省农业农村厅关于保障农村一二三产业融合发展用地促进乡村振兴的指导意见》	在县域范围内统筹优化农村一二三产业融合发展用地布局，合理保障用地规模。新编县乡级国土空间规划应安排不少于10%的建设用地指标，重点保障乡村产业发展用地。各地可在乡镇级国土空间规划中预留不超过5%的建设用地机动指标，优先用于保障难以确定选址的农村一二三产业融合发展等乡村产业项目用地需求。 各市县要积极支持农村产业发展，原则上每年安排不低于年度新增建设用地计划指标的5%用于农村产业及配套设施建设用地。对符合条件的盘活利用存量建设用地用于农村一二三产业融合发展用地的，可纳入"增存挂钩"机制按比例配置新增建设用地计划指标。通过土地整治产生的城乡建设用地增减挂钩节余指标，应当按照国家和省有关规定优先用于土地整治项目所在村的产业、公共服务设施和村民住宅用地，支持农村一二三产业融合发展用地需求

续表

阶段	政策文件	土地指标保障政策内容
“千村引领、万村振兴、全域共富、城乡和美”阶段（2021年至今）	《中共浙江省委 浙江省人民政府关于2022年高质量推进乡村全面振兴的实施意见》	新编县乡级国土空间规划应安排不少于10%的建设用地指标重点保障乡村产业发展用地，省级制定土地利用年度计划时应安排至少5%新增建设用地指标保障乡村重点产业和项目用地
	《中共浙江省委 浙江省人民政府关于2023年高水平推进乡村全面振兴的实施意见》	落实新编县乡级国土空间规划应安排不少于10%的建设用地指标重点保障乡村产业发展用地、省级制定土地利用年度计划时应安排至少5%新增建设用地指标保障乡村重点产业和项目用地的政策。合理确定农业生产、农村居民点、乡村公共设施、基础设施、农村一二三产业融合发展等用地布局，城乡增减挂钩指标优先用于农村建设需要
	《乡村振兴支持政策二十条》	新编县乡级国土空间规划应安排不少于10%的建设用地指标重点保障乡村产业发展用地、省级制定土地利用年度计划时应安排至少5%新增建设用地指标保障乡村重点产业和项目用地。在村庄规划中为农民建房预留一定比例建设用地机动指标，农民建房建设用地使用国家计划指标应保尽保。土地综合整治项目获得的节余土地指标优先用于促进乡村全面振兴
	《浙江省县城承载能力提升和深化“千村示范、万村整治”工程实施方案（2023—2027年）》	加强工程实施用地保障，新编县乡级国土空间规划应安排不少于10%的建设用地指标重点保障乡村产业发展用地
	《中共浙江省委 浙江省人民政府关于坚持和深化新时代“千万工程”全面打造乡村振兴浙江样板的实施意见》	各市县原则上每年安排不低于年度新增建设用地计划指标的5%保障乡村重点产业和项目用地

附表8 浙江省未来乡村指标体系

一级指标	二级指标	指标性质	指标内容
1 未来产业场景	1.1 主体培育	基础性	1.1.1 培育提升一批农业龙头企业、家庭农场、农民专业合作社、农创客和农业服务组织等经营主体，全面推进农业高质量发展。 1.1.2 深化“两进两回”行动，引入乡贤、青年、科技人员和工商业主等参与乡村发展。提升小农户发展能力，带动小农户专业化生产
		发展性	1.1.3 常住人口数量逐年增加，青壮年人口占比逐年提高
	1.2 产业发展	基础性	1.2.1 因地制宜发展生态种养、农产品加工、乡村休闲旅游、电子商务、养生养老、文化创意、运动健康、农家乐民宿等业态，至少培育一个主导产业。发展生态农业、休闲农业、创意农业、体验农业，培育农村新产业、新业态和新模式。 1.2.2 推进永久基本农田集中连片整治，强化永久基本农田特殊保护。坚决遏制耕地“非农化”、永久基本农田“非粮化”。 1.2.3 大力发展壮大村级集体经济，盘活集体资产资源，推进乡村资产资源的现代化经营。 1.2.4 培育村庄品牌、农产品品牌、节庆活动品牌，举办农事节庆、美食节、音乐节等活动

续表

一级指标	二级指标	指标性质	指标内容
1 未来产业场景	1.2 产业发展	发展性	1.2.5 引进专业力量开展专业化村庄经营
	1.3 农民增收	基础性	1.3.1 拓宽农民就业渠道，提供技能培训、就业指导、创业辅导等就业创业服务。 1.3.2 创建村常住居民收入县域领先，集体经济年经营性收入高于县域村均水平以上
		发展性	1.3.3 建有“村民股份众筹”“订单收购 + 分红”“社会资本 + 村集体 + 农户”等利益联结、共享发展模式。 1.3.4 率先推进乡村集成改革，激发乡村发展内生动力。推广强村公司等做法
2 未来风貌场景	2.1 风貌管控	基础性	2.1.1 严守国土空间“三条红线”底线，坚持以“多规合一”的实用性村庄规划为引领，加强乡村设计与风貌管控，加强乡村建设规划许可管理。 2.1.2 根据乡村规划单元，片区化、组团式统筹未来乡村建设，体现“城乡融合、共富共美”辨识度和“整体大美、浙江气质”的乡村风貌。 2.1.3 保护历史文化（传统）村落，传承地域特色，形成山水林田湖海与村庄和谐统一的整体风貌。 2.1.4 注重风貌协调，加强对新建农房式样、体量、色彩、高度等的引导，迭代优化农房设计通用图集的应用，打造独具地域特色的浙派民居。 2.1.5 深化农村环境“三大革命”，抓实美丽庭院、杆线序化等工作，健全长效管护机制
	2.2 设计引导	基础性	2.2.1 根据村庄自然环境、历史文化、民俗民风的特点，确定村落整体风貌特征。 2.2.2 尊重原有地形地貌、自然格局，对自然景观和生态要素进行整治提升，突显原生态自然风貌，打造“三生”融合的乡土田园景观。 2.2.3 对村庄重要节点进行设计提升，突出景观效果。 2.2.4 对村庄入口、活动广场、滨水空间、宅旁空间等公共空间进行设计提升，布置路灯与指示牌等便民设施，引入自然材质、乡土铺装、传统元素或特色小品，形成标志性景观。 2.2.5 村庄建筑设施应因地制宜制定差别化的设计策略，体现地域乡土特色；传统保护建筑应严格按照相关要求进行保护、修缮和利用；新建、改建、修缮等不同类型农房住宅，应注重建筑风貌设计引导；公共建筑注重功能复合，与周边环境相协调
		发展性	2.2.6 着力打造美丽河湖、美丽水站、美丽山塘等
3 未来文化场景	3.1 文化设施	基础性	3.1.1 统筹提升农村文化礼堂、新时代文明实践站、乡贤馆、百姓戏台等公共服务空间。根据当地历史文化资源，因地制宜建设嵌入式公共文化空间。 3.1.2 设有文化服务点。 3.1.3 幼儿园、义务教育标准化教学设施应建尽建
		发展性	3.1.4 设立高校、艺术团体的实践基地。 3.1.5 依托乡镇成人学校（社区学校）建设农民学校、老年学校（学堂）、家长学校等
	3.2 文化活动	基础性	3.2.1 定期开展村民广泛参与的文化活动。加强对民间艺人、能工巧匠、非遗传承人等多元化乡土人才培育。传承非物质文化遗产，弘扬二十四节气等优秀传统农村文化。配备乡村文化专员，有一支及以上特色文化队伍
		发展性	3.2.2 建立乡村物质和非物质文化遗产数字档案。 3.2.3 塑造村晚、村歌、村运等乡村文化品牌

续表

一级指标	二级指标	指标性质	指标内容
3 未来文化场景	3.3 文明乡风	基础性	3.3.1 宣传弘扬社会主义核心价值观，以建设文明家庭、实施科学家教、传承优良家风为重点，强化家风建设，重视少年儿童品德教育，积极推进移风易俗工作，引群众革除陈规陋习。 3.3.2 开展文明村、文明户、文明家庭、身边好人等评选，积极参与“浙江有礼”省域品牌培育。 3.3.3 积极参与国家级或省级文明村创建
4 未来邻里场景	4.1 邻里空间	基础性	4.1.1 依托文化礼堂、村民中心、公园、祠堂等场所，按照空间集中和分散、改造和新建相结合的方式，提升乡村配套设施，配置涵盖公共服务、普惠服务和商业服务等业态的乡村生活圈，满足村民对美好生活向往
		发展性	4.1.2 有条件的乡村，鼓励与周边乡村联动统筹建设功能复合、开放共享的综合服务型邻里中心
	4.2 邻里生活	基础性	4.2.1 有邻里活动年度计划，定期组织休闲娱乐、习俗文化、科普宣传等邻里活动，丰富村民日常生活。 4.2.2 邀请专业老师、挖掘乡村能人，引导村民开展书画、棋艺、舞蹈、运动等社群活动，激发乡村生活活力和趣味
		发展性	4.2.3 构建贡献、声望等积分激励机制，引导村民参与邻里活动，鼓励实施物质、精神双奖励
	4.3 邻里互助	基础性	4.3.1 定期为优抚对象、独居老人、残疾人、困境儿童等群体提供帮扶关爱服务。 4.3.2 在村规民约里融入邻里关爱、道德文明、村庄共建等内容，定期开展村规民约主题宣传活动，对“文明家庭”“道德模范”等先进模范进行表彰宣传
		发展性	4.3.3 将村规民约内容与积分体系联动
5 未来健康场景	5.1 公共卫生	基础性	5.1.1 加强农村医疗设施规范化建设，建设乡村卫生室（卫生服务站），建立村民电子健康档案，逐步实现全体村民健康监测、分析、评估，建成“20分钟医疗服务圈”。 5.1.2 健全农村疫情常态化防控机制，常态化开展爱国卫生运动，全面普及健康生活方式，安全饮用水保障、病原生物防治等达到较高水平，提高农民群众健康素养。 5.1.3 人人享有健康教育、预防接种、妇幼保健、老年人健康管理等基本公共卫生服务和全生命周期健康管理。 5.1.4 实施责任医生服务，提供健康咨询、预约就医等定制化服务
		发展性	5.1.5 设有远程网络诊疗平台，或在乡村卫生室设置远程医疗诊室，提供名医名院远程诊疗服务。 5.1.6 推进智能化终端服务应用落地，建设“智慧健康站”，配置紧急医疗救援服务
	5.2 全民健身	基础性	5.2.1 建有与人口规模相适应的健身、休闲共享空间、球类场地等场所设施；配置室内、室外健身点。 5.2.2 每年开展 2 次及以上群众性体育活动
	5.3 老有颐养	基础性	5.3.1 建设居家养老服务中心、老年活动场所、老年食堂，可提供日间照料、助餐等服务，满足老年人读书学习、文化娱乐、体育健身和户外活动的基本要求，打造“15 分钟养老服务圈”。 5.3.2 建立养老补贴制度，落实高龄津贴

续表

一级指标	二级指标	指标性质	指标内容
5 未来健康场景	5.3 老有颐养	发展性	5.3.3 实施困难老年人家庭适老化改造，为老年人提供生活远程关注、健康动态监测、意外紧急呼叫等智慧健康养老服务
	5.4 幼有善育	基础性	5.4.1 统筹考虑托育点建设，如配置养育托管点、乡村托育点、嵌入式托育点、家庭托育点等。 5.4.2 完善幼儿活动的室内外空间及配套，设置儿童游戏场所，提升家庭育儿水平。 5.4.3 建立留守儿童关爱照护机制
		发展性	5.4.4 依托“浙里善育”数字化平台，搭建“育儿一件事”掌上服务平台；提供照护服务
6 未来低碳场景	6.1 低碳生态	基础性	6.1.1 对山水林田湖草等自然资源进行保护和修复。 6.1.2 推广“一村万树”做法，宜绿尽绿，适度彩化、养护良好
	6.2 低碳生活	基础性	6.2.1 做好节能减排，提倡节约用水，生活污水治理全覆盖、处理设施出水全达标，经营产生的污水、油烟达标排放。 6.2.2 生活垃圾资源化利用全覆盖；垃圾分类和资源回收体系“两网融合”。 6.2.3 推动建筑用能电气化和低碳化，引导农房供暖、生活热水、炊事等向电气化发展。大力推进太阳能、风能等清洁能源利用，积极推广太阳能光热与建筑一体化系统，鼓励农房屋顶、院落空地加装太阳能光伏系统
		发展性	6.2.4 推动既有农房节能改造，推广高效节能灯具、高效空调设备等绿色低碳技术，推动建筑节能
	6.3 低碳生产	基础性	6.3.1 加快农业绿色发展，深化“肥药两制”改革，加强畜禽养殖污染防控
		发展性	6.3.2 推广农光互补、光伏 + 设施农业、海上风电 + 海洋牧场、生态农场等低碳农渔业模式
7 未来交通场景	7.1 交通路网	基础性	7.1.1 高水平建设“四好农村路”，通村公路达到双向车道以上。 7.1.2 村内支路发达，基本实现车行入户
		发展性	7.1.3 建有 5 分钟步行可达的绿道慢行系统
	7.2 绿色出行	基础性	7.2.1 城乡一体公交网络覆盖到村，公交班次合理。 7.2.2 提倡绿色低碳出行，配置新能源汽车充电设施
		发展性	7.2.3 利用空余场地、道路周边、农户庭院等，科学布设停车场（位），户均车位数达到 1 个以上
	7.3 物流通畅	基础性	7.3.1 设有快递寄送点和智能快递柜，寄取快递不出村
		发展性	7.3.2 结合丰收驿站、益农信息社、家资店等设置农产品物流专线，畅通农产品外销通道
8 未来智慧场景	8.1 数字服务	基础性	8.1.1 加快乡村新基建，实现高速光纤入户、5G 移动网络全覆盖。 8.1.2 建立群众办事代办机制，加快推进日常事务“网上办”“掌上办”，基本实现村民办事不出村
	8.2 数字治理	基础性	8.2.1 构建合理适用的数字党建、数字村务系统，方便村民有效参与村务管理。 8.2.2 建设乡村气象、水文等数据实时发布和零延时预警应用，实现农村应急广播、“雪亮工程”全覆盖

续表

一级指标	二级指标	指标性质	指标内容
8 未来智慧场景	8.2 数字治理	发展性	8.2.3 将村镇规划数字化，构建村落公共基础设施、村民住房、农田数据库，实现“一屏观全景、一图治全村”的数字治理图景。动态监测村民住房安全、农田生产灌溉等基本数据等。 8.2.4 落实农村垃圾、污水、厕所整治的数字化治理机制。污水排放指标智能化监测；厕所清洁管理智能化监测。 8.2.5 定时提供线上办事培训服务，并提供日常咨询指导服务
	8.3 数字产业	基础性	8.3.1 落实农业生产、经营、服务、监管等多跨产业场景落地应用，形成“乡村大脑 + 产业地图 + 数字农业工厂（基地）”发展格局。 8.3.2 完善农村电子商务配套设施，壮大社交电子商务新业态
		发展性	8.3.3 建设数字农业工厂、数字化种养基地。 8.3.4 以网络直播、短视频、云旅游等方式发展智慧乡村旅游，打造村庄导览系统
9 未来治理场景	9.1 基层组织	基础性	9.1.1 村级党组织坚强有力，党员年龄结构合理。 9.1.2“三会一课”等制度健全，党组织日常活动有效开展。 9.1.3 开展党员示范岗、党员责任区、党员志愿服务、结对帮扶等活动。 9.1.4 加强农村基层党风廉政建设，创建清廉村居
	9.2 治理有效	基础性	9.2.1 坚持和发展新时代“枫桥经验”，全面实施阳光治理工程；建立健全自治、法治、德治、智治融合的乡村治理体系。 9.2.2 设有警务室、法律服务工作室，加大普法力度，规范提升全科网格建设。 9.2.3 实现农村集体“三资”（资金、资产、资源）云监管、“三务”（党务、村务、财务）云公开全覆盖。 9.2.4 动员引导全体村民积极参与未来乡村建设，以群众满意度为根本指标，村民满意度在 80% 以上
		发展性	9.2.5 培育服务性、公益性、互助性新型农村社会组织，发展农村社会工作和志愿服务
	9.3 平安建设	基础性	9.3.1 深入开展平安乡村建设，健全完善矛盾纠纷排查化解机制，小事不出村、大事不出乡镇、矛盾不上交。 9.3.2 全面建立防汛防台、地质灾害、森林防火、农村消防、安全生产、交通安全、食品安全等服务体系和应急处置机制

参考文献

[1] 李保海，上官建芳，俞萍萍 . 杭州“世界名城”风貌提升战略与路径研究 [J]. 城乡建设，2024，(13): 78-80.

[2] 赵栋，薛欣欣，邓媛祺 . 浙江省城乡风貌整治提升行动实践与思考 [J]. 城乡建设，2023，(1): 50-51.

[3] 王安琪，李睿杰，李凯克，等 . 国内外城乡风貌管控体系与治理路径的比较研究 [J]. 规划师，2022，38 (12): 113-118.

[4] 张建波，孔斌，王梦璐，等 . 城乡风貌样板区建设的实践与思考——以浙江省湖州市南浔区頔塘南岸样板区为例 [J]. 中国勘察设计，2022，(10): 91-95.

[5] 唐京华，陈宏彩 . 中国式现代化视域下乡村振兴的逻辑与路径——以浙江“千万工程”为例 [J]. 中国行政管理，2023，(7): 6-13.

[6] 徐小洲 . 重塑发展模式：共同富裕进程中乡村文化振兴战略构想——基于浙江山区 14 县乡村文化实地调研的分析 [J]. 浙江社会科学，2023，(2): 74-83，157.

[7] 张乐益，张静，吕冬敏，等 . 基于“两山”理念的浙江乡村规划实践 [J]. 上海城市规划，2021，(3): 109-114.

[8] 孙莹，张尚武 . 乡村建设的治理机制及其建设效应研究——基于浙江奉化四个乡村建设案例的比较 [J]. 城市规划学刊，2021，(1): 44-51.

[9] 周国忠，姚海琴 . 旅游发展与乡村社会治理现代化——以浙江顾渚等四个典型村为例 [J]. 浙江学刊，2019，(6): 133-139.

[10] 王宁 . 乡村振兴战略下乡村文化建设的现状及发展进路——基于浙江农村文化礼堂的实践探索 [J]. 湖北社会科学，2018，(9): 46-52.

[11] 徐林强，童逸璇 . 各类资本投资乡村旅游的浙江实践 [J]. 旅游学刊，2018，33 (7): 7-8.

[12] 刘传喜，唐代剑 . 乡村旅游新业态的族裔经济现象及其形成机理——以浙江德清地区为例 [J]. 经济地理，2015，35 (11): 190-197.

[13] 朱莹，王伟光，陈斯斯，等．浙江衢州市衢江区“美丽乡村”总体规划编制方法探讨[J]. 规划师，2013，29（8）: 113-117.

[14] 杜宗斌，苏勤．乡村旅游的社区参与、居民旅游影响感知与社区归属感的关系研究——以浙江安吉乡村旅游地为例 [J]. 旅游学刊，2011，26（11）: 65-70.

[15] 张环宙，周永广，魏蕙雅，等．基于行动者网络理论的乡村旅游内生式发展的实证研究——以浙江浦江仙华山村为例 [J]. 旅游学刊，2008,（2）: 65-71.

[16] 杨旭，杜鑫．飞地经济促进乡村振兴发展集体经济的实践与建议 [J]. 中国集体经济，2024,（23）: 1-5.

[17] 王成军，张旭，李雷．农村集体经济组织公司化运营可以壮大集体经济吗——基于浙江省的实证检验 [J]. 中国农村经济，2024,（8）: 68-87.

[18] 吴文俊，陈鑫，郭杰，等．基于 Shapley 值法的集体经营性建设用地入市收益分配研究——以浙江省义乌市为例 [J]. 干旱区资源与环境，2024，38（8）: 139-148.

[19] 周振，陈锐，钟真，等．村企混合经营：农村集体经济发展新路径——基于浙江省奉化区滕头村的个案研究 [J]. 农业经济问题，2024,（6）: 28-44.

[20] 王云龙．从“游走”到“入乡”：数字游民的乡村嵌入与重塑——基于浙江省 A 县的经验考察 [J]. 中国青年研究，2024,（6）: 68-77，67.

[21] 武前波，章轶菲，薛雯露．基于杭州市径山村和青山村的乡村经营模式比较研究 [J]. 城乡规划，2024,（2）: 1-11.

[22] 刘思怡，赵璠，詹淼华．浙江省数字乡村试点建设成效评价研究 [J]. 中国集体经济，2024,（5）: 13-16.

[23] 沈杰．共同富裕背景下浙江省乡村运营机制探索 [J]. 现代农业科技，2023,（24）: 193-195，204.

[24] 陈小兰，吴昌．“强村公司”农村集体经济创新发展模式——来自浙江省临安区的调研报告 [J]. 上海农村经济，2023,（12）: 43-46.

[25] 黄澜．公共价值创造：乡村数字治理的实践逻辑与进阶路径——以浙江省德清县为例 [J]. 农村实用技术，2023,（12）: 5-6.

[26] 沈费伟，崔钰．从“政府主导”到“村庄经营”：实现数字乡村高质量发展的策略选择 [J]. 电子政务，2024,（2）: 100-112.

[27] 梁晓敏，张瑾．新型集体经济促进共同富裕的经验及启示——以浙江湖州强村公司为例 [J]. 中国延安干部学院学报，2023，16（5）: 107-116.

[28] 丁建军，万航 . 中国数字乡村发展的空间特征及其农户增收效应——基于县域数字乡村指数与 CHFS 的实证分析 [J]. 自然资源学报，2023，38 (8): 2041-2058.

[29] 邵波，张雍雍，金鑫 . 从县市域总体规划到国土空间总体规划的浙江探索 [J]. 城市规划学刊，2020，(5): 86-91.

[30] 陈勇，周俊，钱家潍 . 浙江省县市全域规划的演进与创新——从城镇体系规划、县市域总体规划到国土空间规划 [J]. 城市规划，2020，44 (S1): 5-9，25.

[31] 王丽娟，顾益康，胡豹 . 以“乡村经营”发展壮大村级集体经济 [J]. 浙江经济，2013，(13): 44-45.

[32] 陈勇，黄幼朴，陈伟明，等 . 县市域总体规划探索与实践——以浙江省诸暨市域总体规划为例 [J]. 城市规划，2009，(12): 93-96.

[33] 张文平 . 浙江省推进城乡一体化的探索与思考 [J]. 城乡建设，2004，(8): 8-9.

[34] 兰秉强，梁芳磬 . “大搬快聚”:“小县大城”聚民富民的新突破 [J]. 浙江经济，2019 (15): 2.

[35] 陈慧芳，陈玲芳，宋晶晶 . 浙江省农村生活污水治理的现状及其建议 [J]. 资源节约与环保，2018 (7): 1.